최신 디지털공학

안계선 저

21세기사

머리말

오늘날 반도체산업과 컴퓨터 기술의 발달로 인해 정보처리, 통신, 자동화 및 각종 산업용기기 등 많은 분야에 디지털 시스템 설계 기술이 더욱 중요시되고 있다.

디지털 시스템을 설계하기 위해서는 디지털 논리회로의 설계 기술을 알고 있어야 하며, 이러한 관점에서 볼 때 전기공학, 전자공학, 컴퓨터공학, 통신공학 및 정보통신공학 전반에 걸쳐 꼭 알아야할 필수적인 과제라고 해도 과언이 아닐 것이다.

디지털공학은 컴퓨터 하드웨어의 기본을 이루고 있는 디지털 시스템의 기초부분으로 컴퓨터의 하드웨어 원리를 이해하고, 디지털 시스템의 이해와 분석 및 설계에 필요한 개념을 배우는 기초 이론이다.

이 책은 디지털 기술의 기초를 튼튼히 하고 이들의 이론과 응용을 파악하여 디지털 시스템의 가장 간단한 온오프(on-off) 스위치로부터 가장 복잡한 컴퓨터 에 이르기까지 급격히 발전하고 있는 디지털 기술을 명확하게 수용함으로써 새로운 응용 기술을 개발할 수 있도록 모든 디지털 시스템에 공통적인 원리와 기술에 대하여 서술하였다.

이 책의 특징은 2년제 및 4년제 대학에서 한 학기 과정으로 적합하도록 구성되었으며, 예제를 두어 학생들이 이해할 수 있도록 하였으며 각 장마다 연습문제를 기술하였다.

이 책은 총 10장으로 이루어져 있다.

제 1 장 디지털 시스템 개요
제 2 장 수의 체계
제 3 장 정보의 표현
제 4 장 부울 대수
제 5 장 부울함수의 간소화
제 6 장 조합 논리 회로
제 7 장 플립플롭

제 8 장 순서 논리 회로
제 9 장 레지스터와 카운터
제 10 장 레지스터 전달과 연산논리

끝으로 이 책이 출간되도록 많은 도움을 주신 21세기사 이범만 사장님께 진심으로 감사드리며 아울러 편집부 여러분들께도 감사의 말씀을 전합니다.

2009년 7월

저자 씀

목 차

제4장 부울 대수

제5장 부울함수의 간소화

제6장 조합 논리 회로

제7장 플립플롭

제8장 순서 논리 회로

제1장 디지털 시스템 개요

대부분의 사람들이 '디지털'이라는 말을 들을 때 '계산기'나 '컴퓨터'를 바로 연상하게 된다. 이와 같은 생각은 아마 계산기와 컴퓨터들을 우리 주변에서 가까이 하고 있기 때문이며, 앞으로도 더 많은 종류의 훌륭한 디지털 제품들이 우리들 주변에 사용될 것이 분명하다. 이와 같은 계산기와 컴퓨터들은 디지털회로와 이들의 원리들을 응용한 것 중의 하나라는 것을 인식하는 것이 중요하다. 디지털회로는 핸드폰, MP3, 카메라 등 각종 전자제품들에 사용되고, 온도계, 오실로스코프, 주파수발생기와 같은 측정 장비 등에도 사용되고 있다. 디지털 기술은 라디오, 텔레비전, 음향기기와 같은 가전제품 등에서 오래 전부터 사용되어진 많은 '아날로그회로'를 '디지털회로'로 대치하여 성능의 향상을 가져왔다.

그러면 디지털 기술의 중요 부분인 몇 가지 기초개념을 먼저 소개하기로 하자. 또한 새로운 분야를 처음으로 공부할 때 필요로 하는 몇 가지 용어들을 이 장에서 소개한다. 이 용어들은 모든 장에서 사용될 것이다.

1-1 디지털 시스템

수량(quantity)의 개념은 과학, 기술, 상업 등 일에 관련된 대부분의 분야에서 계속적으로 이 사용되어 오고 있다. 특히 사용되는 물리적 시스템에 적용될 수 있는 다양한 방식 -측정, 관측, 기록, 산술적 연산 등- 으로 수량이 사용되고 있다. 이러한 수량의 개념은 두 가지 큰 수학적 체계로 실현되는데 바로 아날로그(analog)와 디지털(digital)이다.

1-1-1 아날로그 표현 방식

아날로그 표현(analog representation) 방식에서는 실제의 사물과 이것을 나타내는 것 사이에는 비례 관계가 있다. 자동차의 속도계를 예로 들어 보자. 속도계 바늘의 편향은 자동차의 속도에 비례하고 바늘의 각 위치는 자동차의 속도 값을 나타낸다. 즉 바늘의 움직임은 자동차가 가속 또는 감속이 발생할 때 일어난다.

다른 예로는 일반적으로 많이 사용되고 있는 방의 온도 조절 장치가 있다. 이 장치에서 바이메탈의 휨 정도는 방의 온도에 비례한다. 온도가 점진적으로 변화하면 이에 비례하여 바이메탈의 휨 정도가 변화한다.

위에서 언급된 것과 같이 아날로그 량은 '연속적으로 변화하는 물리량으로 표현된다'는 중요한 특징을 가지고 있다.

1-1-2 디지털 표현 방식

디지털 표현(digital representation) 방식에서 수량은 연속적으로 변화하는 비례값이 아니라 디지트(digit)라고 불리는 기호에 의해 표현된다. 예를 들어 디지털시계를 고려해 보자. 디지털시계는 시, 분, 초를 나타내는 10진 디지트의 형태로 시간을 제공한다. 시간은 연속적으로 변화하지만, 디지털시계의 디지트는 연속적으로 변화하지 않고 분당 또는 초당 한 단계씩 변화한다. 다시 말해서 시간에 대한 디지털 방식의 표현은 이산적(discrete) 단계로 변화된다. 아날로그 표현과 디지털 표현의 주된 차이점은 다음과 같이 간단하게 표현될 수 있다.

> 아날로그 = 연속적(continuous)
> 디지털 = 이산적(discrete) 또는 단계별(step by step)

그림 1-1은 디지털과 아날로그 표현의 성격을 정리한 것이다.

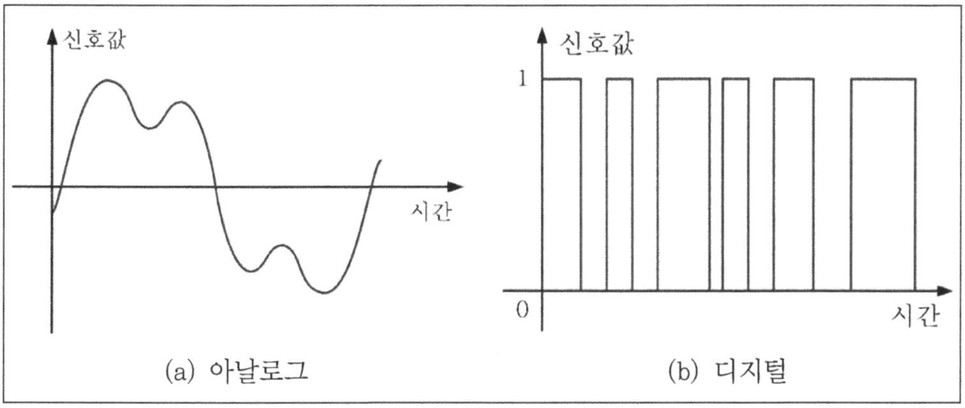

[그림 1-1] 디지털과 아날로그의 표현

아날로그 표현에서 눈금으로 표시된 계기는 한눈에 그 계기가 전체 눈금의 몇 %를 나타내고 있는가를 결정할 수 있는 이점은 있지만 보는 사람이 이것을 판독해야 되는 불편함이 따른다. 더구나 이를 위해서는 시간이 걸리며 판독의 오차가 생겨 보는 사람마다 다르게 되기 쉽다. 이와 같은 단점은 디지털 표현으로 된 판독 계기를 쓰면 피할 수 있다.

즉, 그림 1-1에서 보는 바와 같이 디지털 표현의 이산적 성질 때문에 디지털 양의 값을 읽을 때 애매모호함이 없는 반면에, 아날로그 양의 값은 흔히 판단에 따를 수밖에 없다.

1-2 디지털 및 아날로그 시스템

디지털 시스템은 물리량이 디지털로 표현되는 기능을 수행하기 위하여 배열된 소자들의 조합이다. 반면, 아날로그 시스템은 물리량이 아날로그로 표현되는 기능을 가진 소자들의 배열이다. 그러나 실제적으로는 대부분 두 시스템의 혼합형(hybrid)으로 사용되며, 이 시스템에서는 아날로그와 디지털 물리량이 모두 존재하고 이 두 가지 수학적 체계 사이에서 연속적인 변환이 계속 발생한다.

일반적인 디지털 시스템의 예로는 디지털 컴퓨터, 계산기, 디지털 전압계, 수치적으로 제어되는 기계 등이 있다. 이러한 시스템에서는 전기와 기계적 물리량이 이산적 단계로 변화한다.

아날로그 시스템의 예로서는 아날로그 컴퓨터 및 라디오 방송 시스템이 있을 수 있다. 이러한 시스템에서는 물리량은 연속적인 범위 내에서 점진적으로 변화한다. 예를 들어 AM방송을 청취하려면, 주어진 방송주파수 사이에서 연속적으로 주파수 밴드를 변화시켜야 한다.

일반적으로 디지털 시스템은 빠른 속도와 정착도, 메모리의 기능 및 프로그램 능력을 가지고 있다 또한, 시스템을 구성하는 특성에 따른 시스템의 변동율이 아날로그 시스템보다 덜 민감하다.

1-2-1 디지털 시스템의 장점

전자회로는 취급하는 신호의 성격에 따라 아날로그 회로와 디지털 회로로 구분되는데, 이들은 각각 아날로그신호와 디지털 신호에 의하여 작동한다.

디지털 시스템은 아날로그 시스템에 비하여 정밀도와 신뢰도가 높고, 정보를 장시간 기억시킬 수 있으며, 연산은 물론 논리적인 판단을 고속으로 행할 수 있다는 장점을 지니고 있다. 이러한 장점 때문에 아날로그 시스템에 의하여 행하여 졌던 일들도 점차로 디지털 시스템에 의하여 대체 수행 되어가는 현실이다. 이와 같이 디지털 기술로 옮겨 가고 있는 주된 이유는 다음과 같다.

(1) 디지털 시스템은 설계하기 쉽다.

사용되는 회로가 스위칭(switching)회로이기 때문인데, 이들 회로는 전압이나 전류의 정확한 값은 중요하지 않고, 단지 높다 · 낮다(high 혹은 low)고 하는 낙차 값의 범위가 중요하다.

(2) 정보 저장이 쉽다.

이것은 정보를 보관할 수 있고 필요한 기간 동안 저장할 수 있는 특별한 스위칭 회로에 의해 가능하다.

(3) 정확성과 정밀도가 높다.

디지털 시스템은 몇 개의 스위칭 회로를 추가함으로써 우리가 필요로 하는 많은 자릿수의 정밀도를 가진 수를 다룰 수 있다. 아날로그 시스템에서의 정도는 일반적으로 세 자리 혹은 네 자리 수로 제한되는데, 이것은 전압과 전류의 값이 회로소자의 값에 직접적으로 의존하기 때문이다.

(4) 동작은 프로그램화 될 수 있다.

시스템의 동작이 프로그램이라고 하는 일련의 저장된 명령에 의해 제어되어지는 디지털시스템을 설계하기는 쉽다. 아날로그 시스템도 또한 프로그램화될 수는 있으나 이용할 수 있는 동작의 다양성과 복잡성은 어느 정도 제한된다.

(5) 디지털회로는 잡음에 대한 영향이 적다.

전압이나 잡음 등의 불필요한 변동은 디지털 시스템에서는 그렇게 중요하지 않다. 왜냐하면 HIGH와 LOW를 구별하지 못할 만큼 잡음이 충분히 크지 않는 한, 미세하게 변동하는 전압의 정확한 값은 중요하지 않기 때문이다.

(6) 많은 디지털 회로구성이 IC 칩으로 제조될 수 있다.

아날로그회로 구성이 반도체 기술의 발전으로부터 많은 도움이 되었다는 것은 사실이다. 그러나 아날로그시스템은 IC로 집적화 할 수 없는 장치들을 많이 사용하기 때문에 디지털 시스템과 같이 대규모 고밀도로 집적화 할 수 없어 덜 경제적이다.

그러나 디지털 기술을 사용할 때, 실제로 단 하나의 주된 결점이 있다. 즉, 대부분의 물리적 양은 시스템에 의해 관측, 동작, 제어되어지는 입 · 출력 신호와 같이 본래는 아날로그 신호이다. 몇 가지 예를 들면 온도, 압력, 위치, 속도, 수위, 유량 등이 이에 해당한다. 따라서 이들 신호를 다시 변환해야 하는 번거로움과 이때 발생되는 문제점도 존재한다.

1-2-2 디지털 기술의 한계성

디지털 기술을 사용할 때 아주 중요한 결점이 하나 있다. 즉, '실세계는 아날로그이다'.

시스템에 의해 관측, 동작, 제어되는 입·출력과 같이 대부분의 물리적 양은 본래는 아날로그이다. 몇 가지 예를 들면 온도, 압력, 위치, 속도, 수위, 수량 등이 이에 해당한다. 이 양들을 우리는 디지털 근사치로 바꾸어 일상적으로 사용한다.

아날로그 입·출력 자료들을 다룰 때, 디지털 기술의 장점을 이용하기 위하여 다음과 같은 세 단계를 거쳐야 한다.

1. '실세계'의 아날로그 입력을 디지털 형태로 변환한다.
2. 디지털 정보를 처리한다.
3. 디지털 출력을 다시 실세계의 아날로그 형태로 변환한다.

현실적으로 보면, 대부분의 수학적 체계는 아날로그 표현 방식이고, 이러한 형태의 물리량이 측정, 판독, 제어 된다. 그러나 위에서 언급된 디지털 기술이 사용된다면 많은 혼합형 시스템이 존재하게 된다. 이러한 시스템들 중의 대표적인 것으로 온도, 압력, 유체의 흐름 등의 아날로그 량을 측정 및 제어하는 시스템이 있다. 그림 1-2는 이러한 시스템의 일반적인 블록도를 나타낸 것이다.

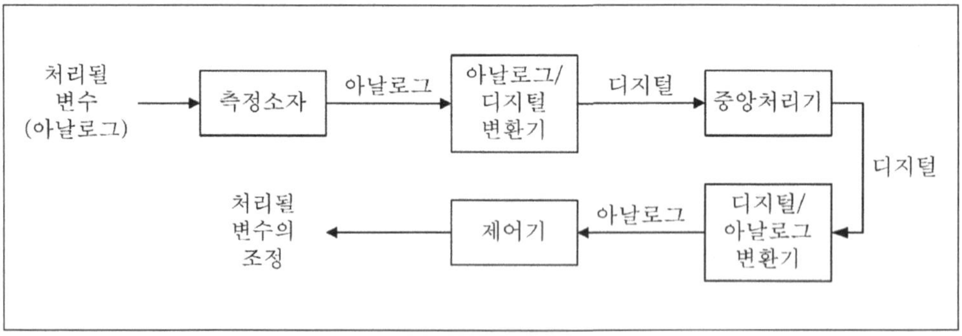

[그림 1-2] 일반적인 혼합형 제어 시스템의 블록도

그림 1-2에서 살펴보면, 먼저 아날로그 물리량이 측정 되고, 이 측정값이 아날로그디지털 변환기(ADC : Analog-to-Digital Converter)에 의해 디지털 물리량으로 변환된다. 디지털 양이 중앙처리기에 의해 처리되고, 처리된 출력이 디지털-아날로그 변환기(DAC : Digital-to-Analog Converter)에 의해 아날로그 물리량으로 재변환된다. 변환된 아날로그 출력 이 제어기에 전달되고, 처음에 측정된 아날로그 물리량이 조정 처리되는 작업이 이루어지게 된다.

아날로그와 디지털 정보 형태간의 변환에 대한 필요성은 이로 인하여 부가되어지는 복잡성과 비용 때문에 하나의 결점이 될 수 있다. 또 다른 중요한 결점 중의 하나는 이 변환을 위해서 소요되는 추가 시간이다. 그러나 많은 응용에서 디지털 기술을 사용함으로써 얻어지는 수많은 장점들에 의해 이들 결점들이 충분히 보상되므로, 아날로그와 디지털 간의 변환은 현재 기술에서는 아주 평범한 것이 되었다.

그러나 아날로그 기술을 사용하는 것이 간단하고 경제적인 경우도 있다. 예를 들어 신호증폭처리는 아날로그 회로를 사용하는 것이 더 쉽고 간단하다.

각각의 시스템들의 장점을 살려 동일 시스템 내에서 디지털과 아날로그 기술을 혼용하는 것이 점점 일반화되어 가고 있다. 이와 같은 혼합형(Hybrid) 시스템을 설계할 때 가장 중요한 부분 중 하나는 시스템의 어떤 부분이 아날로그이며, 어떤 부분을 디지털로 해야 하는가를 결정하는 것이다.

마지막으로 말해 둘 수 있는 것은 세월의 흐름에 따라 집적화의 경제적인 장점이 더 커질수록 디지털 기술로의 이행은 더욱 가속화될 것이라는 것이다.

1-2-3 아날로그신호의 디지털신호 변환

아날로그신호의 디지털신호 변환 현상에서 일어나는 물리적인 양은 대부분 실수영역에서 그 크기를 표현할 수 있으므로 아날로그 형태로 나타난다고 말할 수 있다. 이러한 양은 시간이 흐름에 따라 변할 수도 있지만 임의의 어떤 순간에도 항상 하나의 값을 가지고 있다. 즉, 시간적인 불연속점이 없이 연속적으로 그 값이 나타나면서 변해간다는 뜻이다.

물론 어떤 원인에 의해 갑자기 변하는 값도 있을 수 있지만, 그것은 변화하는 순간의 주파수가 매우 높을 뿐 디지털 값은 아니다.

그러면 이러한 아날로그 신호를 디지털 신호로 표현하기 위한 방법에 대하여 알아보자. 먼저 시간 축 상에서 표본화(Sampling)를 통하여 일정한 시간 간격을 가진 순간순간 마다 얻어지는 값들을 살펴보아야 한다. 여기서 얻어진 값들은 모두 실수로 표현되는 몇 가지의 표본값 들이다.

시간적으로 표본화된 신호를 이산 시간 신호(discrete time signal)라고 한다. 그런데 실수는 소숫점 이하의 무한한 자릿수가 필요하므로 보통 주어진 오차의 한계 내에서 원래의 값에 가장 가까운 유리수나 정수로 표현할 필요가 있다. 이때 취할 수 있는 유리수나 정수의 개수를 한정하여 두 가지 기호로만 표현한다. 즉, 0과 1의 2진수 형태로 표현할 수 있도록 하면 전기적으로 아주 편리한 이론적인 기법들을 사용할 수 있게 된다. 0과 1의 2진수 숫자로만 표시된 값을 디지털 신호라 하며, 나타날 수 있는 값들의 종류 또는 범위가 두 가지 이상이면 얼마든지 자릿수를 늘려가며 그 값을 표시할 수 있다. 자릿수가 늘어나면 정확도는 높아지지만 처리해야 하는 데이터의 양이 많아지므로 필요한 만큼만 효율적으로 사용해야 한다. 이와 같이 아날로그의 양적인 크기를 2진수의 숫자로 표현하는 것을 양자화(Quantization)라고 한다.

그러므로 디지털 신호는 시간적인 표본화와 양적인 양자화를 모두 거쳐서 얻어진 값이라고 볼 수 있다. 그러나 이러한 두 가지 작업 중에 한 가지만 거쳐도 디지털 신호가 되는 경우도 종종 있다. 예를 들면 디지털시계는 시간적으로만 일정한 간격으로 시간을 표시하고 있으므로 시간적인 표본화만 가진 것이다. 반면에 디지털 저울은 무게를 나타내는 양을 양자화 하여 숫자로 표현할 뿐, 다른 물건을 올리기 전에는 시간적으로 일정한(time stationary) 값을 가지므로 표본화는 필요 없게 된다.

앞의 예에서도 알 수 있듯이 일반적인 디지털 기기에서 디지털 신호의 최종적인 결과 표시는 2진수가 아닌 인간에게 친근한 아날로그 신호인 10진수나 다른 기호 또는 그림으로도 표시가 가능하며, 내부적인 처리과정에서만 2진수를 사용하는 경우가 많다.

1-2-4 디지털 컴퓨터의 기본 구조

디지털 기술이 수없이 넓은 기술 영역에 적용되고 있다는 것을 우리들은 잘 알고 있으며, 앞으로도 간단히 컴퓨터로 알려져 있는 디지털 컴퓨터(digital computer)의 적용영역이 더 한층 광범위하게 확산될 것이며 또한 주목되어질 것이다. 디지털 컴퓨터가 우리들의 일상생활 중 많은 부분에 영향을 미치고 있지만, 대부분의 사람들이 컴퓨터의 주된 용도를 모르고 있다. 기본적으로 하는 일을 간단히 표현하면, 컴퓨터는 산술동작, 데이터 조작과 의사결정을 수행하는 하드웨어 시스템이다.

컴퓨터의 형태가 여러 종류라고 하더라도 그 내부 구조는 거의 같은 기능을 갖는 소자들로 구성되어 있다. 각 부분은 특정한 기능을 수행하고 이러한 각 부분이 결합되면, 프로그램에 의해 주어진 명령을 수행한다. 그림 1-3에 디지털 컴퓨터의 중요한 다섯 부분과 이들의 연결 상태를 나타낸다. 실선은 정보의 흐름 방향을 나타내고, 점선은 제어신호의 흐름을 나타낸다.

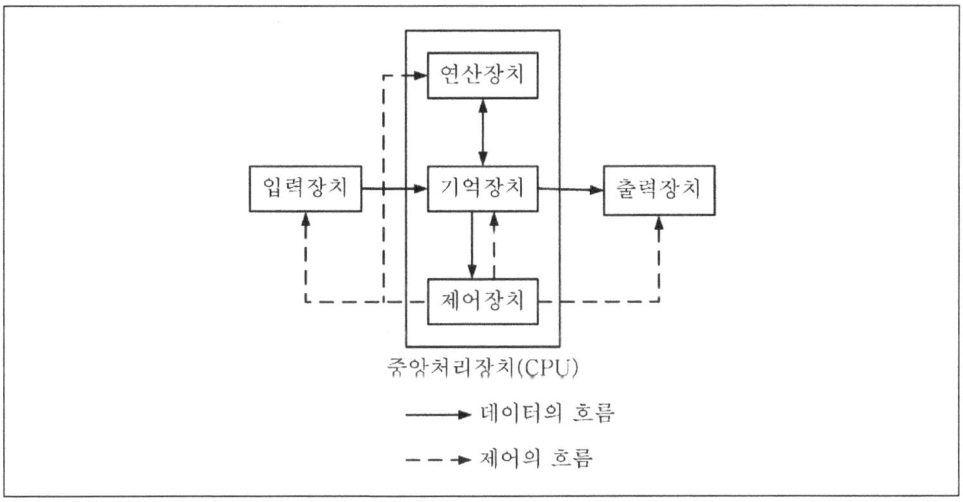

[그림 1-3] 컴퓨터의 기본 구조

각 부분의 주요 기능은 다음과 같다.

① 입력장치(input unit)

이 장치를 통하여 명령이나 데이터가 컴퓨터 시스템에 인가되고, 인가된 내용을 메모리 부분에 전달한다. 일반적으로 정보는 키보드, 스캐너 등을 이용하여 입력단에 전달된다.

② 기억장치(memory unit)

이 장치는 입력 단에서 인가된 정보나 데이터를 저장한다. 연산장치로부터의 산술연산 및 논리연산 기능의 결과를 저장한다. 또한 출력장치에 이 정보를 제공한다.

③ 연산장치(arithmetic unit)

모든 산술계산과 논리적 결정이 이 장치에서 수행되며, 수행된 결과는 저장을 위해 기억장치로 보낸다.

④ 제어장치(control unit)

이 장치는 기억장치로부터의 명령을 받아 이를 해석하고, 명령의 해석에 따라 다른 장치에 적절한 신호를 보낸다.

⑤ 출력장치(output unit)

이 장치는 기억장치로부터 데이터를 받아 운영자가 원하는 결과를 나타내 준다.

연습문제

1. 다음 중에서 어느 것이 아날로그 양이고, 어느 것이 디지털 양인가?

   (1) 10단 스위치
   (2) 전류계
   (3) 온도계
   (4) 해변의 모래알
   (5) 라디오 음향 조절기

2. 아날로그와 디지털 양 사이의 중요한 차이점을 간단히 기술하시오.

3. 아날로그에 비해 디지털 기술의 장점은 무엇인가?

4. 디지털 기술의 사용에서 주된 한계성은 무엇인가?

5. 컴퓨터의 5가지 중요한 기능의 장치들은 무엇인가?

제2장 수의 체계

다른 수의 체계도 중요하지만 2진수 체계는 디지털 시스템에서 매우 중요하다. 10진수 체계는 디지털 시스템의 외부에서 일상적으로 양을 표현하는데 주로 이용된다. 이것은 10진수를 디지털 시스템에서 이용하기 위해서는 그전에 2진수로 변환해야 할 필요가 있다는 것을 의미한다. 예를 들면 계산기에 10을 입력하면 그 안의 회로가 10진수를 2진수로 변환한다.

마찬가지로 디지털 시스템에서 외부로 데이터를 표현하기 위해서 2진수를 10진수로 변환해야할 때도 있다. 예를 들면 계산기 또는 컴퓨터에서는 원하는 문제의 답을 얻기 위해서 2진수로 계산한다. 그 후 결과를 표시하기 전에 10진수로 변환을 수행하게 된다.

2진수와 10진수 외에 디지털 시스템에서 많이 시용하는 체계가 8진수와 16진수 체계이다. 8진수와 16진수는 큰 2진수를 효과적으로 표현하기 위해서 사용된다. 이 두 수의 체계는 서로 변환이 용이하다.

디지털 시스템에서는 세 가지 또는 네 가지 수의 체계가 동시에 사용되기 때문에 각 수의 체계간의 변환을 할 수 있어야 한다. 본 장에서는 이러한 방법을 배울 것이다. 이들 중에서 일부는 당장 쓰이지 않을 수도 있지만, 후에 마이크로프로세서를 공부하게 되면 이들이 필요하게 된다.

2-1 수의 표현

우리는 일상생활에서 0에서 9까지의 수체계(Number system) 즉, 10을 기본수(Base) 또는 밑수(Radix)로 하는 10진수(Decimal Number)를 많이 사용하고 있다. 전자계산기나 디지털 시스템에서 사용하는 것은 0, 1의 2개 숫자를 사용하는 기본수 2의 수를 2진수로 부르고, 또한 디지털 시스템에서도 8진수, 16진수 등이 많이 사용되고 있다.

위와 같은 수의 체계를 자릿수 체계라 하며, 일정한 수의 기호(숫자)를 사용하고 에서는 각 기호의 위치는 고유의 크기를 가지고 있다. 따라서 숫자의 크기는 기호와 그에 관련된 가중치(Weight) 값을 곱하여 그 결과를 모두 더하여 나타낸다.

2-1-1 10진수

10진수(Decimal number)에서는 0~9까지 10종류의 숫자를 써서 모든 수를 나타내고 있으며, 이 10진수는 10의 거듭제곱을 이용한 식으로 나타낼 수 있다. 10^0, 10^1, 10^2,… 을 10진법에서 가중치(Weight)이라 부르고 10을 10진법의 밑(Radix 또는 Base)이라 한다.

수 N은 $N=(715.38)_{10}$로 쓰고 그 크기는

10진수	7	1	5	.	3	8
	↓	↓	↓		↓	↓
자리별 가중치	10^2	10^1	10^0	.	10^{-1}	10^{-2}

$$N=7\times10^2+1\times10^1+5\times10^0+3\times10^{-1}+8\times10^{-2}$$

이 된다.

2-1-2 2진수

2진수(Binary number)에서는 0, 1 두 개만의 숫자를 써서 모든 수를 나타내고 있으며 각 자리에 2^n의 가중치를 가지고 있으므로, 2진수는 1의 값을 가진 계수들의 2의 거듭제곱 합으로 계산할 수 있다. 2진수의 디지트는 비트(bit)라 부른다.

수 N은 $N=(101.01)_2$로 쓰고 그 크기는

2진수	1	0	1	.	0	1
	↓	↓	↓		↓	↓
자리별 가중치	2^2	2^1	2^0	.	2^{-1}	2^{-2}

$$N=1\times2^2+0\times2^1+1\times2^0+0\times2^{-1}+1\times2^{-2}=4+1+0.25=(5.25)_{10}$$

이 된다.

2진수는 가장 간단한 수체계로서 디지털계산기에서는 2^{10}을 K(Kilo)로 나타내고, 2^{20}은 M(mega), 그리고 2^{30}은 G(giga)로 각각 표시한다. 예를 들면 2K는 $2\times2^{10}=2,048$이고, 4M는 $4\times2^{20}= 2^{22}= 4,194,304$가 된다.

2-1-3 8진수

8진수(Octal number)에서는 0~7까지 8종류의 숫자를 써서 모든 수를 나타낼 수 있으며, 각 자리에 8^n의 가중치를 가지고 있다. 수 N은 $N=(725.26)_8$로 쓰고, 그 크기는

8진수	7	1	5	.	2	6
	↓	↓	↓		↓	↓
자리별 가중치	8^2	8^1	8^0	.	8^{-1}	8^{-2}

$$N=7\times8^2+1\times8^1+5\times8^0+2\times8^{-1}+6\times8^{-2}=(461.3438)_{10}$$

이 된다.

2-1-4 16진수

16진수(Hexadecimal number)에서는 0~9까지 10개의 숫자와 A, B, C, D, E, F를 사용하며, 각 자리에 16^n의 가중치를 가지고 있다. 수 $N=(A95.C6)_{16}$으로 쓰고, 그 크기는

16진수	A	9	5	.	C	6
	↓	↓	↓		↓	↓
자리별 가중치	16^2	16^1	16^0	.	16^{-1}	16^{-2}

$$\begin{aligned} N &= A\times16^2+9\times16^1+5\times16^0+C\times16^{-1}+6\times16^{-2} \\ &= 10\times256+9\times16+5+12\times16^{-1}+6\times16^{-2}=(2709.773438)_{10} \end{aligned}$$

이 된다.

진수에 따라 숫자를 표현하면 다음 표 2-1과 같다.

[표 2-1] 10진, 2진, 8진, 16진 체계표

10진수	2진수	8진수	16진수
0	0000	0	0
1	0001	1	1
2	0010	2	2
3	0011	3	3
4	0100	4	4
5	0101	5	5
6	0110	6	6
7	0111	7	7
8	1000	10	8
9	1001	11	9
0	1010	12	A
11	1011	13	B
12	1100	14	C
13	1101	15	D
14	1110	16	E
15	1111	17	F
16	10000	20	10

2-2 수의 변환

10진법과 2, 8, 16진법 사이의 수의 변환 관계는 그림 2-1과 같이 나타낼 수 있다.

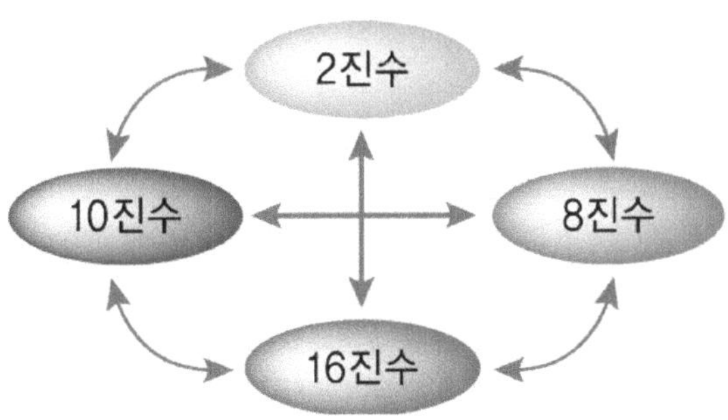

[그림 2-1] 수의 변환 관계

2-2-1 10진수를 2진수로 변환

10진법 수를 2진법의 수로 변환하는 과정은 정수부의 변환과 소수부의 변환을 분리하여 수행한다.

(1) 정수부 변환

10진수의 정수부분을 밑수 2로 계속 나누어 각 단계에서 발생하는 나머지를 발생하는 반대 순서대로 나열하는 수를 2진수라 한다. 2진수로의 변환 예는 다음과 같다.

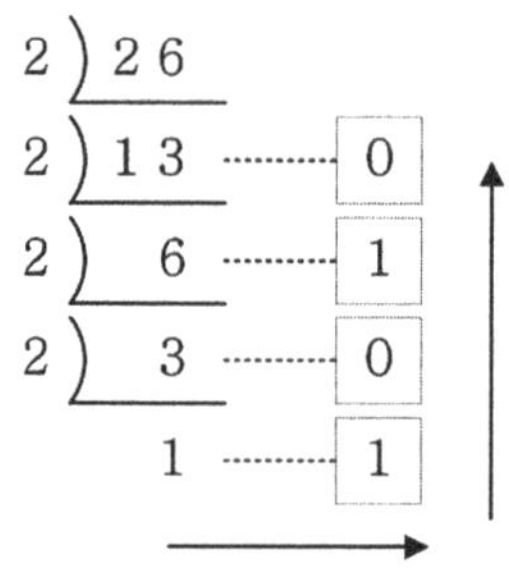

$(26)_{10}=(11010)_2$

(2) 소수부 변환

10진수의 소수점 이하의 수에 2를 곱하여 얻은 정수 부분을 제외한 후, 소수 부분이 0이 될 때까지 2를 반복해서 곱한다. 마지막으로 제외된 정수 부분을 위에서부터 아래로 읽어나가면 된다. 그것은 다음 예로 설명할 수 있다.

```
      0 . 6875
    x        2
    ----------
  │ (1). 3750
  │ x        2
  │ ----------
  │ (0). 7500
  │ x        2
  │ ----------
  │ (1). 5000
  │ x        2
  │ ----------
  ▼ (1). 0000
```

$(0.6875)_{10}=(0.1011)_2$

2-2-2 10진수를 8, 16진수로 변환

10진법 수를 2진법의 수로 변환하는 과정과 같은 방법으로 변환한다.

(1) 10진수를 8진수로 변환

10진수를 8진수로 변환하는 방법은 2진수 변환과 같이 정수 부분은 밑수 8로 나누어서 생긴 나머지를 역순으로 읽으며, 소수 부분은 소수 부분이 0이 될 때까지 8을 반복해서 곱한다. 이것은 다음 예로 설명할 수 있다.

$(254.1875)_{10} = (376.14)_8$

```
                                      0 . 1875
8 ) 2 5 4                           x        8
  ---------                         ----------
8 )   3 1 ········ [6]   ↑        │ (1). 5000
  ---------                       │ x        8
        3 ········ [7]   │        │ ----------
      ──────────→                 ▼ (4). 0000
```

(2) 10진수를 16진수로 변환

10진수를 16진수로 변환하는 과정은 2진수로 변환하는 과정과 같이 정수 부분은 밑수 16으로 나누어서 생긴 나머지를 역순으로 읽으며, 소수 부분은 소수 부분이 0이 될 때까지 16을 반복해서 곱한다. 이것은 다음 예로 설명할 수 있다.

$$(125.125)_{10} = (7D.2)_{16}$$

```
16 ) 1 2 5              0 . 125
     ─────           x       16
         7 ······ 13  ──────────
                        (2). 0000
```

2-2-3 r진수에서 10진수로 변환

(1) 2진수를 10진수로 변환

2진수를 10진수로의 변환은 표 2-1 수의 체계를 이용하여 표현할 수 있다. 따라서 각 자리의 숫자에다 해당 가중치를 곱한 값들을 모두 더하여 변환한다. 예를 들면 다음과 같다.

2진수	1	0	1	.	0	1
자리별 가중치	2^2	2^1	2^0	.	2^{-1}	2^{-2}

$$1\times2^2 + 0\times2^1 + 1\times2^0 + 0\times2^{-1} + 1\times2^{-2}$$
$$= 4 + 0 + 1 + 0 + 0.25$$
$$= 5.25$$

(2) 8진수를 10진수로 변환

8진수를 10진수로 변환하는 방법은 수의 체계 표 2-1에 따라 표현할 수 있다. 따라서 2진수를 10진수로 변환하는 방법과 마찬가지로 각 자리의 숫자에다 해당 가중치를 곱한 값들을 모두 더하여 변환한다. 예를 들면 다음과 같다.

$$(432)_8 = 4\times8^2+3\times8^1+2\times8^0 = 256+24+2 = (282)_{10}$$
$$(121.2)_8 = 1\times8^2+2\times8^1+1\times8^0+2\times8^{-1} = 64+16+1+0.25 = (81.25)_{10}$$

(3) 16진수를 10진수로 변환

16진수를 10진수로 변환하는 과정은 표 2-1에 근거하여 표현할 수 있다. 따라서 2진수를 10진수로 변환하는 방법과 마찬가지로 각 자리의 숫자에다 해당 가중치를 곱한 값들을 모두 더하여 변환한다. 예를 들면 다음과 같다.

$$(F.2)_{16} = F\times16^0+2\times16^{-1} = 15\times1+0.125 = (15.125)_{10}$$
$$(A3.2)_{16} = A\times16^1+3\times16^0+2\times16^{-1} = 10\times16+3\times1+0.125$$
$$= 160+3+0.125 = (163.125)_{10}$$

2-2-4 2, 8, 16진수 사이의 변환

(1) 8진수를 2진수로 변환

8진수를 2진수로 변환하는 방법은 8진수를 2진수 3비트로 표현할 수 있다. 예를 들면 다음과 같다.

8진수 :	3	6	3	5	6
2진수 :	0 1 1	1 1 0	0 1 1	1 0 1	1 1 0

[표 2-2] 8진수와 2진수 변환

8진수	2진수
0	000
1	001
2	010
3	011
4	100
5	101
6	110
7	111

(2) 2진수를 8진수로 변환

2진수와 8진수의 관계는 $2^3=8$이므로 2진수의 3자리가 8진수의 한 자리와 같은 크기를 나타낸다. 따라서 2진수를 소수점에서부터 3자리씩 구분하면 각각의 구분이 8진수 1자리에 해당된다. 예를 들면 다음과 같다.

2진수 :	0 1 1	1 1 0	0 1 1	1 0 1	1 1 0
8진수 :	3	6	3	5	6

(3) 16진수를 2진수로 변환

16진수를 2진수로 변환하는 방법은 16진수를 2진수의 4비트로 표현할 수 있다. 예를 들면 다음과 같다.

16진수 :	A	7	5
2진수 :	1010	0111	0101

[표 2-3] 16진수와 2진수 변환

16진수	2진수
0	0000
1	0001
2	0010
3	0011
4	0100
5	0101
6	0110
7	0111
8	1000
9	1001
A	1010
B	1011
C	1100
D	1101
E	1110
F	1111

(4) 2진수를 16진수로 변환

16진수와 2진수의 관계는 $2^4=16$이므로 2진수 4자리가 16진수 1자리에 해당된다. 따라서 2진수를 소수점에서부터 4자리씩 구분하면 각각의 구분이 16진수로 변환될 수 있다. 예를 들면 다음과 같다.

2진수 :	1010	0111	0101
16진수 :	A	7	5

(5) 2, 8, 16진수 사이의 상호 변환 예

2, 8, 16진수 사이의 상호 변환 예를 다음에 나타내었다. 2진수를 소수점을 기준으로 3자리씩 묶으면 8진수를 쉽게 구할 수 있고, 4자리씩 묶으면 16진수를 쉽게 구할 수 있다.

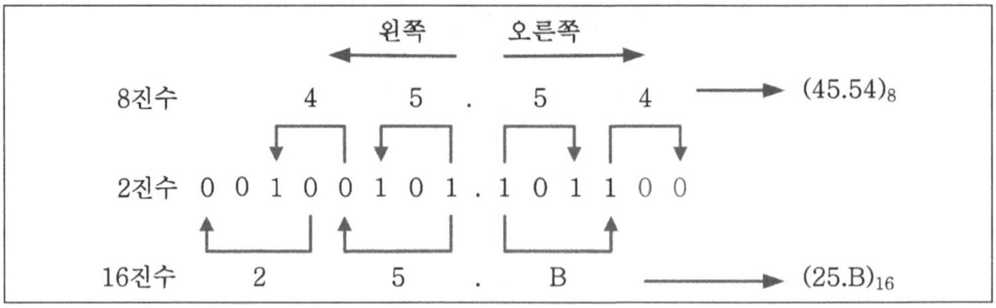

2-3 디지털 산술

디지털 컴퓨터와 계산기는 2진수 형태로 표시되는 숫자로 다양한 산술적 연산을 수행한다. 우리가 다양한 계산방법과 그 이론을 모두 이해하려 한다면 디지털 산술은 매우 복잡해진다. 다행이도 이 지식은 대부분의 기술자들에게 필요하지는 않다. 최소한 그들이 숙련된 컴퓨터 프로그래머가 될 때까지는 그러하다. 여기에서는 디지털 컴퓨터가 어떻게 기본적 산술연산을 실행하는가를 이해하기 위해서 필요한 기본 원리에 집중하여 공부한다.

2-3-1 2진 가산

두 개의 2진수 가산은 10진수의 가산과 같은 방법으로 실행되며, 2진 덧셈은 몇 가지 경우만이 있기 때문에 매우 간단하다. 먼저, 10진수 가산을 복습해 보자.

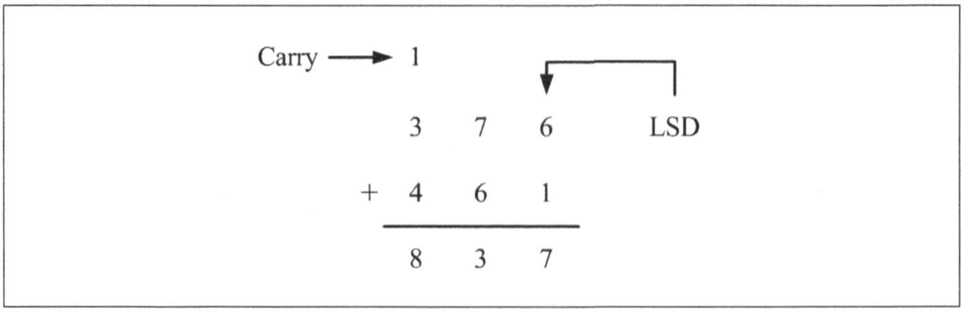

최하위 수(LSD : Least-Significant-digit)가 먼저 연산되므로 계산하면 합이 7이 된다. 다음 두 번째는 합이 13이 되어 세 번째 위치에 캐리(carry) 1을 준다. 이 캐리는 세 번째 자리 계산 시 함께 계산되어 합이 8이 된다.

2진 가산도 위와 같은 과정으로 계산된다. 그러나 2진수 가산에서는 어떤 위치에서도 다음의 4가지 경우만이 발생한다.

$$0 + 0 = 0$$
$$1 + 0 = 1$$
$$1 + 1 = 10 = 0 + \text{캐리 } 1 \text{ 발생}$$
$$1 + 1 + 1 = 11 = 1 + \text{캐리 } 1 \text{ 발생}$$

마지막 경우는 일정한 위치에서 두 비트가 1이고 이전의 위치로부터 캐리가 존재할 때 발생한다. 다음은 두 개의 2진수 덧셈의 예이다(괄호 안의 값은 2진수 값과 일치하는 10진수 값이다).

```
      0 1 1  (3)            1 0 0 1  (9)             1 1 . 0 1 1  (3.375)
+     1 1 0  (6)      +     1 1 1 1  (15)      +     1 0 . 1 1 0  (2.750)
-------------------   ---------------------   ----------------------------
    1 0 0 1  (9)          1 1 0 0 0  (24)          1 1 0 . 0 0 1  (6.125)
```

한번에 2개 이상의 2진수를 더하는 것은 고려할 필요가 없다. 왜냐하면 디지털 시스템에서 사용되는 회로는 한번에 2개의 수만을 연산한다. 두 개 이상의 수가 더해질 때는 먼저 2개의 숫자가 더해지고, 그 합이 세 번째의 수와 더해지는 방법을 취한다.

현대의 디지털 컴퓨터나 계산기에서는 가산을 이용하여 감산, 승산, 제산의 연산이 수행되어지기 때문에, 디지털시스템에서 가산은 가장 중요한 산술연산이다.

2-3-2 부호있는 수의 표현

디지털 컴퓨터에서 2진수는 2진 기억소자(일반적으로 플립플롭)의 집단으로 표현된다. 각 소자는 한 비트를 표현한다. 예를 들어 6비트의 플립플롭 레지스터는 000000부터 111111까지의 2진수를 저장할 수 있다(10진수로는 0부터 63). 이것은 수의 크기를 나타낸다. 대부분의 컴퓨터에서는 수의 표현에 있어서 양수에서 음수까지 표현해야 하므로 숫자의 부호(+ 또는 -) 표시가 부가된다. 이것은 부호 비트(sign bit)라고 불리는 또 다른 비트가 더해짐으로써 가능하다. 일반적으로 부호비트는 양수는 '0'으로 음수는 '1'로 채택하는 것이 일반적 관례이다. 이것은 그림 2-2에서 나타낸다. 레지스터 A는 0110100을 포함한다. 맨 왼쪽 비트(A_6)의 0은 '+'를 표현하는 부호비트이다. 나머지 6비트는 2진수 110100의 크기이다. 이것은 10진수로 52이다. 그러므로 레지스터 A에 저장된 숫자는 +52이다. 이와 비슷하게 B 레지스터에 저장된 숫자는 부호비트가 1로 '-'를 표시하기 때문에 -31이다.

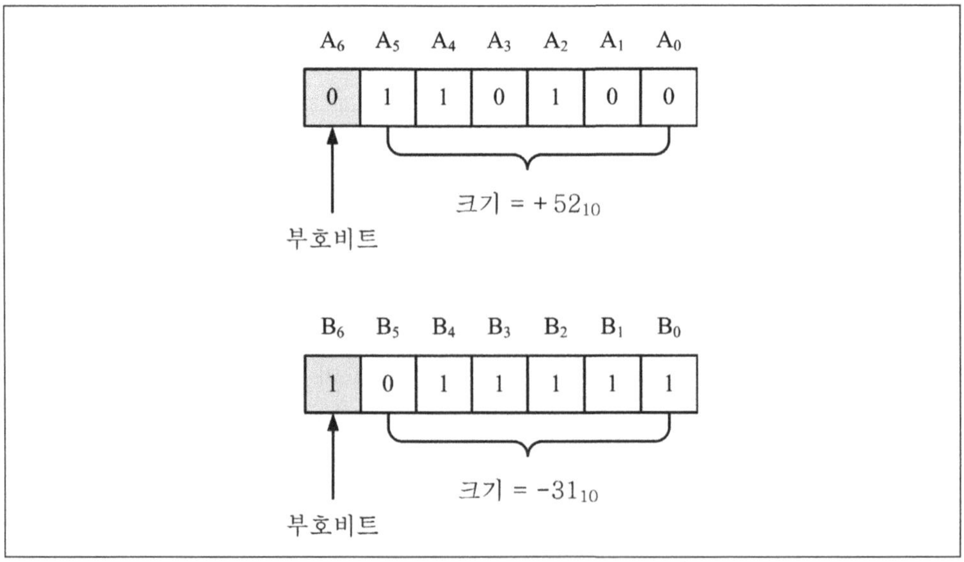

[그림 2-2] 부호있는 수의 표현

부호 표시 비트는 저장된 2진수가 양수인지 음수인지를 표시하기 위해서 사용된다. 양수에서 나머지 비트는 항상 2진 형태로 수의 크기를 표현하는데 이용된다. 음수에서는 크기를 표시하기 위한 3가지 방법으로 부호 크기 형태, 1의 보수 형태, 2의 보수 형태가 있다.

그림 2-2의 수는 부호 표시 비트와 6개의 크기 표시 비트를 포함한다. 크기 표시 비트는 10진수와 동등한 2진수 값이다. 우리는 이것을 부호화된 2진수를 표현하기 위한 부호 크기 형태(sign magnitude form)라고 부른다.

이 부호 크기 형태가 간단하고 이해하기 쉽다고 할지라도, 계산기나 컴퓨터에서 통상적으로 사용되지는 않는다. 그 이유는 회로의 구현이 다른 수 표현 체계보다 더 복잡하기 때문이다. 가장 널리 사용되는 부호있는 2진수의 표시체계는 2의 보수체계이다.

2-3-3 보수의 표현과 연산

디지털 컴퓨터에서 보수(Complement)는 감산 작용을 간단히 하고, 논리적 처리를 쉽게 하기 위해서 사용된다. 2진수에 대해서는 2의 보수(2's Complement)와 1의 보수(1's Complement)가 있다.

(1) 1의 보수와 2의 보수

2진수에 대한 1의 보수는 각 자리의 수를 0은 1로 1은 0으로 바꾸어 주면 구할 수 있다. 또한 2의 보수는 1의 보수에 1을 더하여 얻거나, 맨 우측자리부터 왼쪽으로 첫 번째 1을 만날 때 까지는 그대로 써주고 그 다음 왼쪽 숫자부터는 0은 1로 1은 0으로 바꾸어주면 된다. 그림 2-3에 이진수 1011.101의 1의 보수와 2의 보수를 구하는 방법을 나타내었다.

$(1011.101)_2$에 대한 1의보수	$(1011.101)_2$에 대한 2의보수
1 0 1 1 . 1 0 1 ↓ ↓ ↓ ↓ ↓ ↓ ↓ 0 1 0 0 . 0 1 0	1 0 1 1 . 1 0 1 ↓ ↓ ↓ ↓ ↓ ↓ ↓ 0 1 0 0 . 0 1 1
모든 자리의 숫자를 반전시킴(0은 1로, 1은 0으로 바꿈)	맨 우측자리부터 왼쪽으로 첫 번째 1까지는 그대로 써주고, 그 다음 왼쪽 숫자부터는 반전시킴

[그림 2-3] 1과 2의 보수 연산 예

두 수가 서로 보수인지 확인하는 방법은 두 수를 더했을 때의 값이 모두 1이면 두 수는 서로 1의 보수가 되며, 두 수의 합이 0이고 올림수가 발생하면 두 수는 서로 2의 보수가 된다.

2-3-4 보수를 이용한 뺄셈

일반적인 뺄셈 방법은 빌려주는 개념 즉, 자리 내림수를 사용하는 것이다. 이 방법에서는 피감수가 감수보다 작을 때 윗자리로부터 1을 빌려온다. 이것은 사람이 종이와 연필을 가지고 계산할 때 가장 손쉬운 방법이다. 그러나 컴퓨터를 이용할 경우에는 보수를 사용하는 방법보다 비효율적이라는 것을 알 수 있다.

컴퓨터를 이용하여 뺄셈을 하는 경우 1의 보수와 2의 보수를 이용하여 다음과 같이 수행된다.

(1) 1의 보수에 의한 감산

두 양수의 감산(M-N)은 다음 방법으로 계산된다.

① 피감수(Minuend)M에 감수(Subtrahend) N의 1의 보수를 더한다.

② M>N이면 최상위 자리에서 올림수(End Around Carry)가 발생하는데, 이것을 연산결과에 더한값이 M−N의 결과이다.

③ M<N이면 최상위 자리에서 올림수가 생기지 않으며, 이때에는 얻은 결과를 1의 보수로 취하고 앞에 "-" 부호를 붙인다.

(2) 2의 보수에 의한 감산

두 양수의 뺄셈 (M-N)은 다음 순서를 따른다.

① 피감수(Minuend)M에 감수(Subtrahend) N의 2의 보수를 더한다.
② M≥N이면 최상위 자리에서 올림수(End Carry)가 발생하는데 이것을 버린다. 이때 남은 숫자가 M−N의 결과이다.
③ M〈N이면 최상위 자리에서 올림수가 생기지 않으며, 이때에는 얻은 결과를 2의 보수로 취하고 앞에 "-" 부호를 붙인다.

1의 보수와 2의 보수에 의한 뺄셈의 예를 들면 다음과 같다.
먼저 올림수가 있는 경우(큰 수에서 작은 수를 빼는 경우)의 예는 다음과 같다.

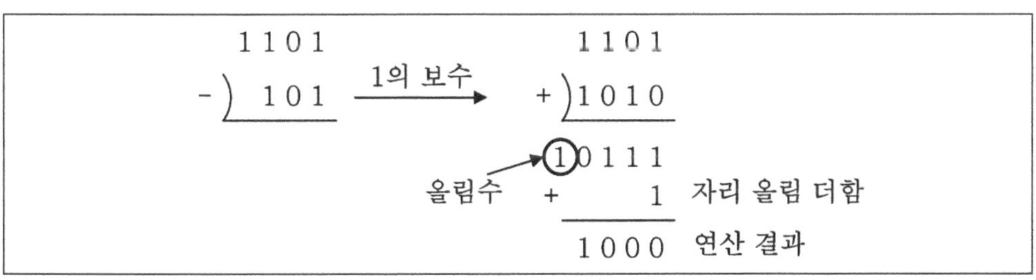

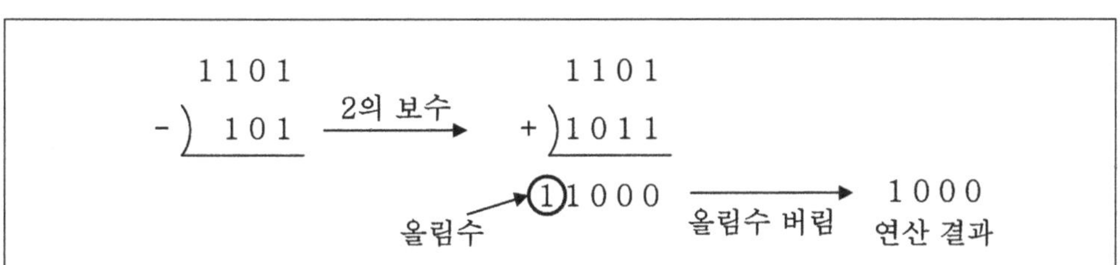

다음은 올림수가 없는 경우(작은 수에서 큰 수를 빼는 경우)의 예이다.

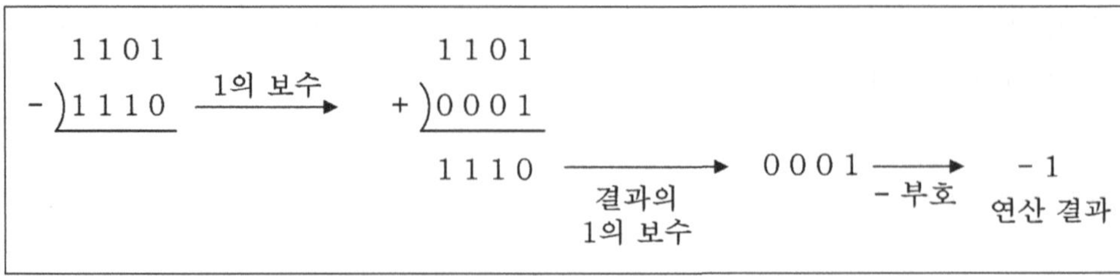

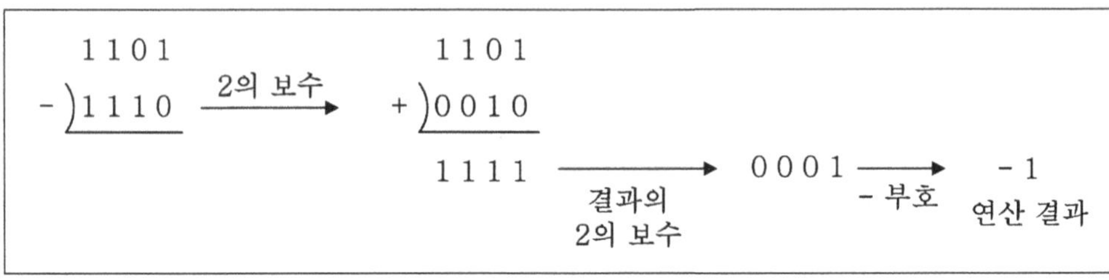

2-3-5 1의 보수와 2의 보수 비교

1의 보수는, '1'은 '0'으로, '0'은 '1'로 바꾸기만 하면 만들어지기 때문에 계수형 시스템에서는 이런 역할을 하는 회로를 쉽게 만들 수 있다는 장점을 갖추고 있다. 그러나 2의 보수는 다음의 두 가지 방법으로 만들 수 있다.

① 1의 보수의 최하위 숫자에 1을 더함.
② 하단 부위의 모든 0은 그대로 두고 역시 첫 번째 1도 그대로 두고 나머지 숫자는 0을 1로, 1은 1로 바꾼다.

보수에 의한 두 수의 뺄셈에서 수가 발생할 경우에는 두 번의 연산작용이 필요하다. 또한 1의 보수는 산술 과정에서 모두 0 숫자로 이루어진 0과 모두 1 숫자로 이루어진 0, 2개의 0이 나타나는 단점을 갖고 있다.

2의 보수는 0에 대해 1개의 값을 가지고 있는 반면에 1의 보수는 0에 대해 2개의 값을 가지고 있기 때문에 더욱 복잡하게 만든다. 계수형 컴퓨터에서 보수는 산술 계산에 매우 유용하다. 그러나 1의 보수는 1을 0으로 바꾸는 것과 0을 1로 바꾸는 것이 논리적인 역연산(inversion operation)과 같기 때문에 논리적 처리에서 매우 유용하다. 2의 보수는 산술적 응용에 관련된 것에만 사용된다.

연습문제

1\. 2진수란 어떤 수 체계인가?

2\. 다음 2진수를 10진수로 변환시오.

(1) 10110 (2) 10001101 (3) 100100001001
(4) 1111010111 (5) 10111111 (6) 1001.1001
(7) 10011011001.10110

3\. 다음 10진수를 2진수로 변환하시오.

(1) 14 (2) 729 (3) 2313
(4) 34.75 (5) 27.1875 (6) 225.375

4\. 다음 8진수를 10진수로 변환하시오.

(1) 42 (2) 376 (3) 1057
(4) 11.11 (5) 37.123

5\. 다음 10진수를 8진수로 변환하시오.

(1) 10 (2) 100 (3) 6391
(4) 77.375 (4) 20.515625 (6) 44.5625

6\. 다음 8진수를 2진수로 변환하시오.

(1) 3 (2) 72 (3) 113
(4) 7.5 (4) 16.3 (6) 37.6

7. 다음 2진수를 8진수로 변환하시오.

(1) 110　(2) 111000　(3) 101100
(4) 111.001　(4) 1011.011　(6) 110110.11011

8. 다음 16진수를 10진수로 변환하시오.

(1) 9F　(2) 67E　(3) ABCD
(4) F.4　(5) 1111.1　(6) EBA.C

9. 다음 10진수를 16진수로 변환하시오.

(1) 16　(2) 80　(3) 2560
(4) 204.125　(4) 255.875　(6) 10000.00390625

10. 다음 16진수를 2진수로 변환하시오.

(1) B　(2) E　(3) 1C
(4) A64　(4) 1F.C　(6) 239.4

11. 다음 2진수를 16진수로 변환하시오.

(1) 1001.1111　(2) 10000001.1101　(3) 110101.011001
(4) 10000.1　(4) 10100111.111011　(6) 1000000.0000111

12. 다음의 2진수를 더하시오.

(1) 10110+00111　(2) 11.101+10.010　(3) 10001111+00000001

13. 다음 값들을 2의 보수체계로 된 부호화된 수로 표현하시오.

(1) +13　(2) −9　(3) −16

14. 다음은 2의 보수 체계로 된 부호화된 2진수이다. 각각의 등가 10진수를 구하시오.

(1) 100011　　(2) 1000000　　(3) 0111111

15. 보수(Complement)란 무엇이며, 보수로 바꾸는 이유는 무엇인가?

16. 다음 2진수의 1의 보수와 2의 보수를 구하시오.

(1) 1010101　　(2) 0111000　　(3) 0000001
(1) 10000　　(2) 00000

17. 다음 10진수의 9의 보수와 10의 보수를 구하시오.

(1) 13579　　(2) 09900　　(3) 90090
(1) 10000　　(2) 00000

18. 다음 2진수를 1의 보수법과 2의 보수법을 이용하여 감산하시오.

(1) 11011-1101　　(2) 10010-10011　　(3) 1000-110000

19. 다음 빈칸을 적당한 낱말로 채우시오.

(1) 10진수의 정수를 ___________로 변환하려면 2로 반복해서 나누어야만 한다.
(2) 10진수의 정수를 ___________로 변환하려면 8로 반복해서 나누어야만 한다.
(3) 10진수의 정수를 16진수로 변환하려면 ___________로 반복해서 나누어야만 한다.
(4) ___________과 ___________은 커다란 2진수를 대표하는데 사용되는 편리한 방법 중의 하나이다.

제3장 정보의 표현

우리는 일상생활에서 10진법을 관습적으로 사용하고 있지만 디지털 시스템은 0과 1의 2진수만으로 구성된다. 디지털 시스템에서는 특수한 기능을 수행하기 위하여 특정한 코드가 필요하다. 몇 개의 특수한 2진 코드는 디지털장치에서 특수한 기능을 수행하기 위하여 오랜 세월에 걸쳐서 발전하여 왔다. 이런 부호는 모두 0과 1을 사용하지만 그 역할은 각기 상이하다. 몇몇의 2진 코드를 10진수로 변환하는 방법을 설명한다. 디지털 시스템에서는 인코더(encoder) 및 디코더(decoder)라 불리는 전자변환기가 하나의 코드에서 다른 코드로 변환하는데 사용된다.

본 장에서는 여러 정보를 나타내기 위해 사용되는 2진 코드를 학습할 것이다. 이 코드들은 1과 0을 이용해 표현하지만 2진수 체계와는 방법이 다르다.

3-1 숫자 코드

10진수를 위한 2진 코드는 최소한 4 비트를 필요로 하며, 비트의 조합에 따라 여러 가지 코드가 있을 수 있고, 기종에 따라서 또는 사용하는 목적에 따라서 적당한 코드를 선택할 수가 있다.

숫자 코드(Numeric Code)는 가중치 코드(Weighted Code)와 비가중치 코드(Non-Weighted Code)로 구분할 수 있다.

가중치 코드로는 8421, 2421, 5421, 7421, 8421, 비가중치 코드로는 Excess-3

code, Shift counter code, Gray code, 2-out-of-5 code 등이 있으며, 자보수 코드(Self-complement Code)로는 2421, Excess-3 code, 8421, 51111 등이 있다.

[표 3-1] 가중치 코드

10 진수	BCD(8421)	2421	5421	7421	$84\overline{21}$
0	0000	0000	0000	0000	0000
1	0001	0001	0001	0001	0111
2	0010	0010	0010	0010	0110
3	0011	0011	0011	0011	0101
4	0100	0100	0100	0100	0100
5	0101	1011	1000	0101	1011
6	0110	1100	1001	0110	1010
7	0111	1101	1010	1000	1001
8	1000	1110	1011	1001	1000
9	1001	1111	1100	1010	1111

[표 3-2] 비가중치 코드

10 진수	Excess-3코드	Gray코드	Shift counter코드	2-out-of-5코드
0	0011	0000	00000	00011
1	0100	0001	00001	00101
2	0101	0011	00011	00110
3	0110	0010	00111	01001
4	0111	0110	01111	01010
5	1000	0111	11111	01100
6	1001	0101	11110	10001
7	1010	0100	11100	10010
8	1011	1100	11000	10100
9	1100	1101	10000	11000

3-1-1 8421 코드

8421(BCD : Binary coded Decimal) 코드는 0에서 9까지의 10진수를 2진수인 0과 1의 조합으로 표시하는 코드이다. 이 코드는 10진수보다 숫자의 자리수가 많아 비효율적이지만 코드가 0과 1로만 표시되기 때문에 컴퓨터에 바로 적용될 수 있는 이점

이 있다. 그리고 10진법과 동일한 방식으로 표현되기 때문에 쉽게 그 값을 알 수 있다. 다시 말하면 BCD 코드란 2진수의 비트를 이용하여 코드화한 10진수(2진화 10진 코드)라고 할 수 있다. BCD 코드의 대표적인 것이 8421코드이다. 이 8421코드는 각 비트마다 정해진 값(2^3=8, 2^2=4, 2^1=2, 2^0=1)을 가지고 있다.

실제로 8421의 4개 비트로는 0000 ~ 1111까지 모두 16개를 나타낼 수 있으나, BCD 코드에서는 이 중 10개만을 사용하고, 나머지 6개(1010, 1011, 1100, 1101, 1110, 1111)는 BCD 코드에서 무의미한 것으로 처리한다. 이것이 16진수와 다른 점이다. 그리고 BCD 코드는 10진수를 그대로 2진수로 변환하는 것이 아니라 10진수의 각 자리마다 4비트로 구성된 2진수로 변환하는 것이다.

10진수 357을 2진수와 BCD로 표현하면 다음과 같다.

10 진수	2 진수	BCD
3 5 7	101100101	0011 0101 0111

BCD를 10진수로 표현할 때에는 최하위 비트(Least Significant Bit : LSB)에서 최상위 비트(Most Significant Bit : MSB)로 가면서 4개 비트 씩 구분하고, 각각에 대해서 10진수로 표현하면 된다. 또한 소수점을 포함한 10진수를 BCD로 표현할 때는 소수점을 기준으로 10진수 한자리마다 좌우로 4비트 씩 구분하여 표현하고, 소수점을 포함한 BCD를 10진수로 표현할 경우에는 소수점을 기준으로 4비트마다 10진수 한자리로 표현하면 된다.

3-1-2 2421 코드

2진수의 상호 교환에 의하여 얻을 수 있는 자보수 코드(Self Complementing Code)로서 각 자리의 2진수 0을 1로, 1을 0으로 바꾸어 줌으로써 보수를 간단히 얻을 수 있는 장점이 있다.

[표 3-3] 2421 코드

10 진수	2421 코드	2421 코드의 보수
0 1 2 3 4	0 0 0 0 0 0 0 1 0 0 1 0 0 0 1 1 0 1 0 0	1 1 1 1 1 1 1 0 1 1 0 1 1 1 0 0 1 0 1 1
사용하지 않음	0 1 0 1 0 1 1 0 0 1 1 1 1 0 0 0 1 0 0 1 1 0 1 0	1 0 1 0 1 0 0 1 1 0 0 0 0 1 1 1 0 1 1 1 0 1 1 0 0 1 0 1
5 6 7 8 9	1 0 1 1 1 1 0 0 1 1 0 1 1 1 1 0 1 1 1 1	0 1 0 0 0 0 1 1 0 0 1 0 0 0 0 1 0 0 0 0

3-1-3 5421 코드

표 3-1에 표시된 것처럼 자보수적 성질은 없지만, 최대유효 비트(MSB) 자리의 2진수 값이 0이면 4이하의 10진수이며, 최대유효비트 자리의 2진수 값이 1이면 5이상의 10진수라는 사실을 쉽게 구분되므로 연산이 용이한 장점을 가지고 있는 코드이다.

3-1-4 Excess-3 코드

Excess-3 코드(3 초과 코드)는 BCD 코드의 변형으로서 BCD코드와 많은 연관성을 가지고 있다. 10진수에 대한 3 초과 코드와 BCD의 변환을 표 3-4에 4비트의 조합 가능한 숫자 중에서 0부터 9까지 10개의 숫자만을 나타내었다. 이것을 살펴보면 Excess-3 코드는 BCD 코드에 3을 더한 것과 같이 모양이 된다. 그러나 3초과 코드에서는 BCD와는 달리 0000, 0001, 0010, 1101, 1110과 1111을 사용하고 있지 않음을 알 수 있다.

[표 3-4] Excess-3 code

10진	BCD	3초과 코드
0	0000	0011
1	0001	0100
2	0010	0101
3	0011	0110
4	0100	0111
5	0101	1000
6	0110	1001
7	0111	1010
8	1000	1011
9	1001	1100

Excess-3 코드의 장점은 자보수적 성질이 있고, 어떠한 경우에도 비트 값이 0000이 될 수 없기 때문에 신호가 없을 때는 0, 신호가 있을 때는 어떤 값이 존재한다는 것을 알 수 있는 코드이다.

3-1-5 시프트 카운터 코드

Johnson Code라고도 하는데 이 코드는 1~5 까지는 1이 오른쪽에서부터 왼쪽으로 하나씩 증가하는 형태이다. 그리고 6~9 까지는 각각 수가 증가할 때마다 0이 오른쪽으로부터 왼쪽으로 하나씩 증가하고 있는 형태가 특징이다. 이와 같은 형태 때문에 전자회로를 용이하게 만들 수 있어 많이 사용된다.

[표 3-5] Shift Counter Code

10진수	Shift Counter Code
0	00000
1	00001
2	00011
3	00111
4	01111
5	11111
6	11110
7	11100
8	11000
9	10000

3-1-6 그레이 코드

디지털 코드에 있어서 또 하나의 중요한 코드가 그레이 코드(Gray Code)이다. 이 그레이 코드는 비가중치 코드(Non-weighted code)이고, 사칙 연산에는 부적합 하지만 인접한 각 코드 간에는 한 개의 비트만이 변하는 특성이 있다. 이 특성은 데이터의 전송, 입·출력장치, A/D 컨버터 등에 많이 응용된다. 표 3-6에는 2진수와 그레이 코드를 비교하였다.

2진식 숫자들에 대한 그레이 코드의 장점은 항 숫자에서 그 다음 숫자로 변화할 때에 단 하나의 비트만이 변한다는 것이다. 예를 들어 7에서 8로 변환 시, 그레이 코드는 0100에서 1100으로 왼쪽에서 첫 번째 비트만이 0에서 1로 변하고, 나머지 3비트는 그대로 유지된다. 이 부호를 2진수와 비교하면 2진수는 7에서 8로 변할 때 0111에서 1000으로 변하므로 4비트 모두 변한다.

그레이 코드는 2진수가 정상적으로 한 수에서 다음 수로 변화할 때 오류나 애매함이 발생할지도 모르는 경우에 사용된다. 가령 2진수가 쓰이는 경우 0111에서 1000으로의 변화에서 가장 오른쪽 비트가 다른 3개의 비트보다 시간이 오래 걸린다면 1001로 잘못변화가 생길지도 모른다. 그레이 코드는 두 수 사이를 변하할 때 단지 한 비트만이 변화함으로써 이러한 문제를 해결하고 있다.

[표 3-6] 10진수 0~12에 대한 그레이 코드

10진수	2진수	그레이 코드
0	0000	0000
1	0001	0001
2	0010	0011
3	0011	0010
4	0100	0110
5	0101	0111
6	0110	0101
7	0111	0100
8	1000	1100
9	1001	1101
10	1010	1111
11	1011	1110
12	1100	1010

(1) 2진수에서 그레이 코드로 변환

① 그레이 코드의 최상위 비트(MSB : Most Significant Bit)에서부터 시작하여 최초의 1까지는 2진수와 그레이 코드는 같다.

② 2진수의 최상위 비트에서부터 시작하여 상위 비트와 하위 비트를 비교하여, 만약, 비트가 같으면 그레이 코드에 "0"을 기록하고, 비트가 다르면 그레이 코드에 "1"을 기록한다.

2진수를 그레이 코드로의 변환 예는 다음과 같다.

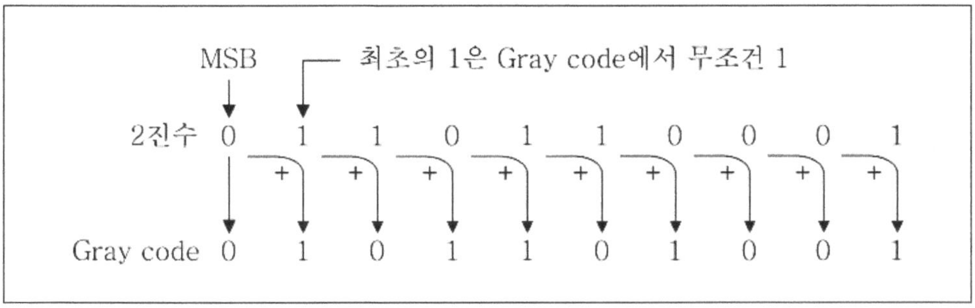

위의 연산과정을 수식으로 표현하면 다음과 같이 나타낼 수 있다.

$G_j = B_j \oplus B_{j+1}$

G : 그레이 코드 값

B : 2진수 값

j : 변환하고자 하는 비트 위치

(2) 그레이 코드를 2진수로 변환

그레이 코드의 최상위 비트에서부터 시작하여 상위 비트와 하위 비트를 비교하여,

① 그레이 코드의 최상위 비트(MSB : Most Significant Bit)에서부터 시작하여 최초의 1까지는 2진수와 그레이 코드는 같다.

② 그레이 코드가 1이면 윗자리의 2진수를 바꾸어서 쓰고, 0이면 윗자리와 같은 2진수를 반복해서 표시한다.

그레이 코드를 2진수로의 변환 예는 다음과 같다.

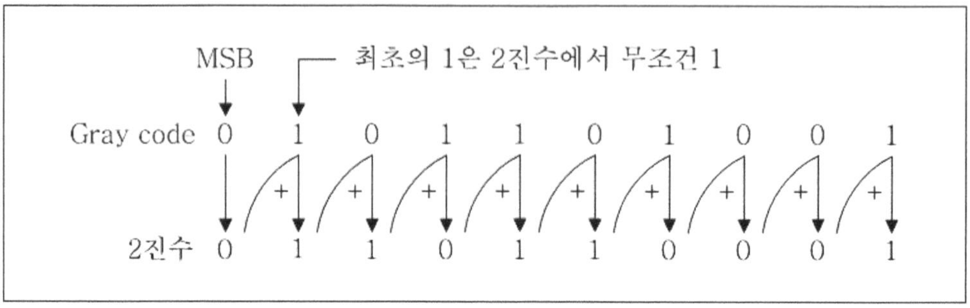

위의 연산과정을 수식으로 표현하면 다음과 같이 나타낼 수 있다.

$$B_j = G_j \oplus B_{j+1}$$

G : 그레이 코드 값

B : 2진수 값

j : 변환하고자 하는 비트 위치

3-1-7 2 - out - of - 5 - code

이 코드의 특징은 코드의 각 그룹 5비트 중에서 1의 개수가 2개 포함되어 있기 때문에 1의 개수만 체크하면 간단히 오류를 체크할 수 있어 데이터 통신 등에서 많이 사용하고 있다. 이 코드는 가중치 코드인 비쿼너리 코드와 유사하다. 한편 3-out-of-5 code가 있는데 이것은 2-out-of-5-code의 보수를 구하면 되는 것이다.

3-1-8 51111 코드

자보수 코드이고 이 코드는 10진수 1~4까지는 수가 증가할 때마다 1의 개수가 오른쪽부터 왼쪽으로 하나씩 늘어나고 있으며, 10진수 5~9까지는 1의 개수가 왼쪽으로부터 오른쪽으로 하나씩 증가하는 코드라는 점이 특징이다.

여기서 자보수 코드란 스스로 보수의 성질을 띠고 있는 코드로서 합하여 9가 되는 수끼리 보수가 되는 것을 말한다. 예를 들어 2진수 코드의 4(01111)와 5(10000)는 0과 1이 서로 교환되어 있음을 알 수 있다. 이런 코드 값을 자보수 코드라 한다.

[표 3-7] 51111 코드

10진수	51111
0	00000
1	00001
2	00011
3	00111
4	01111
5	10000
6	11000
7	11100
8	11110
9	11111

3-2 에러 검출 및 수정 코드

에러 검출 코드는 10진수를 코드화하여 2진수로 표현했을 때 잘못된 비트를 검출하거나 정정할 수 있는 기능을 가질 수 있도록 하는 코드로서 Parity Bit Check, Biquinary Code, 2-out-of-5 Code, Ring Counter Code, Hamming Code 등이 있는데 여기서는 패리티 비트 체크와 해밍 코드에 대해 자세하게 살펴보도록 하겠다.

3-2-1 패리티 비트 체크

컴퓨터에서 정보처리 시 발생하는 정보의 오류가 생긴다면 많은 착오를 일으킬 수 있으므로 빨리 검출할 수 있는 수단이 강구되어야 한다.

특히 데이터를 원거리에 전송하거나 대량의 정보를 주고받을 때 여러 가지 외적인 요인 때문에 에러가 발생하는 경우가 많은데 이런 에러를 검출해 내는 가장 간단한 방법으로 코드에 여분의 에러 검출용 비트를 1개 추가시켜 전송하는 방법을 패리티 비트라 한다. 이 코드는 자료의 타당성을 자동으로 체크할 수 있는 비트 기능을 가지고 있기 때문에 컴퓨터 내부에서 자료 처리 작업이 실행되는 동안에 자동 체크를 하는 것이다. 일반적으로 이러한 체크를 위하여 그림 3-1과 같은 패리티 비트 검출 시스템을 사용한다.

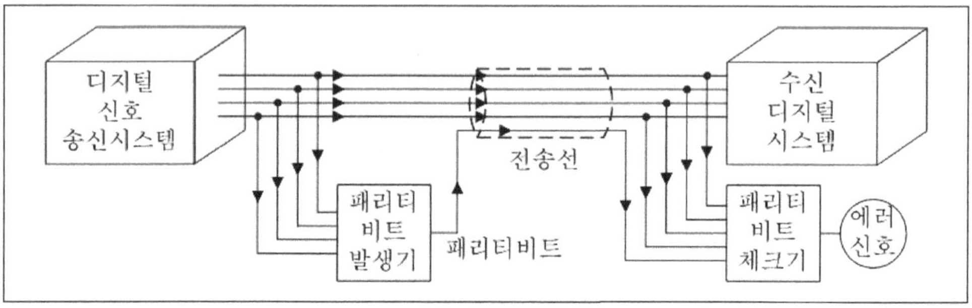

[그림 3-1] 데이터전송 시스템의 패리티비트 오류검출 시스템

일반적으로 많이 사용되는 컴퓨터 코드에는 다음과 같은 두 가지의 특성을 가지도록 설계된 것이 대부분이다.

첫째, 어떤 단위의 숫자나 문자를 표현하는데 1을 기억하는 비트, 즉 1비트의 개수가 반드시 홀수 개로 표현하도록 규정하는 코드이며, 이 경우 특정한 문자나 숫자를 나타낸 코드 전체에서 1을 기억하고 있는 비트의 개수가 짝수이면 에러로 체크한다.

둘째, 숫자나 문자를 표현할 때 1을 기억하는 비트의 개수가 반드시 짝수개가 되도록 설계된 코드이며, 이러한 코드에서는 어떤 문자나 숫자를 표현하는데 1을 기억하는 비트의 개수가 홀수 개로 되어 있다면 에러로 체크되는 것이다.

이상과 같이 두 가지 형태로 코드 에러를 체크하는 방법을 패리티 비트 체크(Parity Bit Check)라고 한다. 그리고 1 비트의 개수가 홀수개가 되도록 규정하는 방법을 홀수 패리티 체크(기수 패리티 체크 : Odd Parity Check)라 하고, 1비트의 개수가 짝수개가 되도록 규정한 체크 방법을 짝수 패리티 체크(우수 패리티 체크 : Even Parity Check)라 한다.

이와 같이 패리티 비트 체크 사용하면 한 개의 에러가 발생하였을 때는 바로 에러를 발견하여 검출할 수 있지만 동시에 2개의 에러가 발생했을 때는 이 방법으로는 에러를 검출할 수 없는 단점이 있다.

표 3-8에 8421코드에 패리티 비트를 부가하여 나타내었다.

[표 3-8] 8421 코드에 패리티 비트 예

Even check		Odd check	
8421 코드	Parity bit	8421 코드	Parity bit
0000	0	0000	1
0001	1	0001	0
0010	1	0010	0
0011	0	0011	1
0100	1	0100	0
0101	0	0101	1
0110	0	0110	1
0111	1	0111	0
1000	1	1000	0
1001	0	1001	1

3-2-2 Hamming Code

해밍 코드는 잘못된 정보를 Parity check에 의해 착오를 검출하고 이를 다시 교정할 수 있는 코드로 R. W. Hamming에 의해 고안되었다. 이 코드는 최소한 3개의 체크 비트를 가지며 각 비트는 데이터 비트를 각각의 규칙에 의하여 패리티 체크하는데, 데이터 비트는 8421 코드 단위인 4비트가 되므로 패리티 체크 비트를 부가한 7bit로 구성된 코드이다.

따라서 해밍 코드의 의미와 원리를 이용하여 짝수 패리티 체크 비트를 했을 때 표 3-9와 같이 표현할 수 있다. 이 표에서 1, 2, 4행에는 체크 비트가 들어가고 3, 5, 6, 7행에는 데이터 비트가 8421 코드로 표현된다.

[표 3-9] 해밍 코드

행번호 위치➡	1	2	3	4	5	6	7
해밍코드 / 10진수	C_1	C_2	8	C_4	4	2	1
0	0	0	0	0	0	0	0
1	1	1	0	1	1	0	1
2	0	1	0	1	0	1	0
3	1	0	0	0	0	1	1
4	1	0	0	1	1	0	0
5	0	1	0	0	1	0	1
6	1	1	0	0	1	1	0
7	0	0	0	1	1	1	1
8	1	1	1	0	0	0	0
9	0	0	1	1	0	0	1

해밍 코드에서 에러를 체크하고 교정하는 과정은 다음과 같다.

① C_1의 체크 비트 위치는 1, 3, 5, 7 위치에 있는 데이터 비트를 하나씩 짝수 또는 홀수 체크를 하여 결정된다.

② C_2의 체크 비트 위치는 2, 3, 6, 7 위치에 있는 데이터 비트를 하나씩 짝수 또는 홀수 체크를 하여 결정된다.

③ C_4의 체크 비트 위치는 4, 5, 6, 7 위치에 있는 데이터 비트를 하나씩 짝수 또는 홀수 체크를 하여 결정한다.

④ 이와 같이 체크하여 1비트의 개수가 짝수이면 0, 홀수이면 1로 나타내고, 이렇게 하여 얻어진 수를 C_1 C_2 C_4의 순서로 배열하면 여기에 표시된 2진수의 착오가 발생한 비트의 위치가 되므로 이 비트를 교정하면 된다.

그러면 예를 들어 10진수 9의 교정과정을 살펴보도록 한다. 다음에는 정상적인 해밍 코드가 있다고 가정하자.

행의 순서 →	1	2	3	4	5	6	7
	C_1	C_2	8	C_4	4	2	1
비트 값 →	0	0	1	1	0	0	1

이 코드에 에러가 발생하여 다음과 같이 내용이 바뀌었다고 가정하면

행의 순서 →	1	2	3	4	5	6	7
	C_1	C_2	8	C_4	4	2	1
비트 값 →	0	0	1	1	1	0	1

C_1 → 1, 3, 5, 7행의 우수 패리티 체크 시 1의 개수가 홀수 개 : 1

C_2 → 2, 3, 6, 7행의 우수 패리티 체크 시 1의 개수가 짝수 개 : 0

C_4 → 4, 5, 6, 7행의 우수 패리티 체크 시 1의 개수가 홀수 개 : 1

C_4	C_2	C_1		
1	0	1	➡	5_{10}

이상과 같은 규칙으로 살펴본 바와 같이 패리티 비트를 체크한 결과 101, 즉 10진수로 5가 되어 5행이 틀렸다는 것을 알 수 있으므로 5행의 비트 교정에 있어서 2진수가 1과 0뿐이므로 현재 착오 발생 위치가 0으로 되어 있으면 1, 1로 되어 있으면 0으로 바꾸면 되고, 기계적으로 쉽게 교정할 수 있다. 이로써 해밍 코드는 오류 검출 및 교정까지도 가능하다는 것을 알 수 있다.

3-3 문자 코드

우리가 사용하고 있는 영문자, 숫자, 특별문자 등을 컴퓨터에서 사용하는 특정한 기호로 표시하는 과정을 인코딩이라 하고 이 기호화한 그룹을 코드라고 한다. 컴퓨터에서 사용되어지는 문자에는 영문자(A~Z : 26자), 숫자(0~9 : 10자), 특별문자 등의 조합으로 명령이나 프로그램 등이 작성되어져 사용되는데 이들을 체계적으로 나타내기 위해 6비트의 BCD 코드, 8비트의 EBCDIC 코드, 7비트 혹은 8비트의 ASCII 코드 등으로 표현하기 때문에 일명 알파뉴메릭(Alphanumeric) 코드라고 한다.

3-3-1 표준 2진화 10진 코드

표준 2진화 10진 코드(SBCDIC : Standard Binary Coded Decimal Interchange Code)는 BCD(Binary Coded Decimal)코드인 8421코드를 확장한 코드로서 2세대 컴퓨터의 대부분 사용하던 코드로서 정보를 6비트로 표현하므로 2^6=64가지의 서로 다른 문자를 표현할 수 있고, 패리티 비트를 포함하여 일명 7트랙 코드라고도 한다. 그림 3-2는 표준 2진화 10진 코드의 형식을 나타냈다.

P	B	A	8	4	2	1

패리티 비트 ← 존비트 →← 숫자비트 →

[그림 3-2] 표준 2진화 10진 코드 구성

6개의 데이터 비트 중 2개의 존 비트(Zone bit)와 4개의 숫자 비트(Digit bit)로 구성되며, 이들의 조합으로 영문자, 숫자, 특수문자 등을 표현한다. 존 비트 구성을 보면 제1군(A~ I)은 11, 제2군(J~R)은 10, 제3군(S~Z)은 01, 제4군(0~9)은 00으로 구성되며, 숫자 비트는 서열 순으로 8421코드로 조합하여 표현한다. 표 3-10은 영문자, 숫자 표현 예를 나타냈다.

[표 3-10] 표준 2진화 10진 코드

영 문 자						숫 자	
제 1 군		제 2 군		제 3 군		제 4 군	
A	110001	J	100001			1	000001
B	110010	K	100010	S	010010	2	000010
C	110011	L	100011	T	010011	3	000011
D	110100	M	100100	U	010100	4	000100
E	110101	N	100101	V	010101	5	000101
F	110110	O	100110	W	010110	6	000110
G	110111	P	100111	X	010111	7	000111
H	111000	Q	101000	Y	011000	8	001000
I	111001	R	101001	Z	011001	9	001001
						0	001010

3-3-2 ASCII 코드

ASCII 코드(American Standard Code for Information Interchange)는 미국 표준 코드로서 1968년 국제 표준 기구(ISO : International Standard Organization)에서 개발되었고, 미국 국립 표준 연구소(ANSI : American National Standard Institute)의해 제정되었다. 이 코드는 이진 정보의 전송을 위하여 공통적으로 사용되는 표준코드 이며, 7자리 비트로 표기하는 ASCII-7 코드와 8자리 비트로 표기하는 ASCII-8 코드 두 가지 형태가 있다. 여기서는 ASCII-7 코드 형태를 기준으로 살펴보면 7개의 데이터 비트로 1바이트를 표시하는데 존 비트 3개와 숫자 비트 4개로 구성되며 형식은 그림 3-3과 같다.

← 존비트 → ← 숫자비트 →

7	6	5	4	3	2	1

1 0 0 : 문자 A~O(0001-1111)

1 0 1 : 문자 P~Z(0000-1010)

0 1 1 : 숫자 0~9

[그림 3-3] ASCII 코드의 구성

7비트 ASCII 코드는 128개의 서로 다른 문자를 표시할 수 있는 코드로서 영어의 대문자와 소문자를 구별할 수 있다. 그러나 6비트 BCD 코드에서는 64개의 서로 다른 문자를 표시할 수 있어 영어의 대문자와 소문자를 구별할 수 없다. ASCII 코드의 비트 번호는 오른쪽에서 왼쪽으로 부여한다. EBCDIC 코드의 경우는 그 반대로 왼쪽으로부터 부여하고 있다. 실제로 이 코드는 여러 가지 다양하게 표현되는 코드로 정보의 호환성의 제한이나 불편을 덜기 위하여 개발된 코드이며, 특히 컴퓨터 시스템의 통신을 단순화하고 표준화하기 위한 시도로서 통신 장비의 사용자들과 자료처리 사업자들이 협력하여 만들어졌기 때문에 데이터 통신에 널리 사용되고 있다. 표 3-11은 ASCII 코드를 나타낸 것이다.

[표 3-11] ASCII 코드

영 문 자						숫 자	
제 1 군				제 2 군		제 3 군	
A	1000001	L	1001100	P	1010000	1	0110001
B	1000010	M	1001101	Q	1010001	2	0110010
C	1000011	N	1001110	R	1010010	3	0110011
D	1000100	O	1001111	S	1010011	4	0110100
E	1000101			T	1010100	5	0110101
F	1000110			U	1010101	6	0110110
G	1000111			V	1010110	7	0110111
H	1001000			W	1010111	8	0111000
I	1001001			X	1011000	9	1001001
J	1001010			Y	1011001	0	0110000
K	1001011			Z	1011010		

3-3-3 확장 2진화 10진 코드

확장 2진화 10진 코드(EDCDIC : Extended Binary Coded Decimal Interchange Code)는 대부분의 컴퓨터에서 사용되는 하나의 코드로서 8개의 비트로 하나의 문자를 표현한다. 이 8개 비트의 모임을 1 바이트(byte)라하며 하나의 정보 단위가 된다. 8비트로 정보를 표현하므로 2^8 = 256가지의 문자를 표현할 수 있고 1개의 패리티 비트를 포함하여 8개의 데이터 비트로 구성되므로 일명 9트랙 코드라고도 한다. 그림 3-4는 EBCDIC 코드의 구성 형식을 나타냈다.

[그림 3-4] EBCDIC 코드의 구성

8개의 데이터 비트는 4개의 존 비트와 4개의 숫자 비트로 구성된다. 그리고 EBCDIC코드는 존 비트와 숫자 비트를 16진수로 표현이 가능하다.

영문자 대문자 및 숫자의 존 비트 구성을 보면 제1군(A~I)은 1100(C), 제2군(J~R)은 1101(D), 제3군(S~Z)은 1110(E), 제4군(0~9)은 1111(F)로 구성된다.

이 코드에서 존 비트 4개는 영문자(대, 소), 숫자, 특별문자 등을 식별하는데 사용되며, 숫자 비트 4개는 2진수로 코드화되어 각 군의 서열을 나타낸다. 현재 대부분의 컴퓨터에서 주기억 장치의 각 기억장소는 바이트로 알려져 있으며 1바이트가 8비트라는 것은 이 코드에서 근거한다.

표 3-12는 EBCDIC 코드를 나타낸 것이다.

[표 3-12] 확장 2진화 10진코드

영	문	자							숫	자	
제 1 군			제 2 군			제 3 군			제 4 군		
A	11000001	C1	J	11010001	D1				1	11110001	F1
B	11000010	C2	K	11010010	D2	S	11100010	E2	2	11110010	F2
C	11000011	C3	L	11010011	D3	T	11100011	E3	3	11110011	F3
D	11000100	C4	M	11010100	D4	U	11100100	E4	4	11110100	F4
E	11000101	C5	N	11010101	D5	V	11100101	E5	5	11110101	F5
F	11000110	C6	O	11010110	D6	W	11100110	E6	6	11110110	F6
G	11000111	C7	P	11010111	D7	X	11100111	E7	7	11110111	F7
H	11001000	C8	Q	11011000	D8	Y	11101000	E8	8	11111000	F8
I	11001001	C9	R	11011001	D9	Z	11101001	E9	9	11111001	F9
									0	11110000	F0

연습문제

1. 다음의 10진수를 BCD 코드로 표시하시오.

(1) 47　　(2) 962　　(3) 187

2. 0에서 999 범위 내의 10진수를 2진수로 표현하기 위해 요구되는 비트 수를 구하시오. 또한 BCD 코드로 표현할 경우 이를 반복하시오.

3. 다음에 표시된 BCD 코드를 10진수로 표현하시오.

(1) 1001011101010010　　(2) 000110000100

4. 10진수 178을 2진수와 BCD 코드로 표현하시오.

5. 다음에 표시된 10진수를 Excess-3 코드로 표현하시오.

(1) 9　　(2) 37　　(3) 650

6. 다음에 표시된 Excess-3 코드를 10진수로 표현하시오.

(1) 0011　　(2) 01100100　　(3) 10000101

7. 다음에 표시된 2진수를 그레이 코드로 표현하시오.

(1) 1010　　(2) 10001　　(3) 10011

8. 다음에 표시된 그레이 코드를 2진수로 표현하시오.

(1) 0100　　(2) 11111　　(3) 011100

9. X=25/Y를 ASCII코드로 표현하시오.

10. 다음의 ASCII코드가 메모리에 연속적으로 표시되어 있다. 무엇을 뜻하는가?

1010011 1010100 1001111 1010000

11. 문제 10의 각 ASCII 코드에 짝수 패리티를 붙이시오, 또한 이 결과를 16진수로 변환하시오.

12. 다음 전송 데이터에 짝수 패리티를 붙이시오.

(1) 10110110 (2) 00101000 (3) 11110111

13. 다음 10진수를 BCD로 변환하고, 그 결과에 홀수 패리티를 붙이시오.

(1) 74 (2) 38 (3) 165 (4) 9201

14. 다음 빈칸을 적당한 낱말로 채우시오.

(1) BCD 코드에서 각 ________는 등가 4비트의 2진수로 변환된다.
(2) ________ 코드는 어떤 단계에서 다음 단계로 갈 때 한 비트만 변화하는 특성이 있다.
(3) 전송기는 ________을 부가시켜 송신기가 ________를 찾도록 해준다.
(4) ________코드는 컴퓨터 시스템에서 사용되는 가장 일반적인 수치코드이다.

제4장 부울 대수

이미 앞 장에서 언급한 바와 같이 디지털(논리) 회로는 각 입출력 전압이 0(0[V])과 1(+5[V])로 구성되는 2진수 체계에서 구동된다. 이러한 디지털 회로의 특성 때문에 디지털 회로의 분석과 설계에 부울 대수(Boolean algebra)가 사용된다. 이 장에서는 입력과 출력의 함수로 표현되는 디지털 회로의 가장 기본적인 회로인 논리 게이트에 대하여 알아보고, 이 논리 게이트가 부울 대수에 어떻게 적용되는지 공부할 것이다. 또한 논리기호를 이용하여 논리회로를 꾸미는 방법과 이 논리회로를 부울대수로 표현하는 방법도 공부할 것이다.

4-1 부울 대수의 기본 정의와 성질

부울 대수(Boolean algebra)는 1854년 영국의 수학자 J. Boole이 논리적 판단을 하기 위해 사용된 수학적 기법으로서 논리 대수라고도 하며, 일반적인 대수학이나 기하학에서와 같이 부울 대수도 일련의 공리를 전제로 새로운 정리를 유도할 수 있다. 또한 부울 대수는 0(False)과 1(True) 두 개의 값만을 가지는 대수체계로서 디지털 회로와 시스템의 연산을 표현하고 분석하는데 조직적이며 아주 유용한 수학적 방법으로서, 논리회로나 시스템을 구성하는데 간략화된 부울식을 이용함으로써 쉽게 회로를 구성할 수 있다.

4-1-1 기본 2진 논리

0과 1의 두 값을 시스템에 적용하는 것으로 부울 함수라 하며, 일반적으로는 2진 논리를 뜻한다. 논리의 입력과 출력의 관계를 나타내기 위하여 사용하는 A, B, X 등을 논리 변수라 하고 이 논리 변수는 부울 대수의 기본적인 가설인 1 아니면 0의 값을 가진다. 이 논리 변수의 입력에 의하여 얻어지는 출력 또한 1 아니면 0의 값을 가지며 이때 출력은 부울 대수 값이다.

디지털 회로에서 0과 1은 다른 형태로도 표현된다. 가장 일반적으로 사용되는 표현 방법이 표 4-1에 있다.

[표 4-1] 논리값 표현

논리 0	논리 1
False	True
Off	On
Low	High
No	Yes
스위치 열림	스위치 닫힘

부울 대수는 임의의 회로 기능을 수행하기 위한 가장 최적의 방법을 결정하기 위하여 논리변수를 조작 및 표현하기 위하여 사용된다. 예를 들어 X가 디지털 회로의 입력 또는 출력을 의미한다면, 일정 시간이 경과한 후 X=0이나 X=1의 상태가 되어야 한다.

부울 대수는 단지 두 가지 값만을 가지기 때문에 상용대수에 비하여 다루기가 쉽다. 부울 대수는 분수, 10진수, 음수, 제곱근, 지수, 허수 등은 사용되지 않는다.

따라서 부울 대수에서는 논리적 덧셈, 논리적 곱셈, 논리적 보수 또는 부정(역)의 가장 기본적인 세 가지 연산만을 사용하며, 논리 기호와 부울 대수식의 표현은 다음과 같이 나타낸다.

(1) 논리적 곱셈(AND)

이것은 AND 곱셈 또는 AND 연산이라고 한다. 이 연산을 의미하는 기호는 '•'이다.

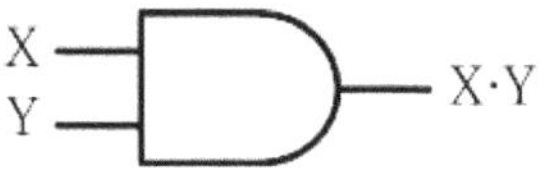

$$F(X, Y) = X \cdot Y = XY$$
$$F(X, Y) = X \cap Y$$

(2) 논리적 덧셈(OR)

이것은 OR 덧셈 또는 OR 연산이라고 한다. 이 연산을 의미하는 기호는 '+'이다.

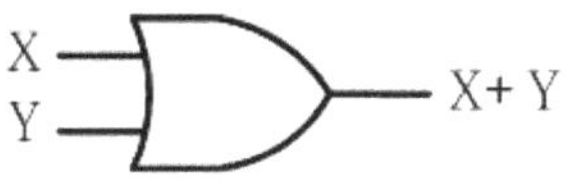

$$F(X, Y) = X + Y$$
$$F(X, Y) = X \cup Y$$

(3) 논리적 보수(NOT)

이것은 NOT 연산이라고 한다. 이 연산을 의미하는 기호는 ''' 또는 '‾'이다.

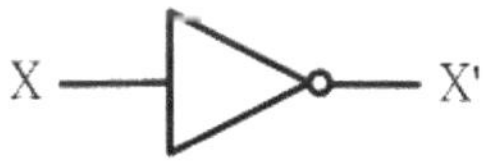

$$F(X) = X'$$

4-1-2 진리표

대부분의 논리회로들은 여러 개의 입력을 갖지만 출력은 단지 한 개만을 갖는다. 진리표는 논리회로의 출력이 입력 논리 상태의 조합에 대하여 어떻게 동작되는 지를 나타낸다.

즉, 입력 변수의 수가 n개면 입력의 모든 경우의 수가 2^n개가 되고, 출력은 이 2^n 개의 입력 각각에 대하여 존재한다. 입력 변수의 모든 경우의 수에 대하여 나타낼 수 있는 모든 출력을 표를 사용하여 나타낸 것을 진리표라 한다. 2, 3 4개 입력에 대한 진리표 형식을 그림 4-1에 나타내었다.

X	Y	F
0	0	?
0	1	?
1	0	?
1	1	?

(a) 2개 입력

X	Y	Z	F
0	0	0	?
0	0	1	?
0	1	0	?
0	1	1	?
1	0	0	?
1	0	1	?
1	1	0	?
1	1	1	?

(b) 3개 입력

W	X	Y	Z	F
0	0	0	0	?
0	0	0	1	?
0	0	1	0	?
0	0	1	1	?
0	1	0	0	?
0	1	0	1	?
0	1	1	0	?
0	1	1	1	?
1	0	0	0	?
1	0	0	1	?
1	0	1	0	?
1	0	1	1	?
1	1	0	0	?
1	1	0	1	?
1	1	1	0	?
1	1	1	1	?

(c) 4개 입력

[그림 4-1] 진리표 형식

각 진리표의 좌측 부분은 입력(W, X, Y, Z)에 대한 0과 1 논리상태의 가능한 조합상태를 나타내고, 우측 부분은 출력 F를 위한 결과 논리상태를 의미한다. 출력 F의 논리상태를 ?로 표시한 것은 입력 조합은 같더라도 논리회로의 형태에 따라 출력이 다르기 때문이다.

2 입력 진리표에는 4가지, 3 입력 진리표에는 8가지, 4 입력 진리표에는 16가지의 입력 조합이 존재한다.

입력 변수 X, Y, Z에 대한 출력 F의 관계의 예를 표 4-2에 진리표로 표시하였다.

[표 4-2] 진리표의 예

X	Y	Z	F(X, Y, Z)
0	0	0	0
0	0	1	1
0	1	0	1
0	1	1	0
1	0	0	0
1	0	1	1
1	1	0	1
1	1	1	1

4-1-3 부울 대수의 공리적 정의와 성질

(1) 쌍대성

부울 대수는 다른 수학 체계와 마찬가지로 집합 또는 여러 공리와 가설로써 정의된다.

아래의 [예1]과 [예2]에서와 같이 한 부분의 2진 연산자와 항등원들을 서로 바꾸면 다른 부분의 가설이 얻어진다. 이러한 부울 대수의 중요한 성질을 쌍대성(Duality Principle) 원리라 한다.

여기서 논리합의 항등원은 0이며, 논리곱의 항등원은 1이라 대수 표현을 쌍으로 바꾸는 경우에는 논리합과 논리곱을 1과 0을 맞바꾸기만 하면 된다. 즉, 한 부울 대수식의 쌍대를 얻기 위해서는 ·와 +를, 0과 1을 맞바꾸면 된다.

쌍대성의 예를 다음에 나타내었다.

[예 1]

$$X + 0 = X$$

$$\downarrow \quad \downarrow \qquad \text{쌍대성}$$

$$X \cdot 1 = X$$

[예 2]

$$X + (Y \cdot Z) = (X + Y) \cdot (X + Y)$$

↓ ↓ ↓ ↓ ↓ 쌍대성

$$X \cdot (Y + Z) = (X \cdot Y) + (X \cdot Y)$$

(2) 기본 정리

부울 대수의 정리와 가설은 서로 쌍대성을 지닌 것끼리 짝지어져 있으며, 가설이란 규칙, 정리, 성질들을 이끌어 낼 수 있는 기본 가정을 의미하며, 대수 체계의 기본 공리이므로 증명이 필요 없다. 그러나 정리는 반드시 가설로 증명이 되어야 한다. 표 4-3은 부울 대수의 가설(2~5)들과 비교적 잘 쓰이는 정리 7개를 정리한 것이다.

[표 4-3] 부울 대수의 가설과 정리

가설 ② 항등의 법칙	(a) $X + 0 = X$	(b) $X \cdot 1 = X$
가설 ③ 교환 법칙 (Commutative law)	(a) $X + Y = Y + X$	(b) $X \cdot Y = Y \cdot X$
가설 ④ 분배 법칙 (Distributive law)	(a) $X(Y+Z) = XY + XZ$	(b) $X + YZ = (X+Y)(X+Z)$
가설 ⑤ 보원의 법칙	(a) $X + X' = 1$	(b) $X \cdot X' = 0$
정리 ① 동일능력의 법칙	(a) $X + X = X$	(b) $X \cdot X = X$
정리 ② 항등의 법칙	(a) $X + 1 = 1$	(b) $X \cdot 0 = 0$
정리 ③ 복원의 법칙	(a) $(X')' = X$	
정리 ④ 결합 법칙 (Associativity law)	(a) $X + (Y+Z) = (X+Y) + Z$	(b) $X (Y Z) = (X Y) Z$
정리 ⑤ 드모르강 정리 (De Morgan theorem)	(a) $(X+Y)' = X'Y'$	(b) $(XY)' = X' + Y'$
정리 ⑥ 흡수 법칙 (Absorption law)	(a) $X + XY = X$	(b) $X (X+Y) = X$
정리 ⑦ 인접성 법칙 (Adjacency law)	(a) $XY + XY' = X$	(b) $(X+Y)(X+Y') = X$

표 4-3의 가설과 정리들의 설명에서 정리 ③인 복원의 법칙만 제외하면 여러 가설과 정리들은 좌측 (a)와 우측 (b)가 서로 쌍대성(Duality Principle) 형태임을 알 수 있다.

즉, 부울 대수의 모든 가설과 정리를 설명하는 관계식은 항상 쌍으로 되어 있어서 어떤 관계식이 성립하면 반드시 그 이원적인 형태의 식도 성립한다.

가설 ②와 가설 ⑤가 성립함을 다음에 나타내었다.

가설 ② (a)	X + 0 = X	
	X가 0이면	0 + 0 = 0
	X가 1이면	1 + 0 = 1
		X + 0의 결과는 X값과 일치
가설 ② (b)	X · 1 = X	
	X가 0이면	0 · 1 = 0
	X가 1이면	1 · 1 = 1
		X · 1의 결과는 X값과 일치

가설 ②에서 또 다른 가설을 유도한다면 X' + 0 = X' , X' · 1 = X' 이런 가설들을 유도해 낼 수가 있다.

공리 ⑤ (a)	X + X' = 1	
	X가 0이면	X' = 1 ⇒ 0 + 1 = 1
	X가 1이면	X' = 0 ⇒ 1 + 0 = 1
		∴ X +X'의 값은 언제나 1
공리 ⑤ (b)	X · X' = 0	
	X가 0이면	X' = 1 ⇒ 0 · 1 = 0
	X가 1이면	X' = 0 ⇒ 1 · 0 = 0
		∴ X · X'의 값은 언제나 0

가설 ③과 가설 ④가 성립함을 진리표로 나타내면 다음과 같다.

가설 ③ (a) X + Y = Y + X

X	Y	X + Y	Y + X
0	0	0	0
0	1	1	1
1	0	1	1
1	1	1	1

가설 ③ (b) X · Y = Y · Z

X	Y	X · Y	Y · X
0	0	0	0
0	1	0	0
1	0	0	0
1	1	1	1

가설 ④ (a) X (Y+Z) = X · Y + X · Z

X Y Z	X	Y + Z	X (Y+Z)	X Y	X Z	(XY + XZ)
0 0 0	0	0	0	0	0	0
0 0 1	0	1	0	0	0	0
0 1 0	0	1	0	0	0	0
0 1 1	0	1	0	0	0	0
1 0 0	1	0	0	0	0	0
1 0 1	1	1	1	0	1	0
1 1 0	1	1	1	1	0	1
1 1 1	1	1	1	1	1	1

가설 ④ (b) X + Y · Z = (X+Y) · (X+Z)

X Y Z	X	Y Z	X+YZ	(X+Y)	(X+Z)	(X+Y) (X+Z)
0 0 0	0	0	0	0	0	0
0 0 1	0	0	0	0	1	0
0 1 0	0	0	0	1	0	0
0 1 1	0	1	1	1	1	1
1 0 0	1	0	1	1	1	1
1 0 1	1	0	1	1	1	1
1 1 0	1	0	1	1	1	1
1 1 1	1	1	1	1	1	1

정리 ④를 진리표로 증명하면 다음과 같다.

정리 ④ (a) X + (Y + Z) = (X + Y) + Z

X Y Z	X	Y + Z	X+(Y+Z)	(X+Y)	Z	(X+Y) + Z
0 0 0	0	0	0	0	0	0
0 0 1	0	1	1	0	1	1
0 1 0	0	1	1	1	0	1
0 1 1	0	1	1	1	1	1
1 0 0	1	0	1	1	0	1
1 0 1	1	1	1	1	1	1
1 1 0	1	1	1	1	0	1
1 1 1	1	1	1	1	1	1

정리 ④ (b) X (Y · Z) = (X · Y) Z

X Y Z	X	Y Z	X (YZ)	XY	Z	(XY) Z
0 0 0	0	0	0	0	0	0
0 0 1	0	0	0	0	1	0
0 1 0	0	0	0	0	0	0
0 1 1	0	1	0	0	1	0
1 0 0	1	0	0	0	0	0
1 0 1	1	0	0	0	1	0
1 1 0	1	0	0	1	0	0
1 1 1	1	1	1	1	1	1

다음은 정리 ①과 정리 ②의 증명 과정이다.

정리 ① (a) $X + X = X$

$$
\begin{aligned}
X + X &= (X+X)\cdot 1 \\
&= (X+X)\,(X+X') \\
&= X + XX' \\
&= X + 0 \\
&= X
\end{aligned}
$$

정리 ① (b) $X \cdot X = X$

$$
\begin{aligned}
X \cdot X &= X\,X + 0 \\
&= X\,X + X\,X' \\
&= X\,(X+X') \\
&= X \cdot 1 \\
&= X
\end{aligned}
$$

정리 ② (a) $X + 1 = 1$

$$
\begin{aligned}
X + 1 &= 1 \cdot (X+1) \\
&= (X+X')\,(X+1) \\
&= X + X' \cdot 1 \\
&= X + X \\
&= 1
\end{aligned}
$$

정리 ② (b) $X \cdot 0 = 0$

$$
\begin{aligned}
X \cdot 0 &= 0 + (X \cdot 0) \\
&= X \cdot X' + X \cdot 0 \\
&= X\,(X' + 0) \\
&= X \cdot X' \\
&= 0
\end{aligned}
$$

정리 ⑥과 정리 ⑦을 증명해 보면 다음과 같다.

정리 ⑥ (a) $X + X \cdot Y = X$

$$
\begin{aligned}
X + X \cdot Y &= X \cdot 1 + X \cdot Y \\
&= X (1+Y) \\
&= X
\end{aligned}
$$

정리 ⑥ (b) $X (X+Y) = X$

$$
\begin{aligned}
X (X+Y) &= (X+X) \cdot (X+Y) \\
&= X + X \cdot Y \\
&= X (1+Y) \\
&= X
\end{aligned}
$$

정리 ⑦ (a) $X \cdot Y + X \cdot Y' = X$

$$
\begin{aligned}
X \cdot Y + X \cdot Y' &= X (Y+Y') \\
&= X \cdot 1 \\
&= X
\end{aligned}
$$

정리 ⑦ (b) $(X + Y) (X + Y') = X$

$$
\begin{aligned}
(X + Y) (X + Y') &= X + Y \cdot Y' \\
&= X + 0 \\
&= X
\end{aligned}
$$

위의 정리 ①, 정리 ②, 정리 ⑥, 정리 ⑦들은 쌍대성 원리에 의해서 성립됨을 설명할 수 있다.

정리 ⑤는 드 모르간(De Morgan)이 제안한 두 가지 정리는 부울식을 간소화 하거나 여러 가지 논리 연산을 하는데 사용되어 논리학에 있어서 매우 중요한 역할을 하고 있다. 드 모르간의 법칙은 다음과 같이 표현한다.

$$(X + Y)' = X' \cdot Y'$$
$$(X \cdot Y)' = X' + Y'$$

드 모르간 법칙을 일반식으로는 다음과 같이 표현한다.

$$(A+B+C+D+ \cdots +Z)' = A'\ B'\ C'\ D' \cdots Z'$$
$$(A \cdot B \cdot C \cdot D \cdot \cdots \cdot Z)' = A' + B' + C' + D' + \cdots + Z'$$

이 법칙을 진리표 의해서 증명하면 표 4-4와 같다.

[표 4-4] 진리표에 의한 드 모르간 법칙의 증명

X	Y	X'	Y'	X' · Y'	X+Y	(X +Y)'	XY	(X · Y)'	X'+Y'
0	0	1	1	1	0	1	0	1	1
0	1	1	0	0	1	0	0	1	1
1	0	0	1	0	1	0	0	1	1
1	1	0	0	0	1	0	1	0	0

또한 드 모르간 법칙을 논리 게이트로 표현하면 그림 4-2와 같이 각각 NAND 게이트와 NOR 게이트로 나타낼 수 있음을 알 수 있다.

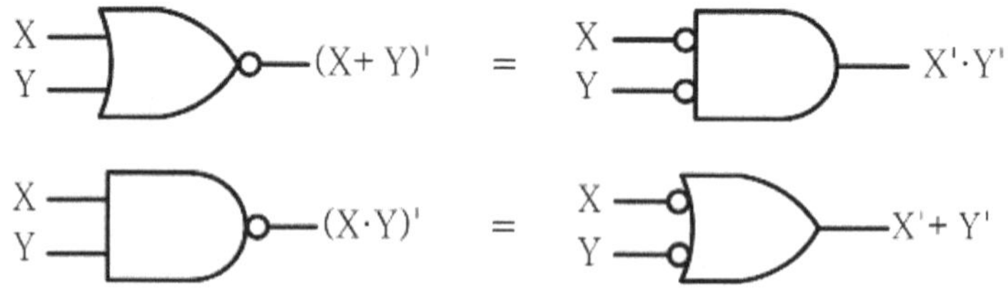

[그림 4-2] 논리게이트에 의한 드모르간 법칙

4-2 부울 함수

부울 함수란 0 또는 1의 값을 취하는 2진 변수, 두 개의 2진 연산자 AND, OR, 그리고 보수 연산자 NOT, 괄호 및 등호로 표현되며, 부울 함수의 값은 0 또는 1이다. 예를 들어 다음의 부울 함수

$$F_1 = xyz'$$

를 생각해 보자.

함수 F_1은 x=1, y=1과 z'=1일 때 1의 값을 가지며, 그 이외의 경우에는 F_2=0이다. 앞의 예는 대수식으로 표현된 부울 함수이며, 진리표로도 부울 함수를 나타낼 수 있다. 진리표로 부울 함수를 표현하려면, n개의 2진 변수의 경우 2_n개의 조합이 필요하다. 3개 변수의 경우 8개의 서로 다른 조합이 가능하며, F_1으로 표시된 열에는 부울 함수 F_1의 값으로 0 또는 1을 기재하여야 한다. 함수 F_1은 x=1, y=1, z=0(즉 z'=1)일 때에만 1의 값을 가지므로 x=1, y=1, z=0 행 위치의 F_1 값만 1이고, 나머지 행은 0이다. 이 함수의 진리표를 표 4-5에 나타내었다.

다른 함수

$$F_2 = x + y'z$$

를 생각해 보자.

함수 F_2는 x=1 이거나 y'=1이고 z=1 일 때 1 이 된다. 표 4-5에서 마지막 4개 행은 x=1 이며, 2행과 6행인 x=0, y=0, z=1과 x=1, y=0, z=1의 경우 y'z가 1이다. 그러므로 F_2=1을 만족하는 조합은 5개로서 해당 행의 F_2는 1로, 그 이외의 행은 0으로 표시한다.

세 번째의 예로서 다음의 함수를 생각하자.

$$F_3 = x'y'z + x'yz + xy'$$
$$F_4 = xy' + x'z$$

이는 표 4-5에서 4개의 1과 4개의 0으로 나타내지며(x=0, y=0, z=1의 경우:x'y'z, x=0, y=1, z=1의 경우:x'yz, x=1, y=0의 경우:xy') F_3과 F_4는 같다. 이 예에서 하나의 기능에 대한 서로 다른 표현이 가능함을 알 수 있으며, 함수 F_4의 표현은 F_3에 비하여 간단하게 xy'+x'z로 할 수 있다. 일반적으로, n개의 2진 변수로 정의된 2개의 함수가 2^n의 모든 조합에 대하여 같은 값을 가질 때 이 두 함수는 같다고 한다.

[표 4-5] 함수 F_1, F_2, F_3, F_4의 진리표

X	Y	Z	F_1	F_2	F_3	F_4
0	0	0	0	0	0	0
0	0	1	0	1	1	1
0	1	0	0	0	0	0
0	1	1	0	0	1	1
1	0	0	0	1	1	1
1	0	1	0	1	1	1
1	1	0	1	1	0	0
1	1	1	0	1	0	0

앞의 예에서 함수 F_3과 F_4는 같은 기능을 수행하는 함수이나 함수 F_3은 논리 회로로 구현할 때 F_4에 비하여 많은 게이트를 필요로 하므로 F_4의 형태로 논리 회로를 구현하는 것이 바람직하다. 이와 같이 표현된 임의의 함수에 대하여 등가인 간략한 식을 얻는 일을 간소화(Simplification)라 하며, 부울 대수의 가설 및 정리들을 적절히 사용하여 간소화하는 것을 대수적 간소화라 한다. 이러한 간소화의 목적은 논리 회로의 구현 시 필요한 소자의 수를 최소화하는 것이다.

4-2-1 부울 함수의 대수적 간소화

문자(literal)는 보수 표현이 되어 있거나 혹은 되어 있지 않은 변수로서 논리 회로의 구현 시 게이트의 입력으로 사용된다. 항(term)은 문자들이 연산자로서 연결된 것으로 논리 회로로의 구현 시 게이트의 출력으로 나타난다. 따라서 문자와 항의 수가 가장 적은 표현이 가장 좋은 부울 함수의 표현법이 된다.

(1) 항 결합법

XY + XY' = X의 공식을 사용하여 두 항을 결합한다.

(예) abc'd'+ abcd' = abd' [X=abd', Y=C]

위 식에서 같이 항 결합법으로 항을 결합할 때는 결합되는 두 항은 정확하게 같은 변수로 이루어져야 하고 이들 변수 중 하나는 다른 항에 있는 변수에 대해 보수관계에 있어야 한다. 물론, 이 방법은 X와 Y가 더 복잡한 아래의 표현식으로 되어 있을 때도 이용할 수 있다.

(예) (a+bc)(d+e') + a'(b'+c')(d+e') = d+e'
[X=d+e',Y=a+bc, Y'=a'(b'+c')]

(2) 항 제거법

항 제거법은 여분 항들을 제거하는데 X + XY = X의 공식을 사용한다.

(예) a'b + a'bc = a'b [X=a'b]
a'bc'+ bcd + a'bd = a'bc' + bcd [X=c, Y=bd, Z=a'b]

(3) 문자 제거법

문자 제거법은 X + X'Y = X+Y의 공식을 사용하여 공통의 문자를 제거한다. 이 공식을 적용하기 전에 간단한 인수화가 필요하다.

(예) $A'B + A'B'C'D' + ABCD'$

$= A'(B+B'C'D')+ABCD'=A'(B+C'D')+ABCD'$

$= B(A'+ACD') + A'C'D' = B(A'+CD') + A'C'D'$

$= A'B + BCD' + A'C'D'$

위의 (1), (2), (3)을 적용한 후에 얻어지는 표현식이 반드시 최소항 또는 최소문자를 갖는 것은 아니다.

4-2-2 부울 함수의 보수

함수 F의 보수는 F'이며 이는 F의 값을 1은 0으로, 0은 1로 서로 바꿈으로써 얻어진다. 또 대수적으로 드 모르간 법칙을 적용해서 얻을 수도 있으며 두 변수에 대한 드 모르간 법칙은 3개 이상의 변수에 대해서도 확장 할 수 있다.

$(A + B + C)'$	$= (A + X)'$	$B + C = X$로 놓으면
	$= A'X'$	드 모르간 법칙에 의하여
	$= A' \cdot (B + C)'$	$B + C = X$로 바꾸어
	$= A' \cdot (B'C')$	드 모르간 법칙에 의하여
	$= A'B'C'$	결합 법칙에 의하여

2 변수 이상의 드 모르간 법칙은 위에서 유도되는 것과 비슷한 방법으로 계속적으로 대입함으로써 얻을 수 있으며, 위의 정리는 다음과 같이 일반화할 수 있다.

$$(A + B + C + D + \cdots\cdots + F)' = A'B'C'D' \cdots\cdots F'$$

$$(ABCD \cdots\cdots F)' = A' + B' + C' + D' \cdots\cdots + F'$$

드 모르간 법칙의 일반화된 형태는 함수의 보수가 AND와 OR 연산자를 상호 교환하고 각 문자에 대해 보수를 취해서 얻을 수 있음을 나타낸다. 다시 표현하면 드 모르간 법칙은 각 변수의 논리 합의 역을 각각의 변수의 역의 논리 적과 같음을 뜻하고 마찬가지로 각 변수의 논리 적의 역은 각각의 변수의 역의 논리 합과 같음을 뜻한다.

(예) F_1 = x'yz' + x'y'z와 F_2 = x(y'z' + yz)의 보수를 구하라.
드 모르간의 법칙을 반복 적용하면 다음과 같은 결과를 얻을 수 있다.

$$F_1' = (x'yz' + x'y'z)' = (x'yz')'(x'y'z)' = (x+y'+z)(x+y+z')$$
$$F_2' = [x(y'z' + yz)]' = x'+(y'z' + yz)' = x'+(y'z')' \cdot (yz)'$$
$$= x'+(y+z)(y'+z')$$

함수의 보수를 간단히 구하려면 연산자의 쌍대를 취한 뒤 각 문자의 보수를 취하면 된다. 함수의 쌍대는 AND와 OR 연산자를 상호 교환하고, 또 1과 0을 바꿈으로써 얻어질 수 있다.

4-3 정형과 표준형

4-3-1 최소항과 최대항

2진 변수는 그의 정상형인 X 또는 보수형인 X'로 나타낸다. 이제 X와 Y가 AND 연산으로 묶여진 경우를 생각해 보자. 각 변수는 네 가지의 조합, 즉 XY, X'Y, XY', X'Y'이 가능한데 이 네 가지의 AND 항들을 최소항(Minterm) 또는 표준적(Standard products)이라 한다.

유사한 방법으로 n개의 변수는 2^n개의 최소항을 형성하며, 표 4-6의 3개 변수의 경우처럼 비슷한 방법에 의해 각각의 최소항이 결정된다. 0부터 2^{n-1}까지의 2진 숫자가 n개의 변수 밑에 기록되며, 각 최소항은 n개의 변수를 AND항으로 결합하여 얻어지며, 각 변수는 그 값이 0일 때 점(prime)을 변수 옆에 찍고, 1일 때 점을 찍지 않은 형태로 나타난다. 각 최소항에 대한 기호가 m_j(여기서 $_j$는 최소항에 해당하는 2진수를 10진수로 바꾼 숫자)형태로 표에 기록되어 있다.

비슷한 방법으로 n개의 변수는 각 변수에 점을 찍거나 찍지 않은 것들을 써서 OR항을 형성하면 2^n개의 가능한 조합을 만들 수 있다. 이를 최대항(Maxterm) 또는 표준합(Standard sums)이라 한다. 3개의 변수에 대한 8개의 최대항을 그의 기호 표현과 함께 표 4-6에 나타냈다. n개 변수에 대한 2^n개의 최대항도 같은 방법으로 구할 수 있다.

각 최대항은 n개의 변수의 OR항으로 구해지며, 각 변수는 해당 비트 값이 1일 때 변수에 점을 찍고, 0일 때 점을 찍지 않은 형태로 나타낸다. 즉, 최대항에서 해당되는 비트가 0이면 변수는 정상 상태로 나타나고, 1이면 보수 상태로 나타난다. 따라서 각 최대항은 그에 대응하는 최소항과 서로 보수 관계가 있다.

하나의 부울 함수는 진리표 상에서 그 함수의 값이 1인 논리 변수치의 조합에 해당하는 최소항들을 모아서 OR함으로써 그 대수식을 구할 수 있다.

[표 4-6] 최소항과 최대항

변 수	최소항(minterm)		최대항(Maxterm)	
X Y Z	항	표시 방법	항	표시 방법
0 0 0	X' Y' Z'	m_0	X + Y + Z	M_0
0 0 1	X' Y' Z	m_1	X + Y + Z'	M_1
0 1 0	X' Y Z'	m_2	X + Y'+ Z	M_2
0 1 1	X' Y Z	m_3	X + Y'+ Z'	M_3
1 0 0	X Y' Z'	m_4	X'+ Y + Z	M_4
1 0 1	X Y' Z	m_5	X'+ Y + Z'	M_5
1 1 0	X Y Z'	m_6	X'+ Y'+ Z	M_6
1 1 1	X Y Z	m_7	X'+ Y'+ Z'	M_7

표 4-6처럼 최소항과 최대항을 진리표의 열과 대응시켰을 때 진리표로 표현된 임의의 함수에 대한 식을 구할 수 있다. 즉, 진리표 상의 함수에서 1의 위치에 해당하는 최소항을 모아 이들을 OR 연산자로 연결하면 그것이 곧 함수의 식이다.

예를 들어 표 4-7의 함수 F_1은 변수 X, Y, Z의 값이 000, 010, 011, 101, 110인 경우 1이다. 따라서 이를 다섯 경우의 최소항인 X'Y'Z', X'YZ', X'YZ, XY'Z, XYZ'를 OR한

$$F_1 = X'Y'Z' + X'YZ' + X'YZ + XY'Z + XYZ' = m_0 + m_2 + m_3 + m_5 + m_6$$

으로 표현된다.

[표 4-7] 3변수 함수의 진리표

X	Y	Z	F_1	F_2
0	0	0	1	1
0	0	1	0	0
0	1	0	1	0
0	1	1	1	0
1	0	0	0	1
1	0	1	1	0
1	1	0	1	0
1	1	1	0	1

여기서 최소항 X'Y'Z'은 000, X'YZ'은 010, X'YZ은 011, XY'Z은 101, XYZ'은 110의 경우에만 1이 된다. 따라서 부울 함수 F_1은 이들 다섯 최소항 중 어느 한 경우이면 1이 되도록 작동한다.

같은 방법으로 함수 F_2는 최소항 X'Y'Z'은 000, X YZ'은 100, XYZ은 111의 경우에만 1이 된다고 하면 부울 함수 F_2는 이들 세 개 최소항 중 어느 한 경우이면 1이 되도록 한다. 즉,

$$F_2 = X'Y'Z' + XY'Z' + XYZ = m_0 + m_4 + m_7$$

으로 표시할 수 있다.

위의 예들은 부울 대수 중요한 성질인 "임의의 부울 함수는 최소항들의 합(OR)으로 표현 될 수 있음"을 보여준다.

부울 함수의 보수를 생각해 보면, 부울 함수의 보수는 진리표에서 함수값이 0인 경우에 대한 최소항을 구하여 이들을 OR하며 얻는다. 그러므로 F_1의 보수는

$$\begin{aligned} F_1' &= X'Y'Z + XY'Z' + XYZ \\ &= m_1 + m_4 + m_7 \end{aligned}$$

이다. F_1'을 보수화$[(F_1')']$하면 다시 F_1이 얻어진다.

$$\begin{aligned} F_1 = (F_1')' &= (X+Y+Z')\ (X'+Y+Z)\ (X'+Y'+Z') \\ &= M_1 \cdot M_4 \cdot M_7 \end{aligned}$$

이 예는 부울 함수가 최대항들의 곱(AND)으로도 표현될 수 있음을 보여준다.

부울 함수를 최대항들의 곱으로 표현하기 위해서는 함수값이 0인 경우에 대한 최대항들을 구하며 이들을 AND하면 된다.

부울 함수를 표현할 때 최소항들의 합이나 최대항들의 곱으로 나타내면 그 부울 함수는 정형(Canonical form)으로 표현되었다고 한다.

4-3-2 최소항의 합

n개의 변수에 대하여 서로 다른 2^n개의 최소항이 존재하고, 어떠한 부울 함수도 이런 최소항의 합으로 표시될 수 있다. 부울 함수를 정의하는 최소항은 진리표상에서 함수 값을 1로 하는 것 들이며, 함수는 각 최소항에 대하여 0 또는 1의 값을 가질 수

있고 2^n개의 최소항이 존재하므로 n개의 변수로 가능한 함수의 수는 $2^n \times 2^n$개가 된다. 이 함수는 모두 최소항의 합의 형태로 표시될 수 있고, 이 형태를 취하고 있는 것이 편리하다.

위의 형태로 표시되어 있지 않은 함수의 형태를 바꾸는 경우에는, 먼저 AND항의 합 형태로 바꾼 후 각 항에 모든 변수가 다 들어 있는지를 점검하여 빠진 변수(X라 가정)에 대하여 X + X'의 형태로 AND항에 첨가해 나간다. 다음 [예]는 이 과정을 알기 쉽게 표현하고 있다.

(예) 부울 함수 F = X' + YZ를 최소항들의 합의 형태로 표현하라.

이 함수는 3개의 변수 X, Y, Z를 가지고 있으나, 항 X는 두 변수 Y와 Z가, 항 YZ는 변수 X가 빠져 있다.

$$
\begin{aligned}
X' &= X'(Y + Y') \\
&= X'Y + X'Y' \\
&= X'Y(Z + Z') + X'Y'(Z + Z') \\
&= X'YZ + X'YZ' + X'Y'Z + X'Y'Z'
\end{aligned}
$$

$$
\begin{aligned}
YZ &= YZ(X + X') \\
&= XYZ + X'YZ
\end{aligned}
$$

로 표현한다.

따라서 함수 F에 대한 최소항들의 합의 형태는

$$F = X'YZ + X'YZ' + X'Y'Z + X'Y'Z' + XYZ + X'YZ$$

로 되나, 이 표현에는 최소항 X'YZ가 두 번 나타나므로 부울 대수의 정리 ① (a) (X + X = X)를 이용하면 다음과 같다.

$$F = X'YZ + X'Y'Z + X'YZ' + X'Y'Z' + XYZ$$

위의 부울식을 최소항 표현법으로 다시 쓰면,

$$F(X, Y, Z) = m_0 + m_1 + m_2 + m_3 + m_7 = \sum m\ (0, 1, 2, 3, 7)$$

로 표현된다. 합을 나타내는 기호 Σ는 최소항들의 OR를 나타내며 괄호 속의 숫자는 최소항들의 첨자 값을 나타낸다.

4-3-3 최대항의 곱

n개의 변수로 나타낼 수 있는 2^{2n}개의 함수는 최대항들의 곱의 형태로 표현될 수 있다. 임의의 부울 함수를 최대항의 곱으로 나타내기 위해서는 분배법칙 $X + YZ = (X + Y)(X + Z)$를 이용하여 OR항들로 표현하여야 한다. 만약 임의의 항에 변수 X가 빠져 있으면 XX'을 OR시킨다. 이러한 방법으로 모든 항이 n개의 변수로 표현되는 최대항이 되도록 한다.

다음 (예)에서 이 과정을 살펴보자.

(예) 부울 함수 $F = Y + X'Z'$

주어진 식은 곱의 합 형이므로 분배법칙을 이용하여 합의 곱형으로 표현한다.

$$F = (X' + Y)\ (Y + Z')$$

이 함수 F는 세 변수 X, Y, Z를 가지므로 각 항들은 3개의 변수로 표현되어야 한다. 따라서,

$$X' + Y' + ZZ' = (X' + Y + Z)(X' + Y + Z')$$
$$Y + Z' + XX' = (X + Y + Z')(X' + Y + Z')$$

으로 바꾼다. 이제 중복되는 최대항들을 제거시키고 정리하면,

$$F = (X + Y + Z')(X' + Y + Z)(X' + Y + Z')$$

로 나타낸다.

위의 부울식을 최대항 표현법으로 다시 쓰면

$$F(X, Y, Z) = M_1 \cdot M_4 \cdot M_5 = \Pi M(1, 4, 5)$$

곱을 나타내는 기호 Π는 최대항들의 AND를, 괄호 속의 숫자는 최대항들의 첨자값을 각각 나타낸다.

4-3-4 정형 간의 변환

진리표로부터 부울 함수식을 유도하는 방법을 함수값이 1인 경우를 기준으로 표현하는 최소항의 합 표현과 함수값이 0인 경우를 기준으로 표현하는 최대항의 곱 표현의 두 가지가 있다. 따라서 이러한 두 정형간의 변환을 생각할 수가 있다.

최소항의 합의 형태로 표현된 함수의 보수는 원 함수에서 제외된 즉, 함수값이 0인 최소항들의 합이다.

예를 들어 함수

$$F(X, Y, Z) = \sum m(1, 4, 5, 6, 7)$$

을 고려해 보자. 이것은 다음과 같이 표현된 보수를 가진다.

$$F'(X, Y, Z) = \sum m(0, 2, 3) = m_0 + m_2 + m_3$$

F'를 드 모르간 법칙에 의하여 보수를 취하면 우리는 다른 형태의 F를 얻을 수 있다.

$$F = (m_0 + m_2 + m_3)' = m'_0 \cdot m'_2 \cdot m'_3 = M_0 \cdot M_2 \cdot M_3 = \Pi M(0, 2, 3)$$
$$= \sum m(1, 4, 5, 6, 7)$$

이 예제로부터 다음 관계가 성립함을 알 수 있다.

$$m'_j = M_j$$

즉, 첨자 j인 최대항은 같은 첨자를 가진 최소항의 보수이다.

최소항의 곱으로부터 최대항의 합으로 변환시키는 것도 비슷한 과정을 밟는다. 한 정형으로부터 다른 정형으로 바꾸기 위해서는 Σ와 Π를 교환하고 원래 진리표상에서 빠진 숫자를 기입하면 된다.

다음 함수

$$F(X, Y, Z) = \Pi M(0, 2, 4, 5)$$

는 최대항의 곱 형으로 표시되어 있는 이를 최소항의 합 형으로 바꾸면,

$$F(X, Y, Z) = \sum m(1, 3, 6, 7)$$

이다.

빠진 항을 알려면 최소항 또는 최대항의 총수가 2^n개 인지를 검토해 보면 된다. 여기서 n은 2진 변수의 수이다.

4-3-5 표준형

부울 함수의 두 정형은 대수식의 가장 기본적인 형태이며 진리표로부터 바로 얻을 수 있지만 AND 또는 OR 항에 모든 변수가 다 들어 있으므로 항의 수나 문자(literal)의 수가 많다. 따라서 최소한의 문자 수를 필요로 하는 대부분의 경우에서는 정형이 거의 쓰이지 않으며 표준형이라는 부울 함수 표현식이 사용된다.

표준형(Standard form)이란 부울 함수의 각 항이 임의의 개수의 문자로서 구성되는 표현형태이며, 여기에도 곱의 합(Sum of Product) 형태와 합의 곱(Product of Sum) 형태 두 가지가 있다. 여기서 곱이란 AND를, 합이란 OR를 뜻한다.

곱의 합 형태는 부울 함수를 AND 항들이 OR로 표현하는 방식이다.

아래의 식

F = XY + XY'

을 생각하면, 이 함수 F는 두 개의 문자 X, Y의 AND인 항 XY와 XY'들을 OR로서 표현되었다.

합의 곱 형태는 부울 함수를 OR 항들의 AND로서 표현하는 방식이다.

아래의 식

F = X(Y + Z')

을 생각하면, 이 함수 F는 각각 1개와 2 개 문자의 OR 항들을 AND하며 표현되었다.

4-4 논리연산과 게이트

4-4-1 논리연산

두 변수 x, y 사이에 2진 연산자 AND, OR가 들어가면 두 부울 함수 x・y와 x+y가 된다. 이미 n개의 2진 변수에 대해 2^{2n}개의 함수가 존재한다는 것을 말하였는데, 두 개의 변수(n=2)에는 16개의 부울 함수가 가능하다. 그러므로 AND와 OR 함수는 이들 중의 2개에 불과하며 나머지 14개의 함수와 그들의 성질을 해석해 보는 것이 필요하리라 본다.

[표 4-8] 2변수로 된 16개 함수에 대한 진리표

x	y	F_0	F_1	F_2	F_3	F_4	F_5	F_6	F_7	F_8	F_9	F_{10}	F_{11}	F_{12}	F_{13}	F_{14}	F_{15}
0	0	0	0	0	0	0	0	0	0	1	1	1	1	1	1	1	1
0	1	0	0	0	0	1	1	1	1	0	0	0	0	1	1	1	1
1	0	0	0	1	1	0	0	1	1	0	0	1	1	0	0	1	1
1	1	0	1	0	1	0	1	0	1	0	1	0	1	0	1	0	1
연산기호			•	/		/		⊕	+	↓	⊙	'	⊂	'	⊃	↑	

[표 4-9] 2변수로 된 16개 함수에 대한 부울 표현

부울 함수	기 호	명 칭	설 명
$F_0 = 0$		Null	상수 0
$F_1 = xy$	x ・ y	AND	x ・ y
$F_2 = xy'$	x / y	Inhibition	x ・ y'
$F_3 = x$		전 송	x
$F_4 = x'y$	y / x	Inhibition	x' ・ y
$F_5 = y$		전 송	y
$F_6 = xy' + x'y$	x ⊕ y	Exclusive-OR	x ⊕ y
$F_7 = x + y$	x + y	OR	x + y
$F_8 = (x + y)'$	x ↓ y	NOR	(x+ y)'
$F_9 = xy + x'y'$	x ⊙ y	동 치	xy + x'y'
$F_{10} = y'$	y'	보수Complement)	y'
$F_{11} = x + y'$	x ⊂ y	함의(Implication)	x' + y
$F_{12} = x'$	x'	보수(Complement)	x'
$F_{13} = x' + y$	x ⊃ y	함의(Implication)	x' + y
$F_{14} = (xy)'$	x ↑ y	NAND	x'・ y'
$F_{15} = 1$		항 등	상수 1

※ 동치 함수는 equality, coincidence, exclusive-NOR로도 불린다.

두 2진 변수 x와 y로 형성된 16개 함수에 대한 진리표가 표 4-9에 있다. 이 표에서 F_0부터 F_{15}까지의 16개의 열은 각각 2가지 변수 x와 y에 대해 가능한 하나의 함수들이다. 이 함수는 16개의 2진 조합으로 결정되었으며, 몇 개는 연산자 기호를 같이 써놓았다. 예로 F_1은 AND에 대한 F_7은 OR에 대한 진리표를 나타낸 것이며, 또 각각의 연산자 기호는 (·)와 (+)이다. 진리표에 기록된 16개의 함수는 부울식을 빌어 대수적으로 표현이 가능한데, 표 4-9의 첫째 열에 기록되어 있다(이 부울 표현은 그들의 최소 문자수로 간소화시킨 것이다).

각 함수는 AND, OR와 NOT의 항으로 표시할 수 있으나 다른 함수마다 특별한 연산 기호를 쓸 수 있는데, 이를 표 4-9의 두 번째 열에 나타냈다.

그러나 기호 (⊕)-XOR(Exclusive-OR)-를 제외한 모든 새로운 기호는 디지털 설계자에게 일반적으로 쓰이지 않는 기호들이다.

표 4-9의 함수에는 그 이름과 함수 기능을 설명하는 설명도 기록되어 있으며 이들 함수는 3가지 부류로 나눌 수 있다.

16개 함수의 분류

1. 상수 0 또는 1을 만들어 내는 두 함수
2. 보수와 전송을 위한 디힝연신(Unary operations) 4개의 함수
3. 8가지 다른 연산을 정의하는 2진 연산자. 즉, AND, OR, NAND, NOR, EOR, 동치(Equivalence), 금지(Inhibition)와 합의(Implication)의 함수

어떤 함수든지 상수와 같을 수 있다. 그러나 2진 함수는 오로지 1 또는 0이다. 보수 함수는 2진 변수의 보수를 만들며 변수의 값을 변화시키지 않고 출력하는 것을 전송(Transfer)이라 한다. 8개 2진 연산자 중에 두 개의 금지와 합의 논리학에서는 쓰이나 컴퓨터 논리에서는 거의 쓰이지 않는다. AND와 OR 연산자는 부울 대수에서 언급되었다.

NOR 함수는 OR 함수의 보수이며, 그 이름은 NOT-OR의 약자이다. 비슷하게 NAND는 AND의 보수이며, 그 이름은 NOT-AND의 약자이다. Exclusive-OR(XOR 또는 EOR)는 x, y가 모두 1 일 때를 제외하고는 OR와 유사하다. 또 동치

(Equivalence)는 두 2진 변수가 같을 때 1이 된다(즉, x, y가 모두 1이거나 0일 때), EOR와 동치 함수는 서로 보수 관계에 있다. XOR는 F_6, 동치는 F_9이며 서로의 보수가 된다. 이 이유로 해서 동치 함수는 자주 Exclusive-NOR 즉, Exclusive-OR-NOT(XNOR 또는 ENOR)이라 한다.

4-4-2 논리게이트

부울 함수는 AND, OR, NOT의 조합으로 표현되며, 이러한 논리적인 연산을 하드웨어적으로 만든 것이 바로 논리 게이트이다. 기본적인 논리 게이트에는 AND, OR, NOT 등이 있으며, 이 세 가지가 서로 결합된 것으로 NAND, NOR, XOR, XNOR 등이 있다. 이러한 여러 가지 논리 게이트를 이용하여 어떠한 부울 함수도 하드웨어적으로 구현할 수가 있다.

NAND와 NOR 게이트는 표준 게이트로써 AND와 OR 게이트의 보수이며 널리 사용되고 있다. 그 이유는 그 게이트가 트랜지스터로 쉽게 만들어지며 모든 부울 함수가 NAND와 NOR 게이트로서 쉽게 설계가 가능하기 때문이다.

(1) AND 게이트

AND는 변수간의 곱을 표시하는 연산자로서 " · "로 나타낸다. 즉, A·B는 변수 A와 B간의 논리곱을 의미하며 AB, A×B, A&B, A∩B 등으로도 표시할 수 있다. 또한, AND는 입력 변수가 모두 '1'일 때에만 출력이 '1'이 되며, 그 밖의 경우에는 모두 '0'이 되는 논리 게이트로서 그림 4-3에 논리 기호와 진리표를 나타내었다.

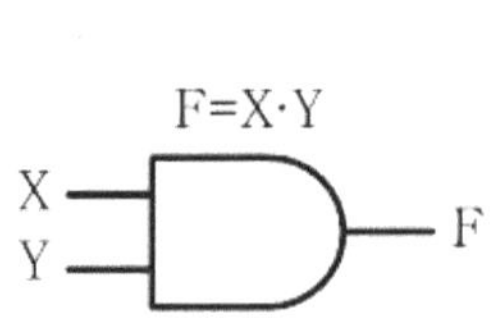

(a) 논리 기호

입력		출력
X	Y	F
0	0	0
0	1	0
1	0	0
1	1	1

(b) 진리표

[그림 4-3] AND 게이트의 논리 기호와 진리표

AND 게이트의 동작을 그림 4-4에 나타낸 것과 같은 스위치 회로를 통하여 설명할 수 있다. 즉, 그림 4-4에서 스위치 S를 누른 상태를 논리 '1', 반대의 상태를 논리 '0'에 대응시키고, 입력 A와 B를 스위치 S_1과 S_2에 대응시키면 S_1과 S_2를 동시에 눌렀을 때에만 회로가 연결되어 전등에 불이 들어오며, 어떤 스위치라도 열려 있으면 불이 들어오지 않는다는 것을 알 수 있다.

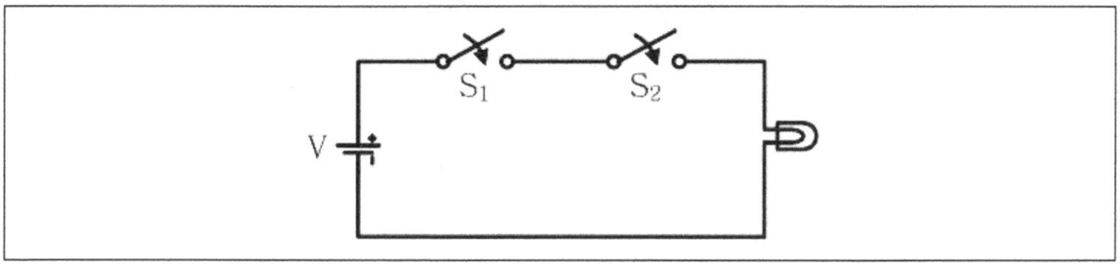

[그림 4-4] AND 회로

여기서는 입력이 두개인 AND 게이트만 설명하였으나 입력이 세 개 이상인 경우에도 위와 같은 방법으로 이해하면 된다. 차이점은 입력이 두개인 경우에는 가능한 경우의 수가 총 2^2=4이나, 입력이 세 개인 경우에는 2^3=8이 되어 좀 더 복잡해진다는 것뿐이다.

(2) OR 게이트

OR는 변수간의 합을 나타내는 연산자로서 "+"로 나타낸다. 즉, A+B는 변수 A와 B간의 논리합을 의미하며 A∪B로 표시할 수도 있다. OR 게이트는 입력 변수가 모두 '0'일 때에만 출력이 '0'이 되며, 그 밖의 경우에는 모두 '1'이 되는 논리게이트로서 그림 4-5에 논리 기호와 진리표를 나타내었다.

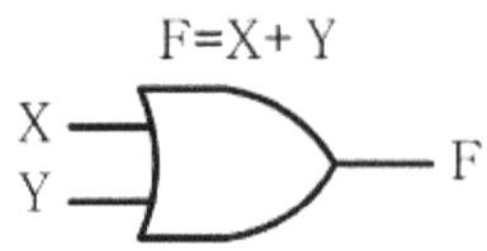

(a) 논리 기호

입력		출력
X	Y	F
0	0	0
0	1	1
1	0	1
1	1	1

(b) 진 리 표

[그림 4-5] OR게이트의 논리 기호와 진리표

OR 게이트의 동작은 AND와 마찬가지로 그림 4-6에 나타낸 것과 같은 스위치 회로를 통하여 설명할 수 있다. 그림 4-6에서 입력 스위치 S_1과 S_2가 병렬로 연결되어 있으므로 어느 하나의 스위치가 닫히면 회로가 연결되어 불이 들어오고, 두개의 스위치가 모두 열려 있을 때에만 불이 들어오지 않는다.

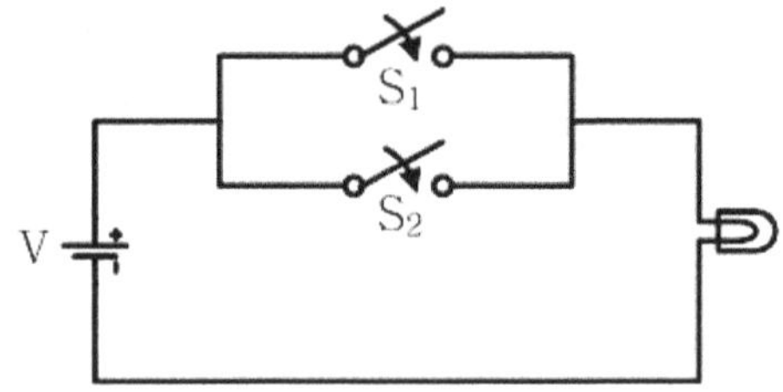

[그림 4-6] OR 회로

두개의 입력이 아닌 세 개 이상의 입력을 가진 OR 게이트의 동작도 같은 방법으로 이해할 수 있다.

(3) NOT 게이트

NOT은 어떤 변수의 부정을 나타내는 것으로서 논리 '1'은 논리 '0'으로, 논리 ·0'은 논리 '1'로 변환하는 논리 연산자이며, 변수 위에 '(prime)을 붙이거나 −(bar)를 붙여 표현한다. 그림 4−7에 NOT 게이트의 논리 기호와 진리표를 나타내었다.

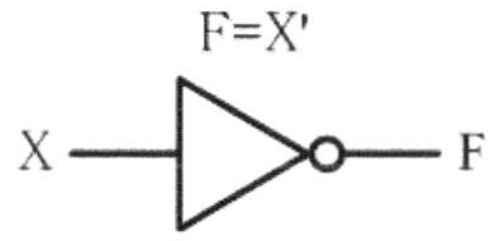

(a) 논리 기호

입력	출력
X	F
0	1
1	0

(b) 진 리 표

[그림 4-7] NOT 게이트의 논리 기호와 진리표

(4) NAND 게이트

NAND는 NOT과 AND의 복합어로서 변수간의 AND한 결과에 NOT을 취한 것과 같다. 따라서 입력 변수 중 어느 하나라도 논리 '0'이면 결과는 '1'이 되며, 입력 변수 모두가 논리 '1'일 때에만 결과가 '0'이 된다. 그림 4-8에 NAND 게이트의 논리 기호와 진리표를 나타내었다.

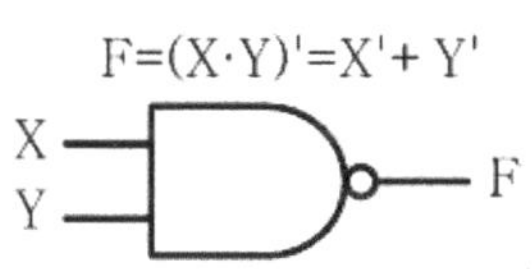

(a) 논리 기호

입력		출력
X	Y	F
0	0	1
0	1	1
1	0	1
1	1	0

(b) 진 리 표

[그림 4-8] NAND 게이트의 논리 기호와 진리표

(5) NOR 게이트

NOR는 NOT과 OR의 복합어로서 변수간의 OR한 결과에 NOT을 취한 것과 같다. 따라서 입력 변수가 모두 논리 '0'인 경우에만 출력이 '1'이고, 나머지 경우에는 출력이 모두 '0'이 된다. 그림 4-9에 NOR 게이트의 논리 기호와 진리표를 나타내었다.

F=(X+ Y)'=X'·Y'

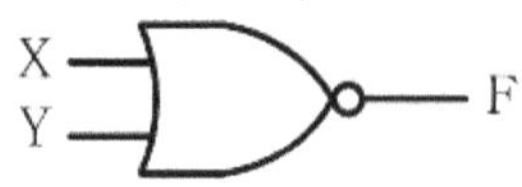

(a) 논리 기호

입력		출력
X	Y	F
0	0	1
0	1	0
1	0	0
1	1	0

(b) 진 리 표

[그림 4-9] NOR 게이트의 논리 기호와 진리표

(6) XOR 게이트

XOR 게이트는 배타적(exclusive) OR 게이트의 약어로서 두개의 입력 변수가 서로 같으면 출력이 '0'이 되며, 서로 다르면 '1'이 된다. 따라서 임의의 두 수를 비트 단위로 비교할 때에 편리하게 사용할 수 있는 게이트이며, 그림 4-10에 XOR게이트의 논리 기호와 진리표를 나타내었다.

F=X'Y+ XY'=X⊕Y

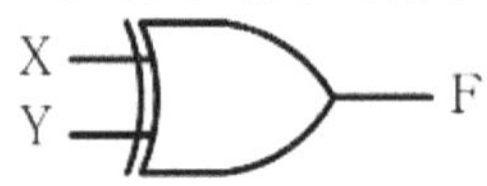

(a) 논리 기호

입력		출력
X	Y	F
0	0	0
0	1	1
1	0	1
1	1	0

(b) 진 리 표

[그림 4-10] XOR 게이트의 논리 기호와 진리표

(7) XNOR 게이트

XNOR는 NOT과 XOR의 복합어로서 변수간의 XOR한 결과에 NOT을 취한 것이다. 따라서 XOR와는 반대로 입력 변수가 서로 같을 때 출력이 '1'이 되며, 서로 다르면 '0'이 된다. XNOR 게이트도 XOR와 마찬가지로 두 수를 비트 단위로 비교하는데 사용할 수 있는 게이트이며, 그림 4-11에 XNOR 게이트의 논리 기호와 진리표를 나타내었다.

$F=X'Y'+XY=(X\oplus Y)'$

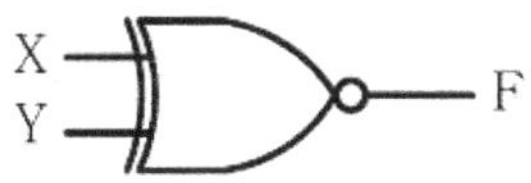

(a) 논리 기호

입력		출력
X	Y	F
0	0	1
0	1	0
1	0	0
1	1	1

(b) 진 리 표

[그림 4-11] XNOR 게이트의 논리 기호와 진리표

그림 4-12에 논리 게이트의 기호와 진리표를 정리하였다.

4-4-3 다중 입력으로의 확장

(1) AND와 OR 게이트

그림 4-12 게이트들은 인버터와 버퍼를 제외하고는 2개 이상의 입력으로 늘릴 수 있다. 게이트는 그 2진 연산이 교환법칙과 결합법칙이 성립하면 다중 입력으로 확장이 가능하다. 부울 대수에서 정의된 AND와 OR 연산은 이 두 성질을 가지고 있다.

OR함수에 대해서 보면

$x+y=y+x$: 교한법칙

$(x+y)+z=x+(y+z)=x=y+z$: 결합법칙

이 성립되어 게이트 입력이 서로 바뀔 수 있으므로 OR함수는 3개 또는 그 이상의 변수로 확장할 수 있다.

명 칭	기 호	대수적 기능	진 리 표
AND	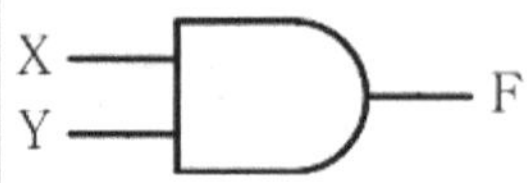	F = XY	X Y | F 0 0 | 0 0 1 | 0 1 0 | 0 1 1 | 1
OR	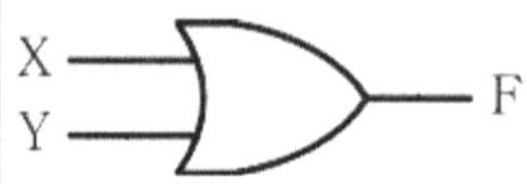	F = X+Y	X Y | F 0 0 | 0 0 1 | 1 1 0 | 1 1 1 | 1
인버터 (inverter)	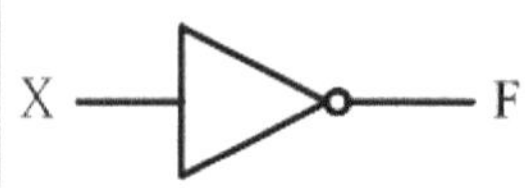	F = X'	X | F 0 | 1 1 | 0
버퍼 (buffer)	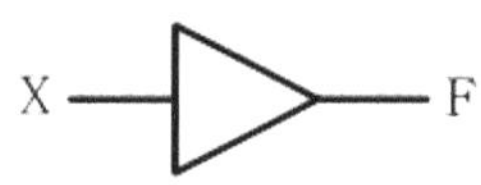	F = X	X | F 0 | 0 1 | 1
NAND	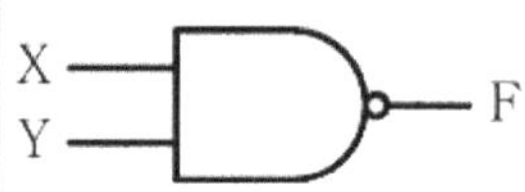	F = (XY)' = X↑Y	X Y | F 0 0 | 1 0 1 | 1 1 0 | 1 1 1 | 0
NOR		F = (X+Y)' = X↓Y	X Y | F 0 0 | 1 0 1 | 0 1 0 | 0 1 1 | 0
배타적 OR (XOR)		F = XY' + X'Y = X⊕Y	X Y | F 0 0 | 0 0 1 | 1 1 0 | 1 1 1 | 0
배타적 NOR (XNOR)		F = XY + X'Y' = (X⊕Y)' = X⊙Y	X Y | F 0 0 | 1 0 1 | 0 1 0 | 0 1 1 | 1

[그림 4-12] 논리 게이트의 기호와 진리표

(2) NAND와 NOR 게이트

NAND와 NOR함수는 교환법칙이 성립하는데 연산의 정의를 약간 수정만 하면 2개 이상의 입력이 가능하다. 문제점은 NAND와 NOR연산이 결합법칙이 성립하지 않기 때문인데, 즉 $(x \downarrow y) \downarrow z \neq x \downarrow (y \downarrow z)$으로서 그림 4-13에 표시한 것과 같으며. 그 이유는 아래에 나타나 있다.

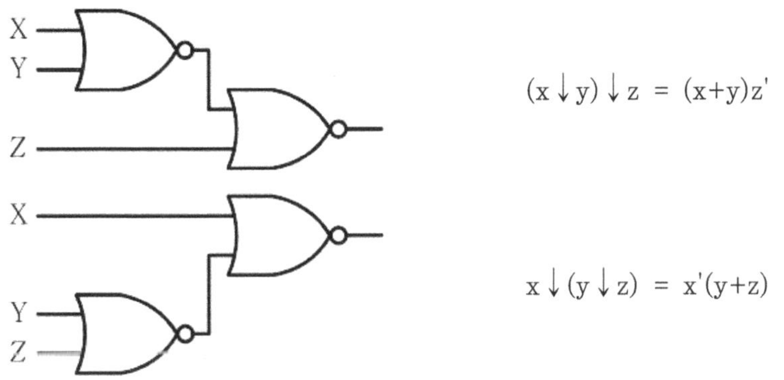

[그림 4-13] NOR 게이트에서의 결합법칙

$(x \downarrow y) \downarrow z = [(x+y)'+z]' = (x+y)z' = xz'+yz'$

$x \downarrow (y \downarrow z) = [x+(y+z)']' = x'(y+z) = x'y+x'z$

이 난점을 극복하려면 다중 NOR (또는 NAND) 게이트를 OR(또는 AND) 게이트의 보수로 정의하면 된다. 따라서 다음과 같이 정의한다.

$x \downarrow y \downarrow z = (x+y+z)'$ $x \uparrow y \uparrow z = (xyz)'$

그림 4-14에 3개의 입력을 가진 게이트가 그려져 있다.

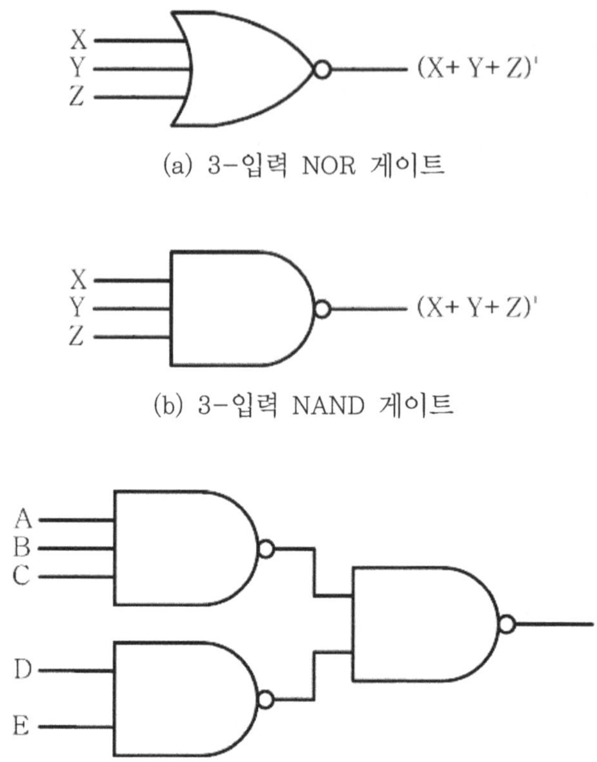

(a) 3-입력 NOR 게이트

(b) 3-입력 NAND 게이트

(c) 연결된 NAND 게이트

[그림 4-14] 다중입력 NOR와 NAND 게이트

종속 접속된 NOR와 NAND 연산을 표현하는 데 있어 올바른 게이트의 순서를 표시하기 위해 괄호를 사용하여야 하는데, 그 예로서 그림 4-14 (c)의 회로를 생각해 보자.

이 회로에 대한 부울 함수는

$$F=[(ABC)'(DE)']'=ABC+DE$$

이다. 두 번째 표현은 드 모르간 법칙으로 유도하였다. 또, 이 예는 곱의 합 형의 부울표현을 NAND 게이트로 설명할 수 있음을 보여 주고 있다.

(3) XOR와 XNOR 게이트

XOR나 XNOR 게이트는 교환법칙과 결합법칙이 모두 성립하므로 2개 이상의 입력으로 확장시킬 수 있으나, 다중입력 XOR 게이트는 하드웨어의 입장에서 보면 일반적인 것이 아니다. 사실상 2-입력 함수도 대개 다른 형의 게이트를 써서 설계한다. 또한 이 함수들의 정의는 변수가 2개 이상일 때는 수정되어야하는데 그 이유는 XOR는 홀수 함수(즉, 입력 변수가 홀수 개의 1을 가질 때 함수의 값이 1이 된다)이기 때문이다. 또 XNOR는 짝수 함수(즉, 입력 변수가 짝수개의 1을 가질 때 함수의 값은 1이다)이다.

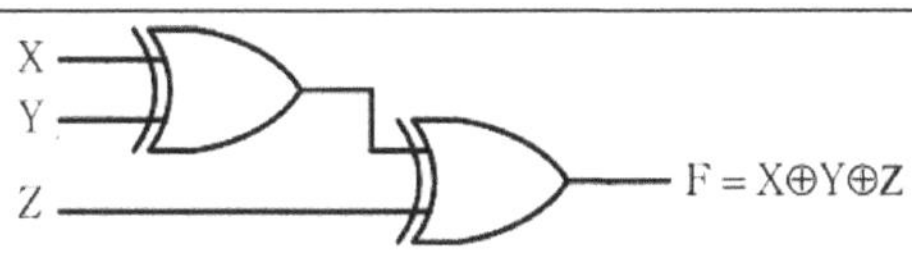

(a) 2입력 게이트를 사용한 예

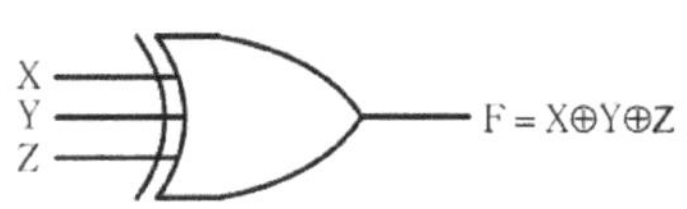

(b) 3-입력 게이트

X	Y	Z	F
0	0	0	0
0	0	1	1
0	1	0	1
0	1	1	0
1	0	0	1
1	0	1	0
1	1	0	0
1	1	1	1

(c) 진리표

[그림 4-15] 3-입력 배타적-OR 게이트

3-입력 XOR함수는 그림 4-15 (a)와 같이 2개의 2-입력 게이트를 종속으로 연결함으로써 얻어진다. 그림 4-15 (b)와 같이 간단히 3-입력 게이트로 표시한다. 그림 4-15(c)의 진리표는 출력 F가 오직 하나의 입력이 1 또는 3개의 입력이 모두 1일 때, 즉 입력 변수에서 1의 총 개수가 홀수일 때 1이 됨을 확인해 주고 있다.

4-5 IC 논리계열

4-5-1 논리계열의 특성

디지털 회로는 IC에 의해 다양하게 구성되는 것이 보통이다. 디지털 IC 게이트는 그들의 논리를 연산뿐만 아니라 그들이 속하는 특정한 논리 회로 군으로 분류한다. 각 논리군은 더 복잡한 디지털 회로와 기능으로 개발할 수 있는 개개의 기본 전자 회로를 지니고 있다. 각 군의 기본 전자 회로는 NAND 또는 NOR 게이트이다. 많은 여러 가지의 디지털 IC 논리 군이 시판되고 있으며 이미 널리 쓰이고 있는 것은 다음과 같다.

TTL	Transistor-Transistor Logic
ECL	Emitter-Coupled Logic
MOS	Metal-Oxide Semiconductor
CMOS	Complementary Metal-Oxide Semiconductor
I^2L	Integrated-Injection Logic

TTL은 다양한 디지털 기능을 가진 여러 종류가 있으며 현재 가장 널리 쓰이는 논리군이다. ECL은 고속의 작동을 요구하는 시스템에서 사용된다. MOS와 I^2L, CMOS는 소형의 회로가 필요한 곳에, 그리고 전력 소모가 적은 곳에는 CMOS가 쓰이는 일이 많다.

고밀도로 트랜지스터를 집적할 수 있기 때문에 MOS와 I^2L은 LSI를 제조하는데 널리 쓰인다. 다른 계열들에도 LSI가 있기도 하지만 MSI 및 SSI 장치가 많은 편이다. 예를 들어 14 핀의 패키지인 경우 2 입력 게이트가 4개밖에 들어갈 수 없는데, 그것은 각 게이트가 세 개의 핀을 필요로 하고, 나머지 2핀은 그 회로에 전력을 공급하기 위해 쓰여야 하기 때문이다.

그림 4-16은 전형적인 14 혹은 16 핀의 패키지를 그린 것이다. 핀의 번호는 패키지

의 양측에서 관습에 의거하여 붙여지며, IC 내부의 게이트 도형은 설명을 위한 것일 뿐 실제로 보여지는 것은 아니다.

TTL 계열은 5400이나 7400 시리즈 같은 번호에 의하여 구분된다. 전자는 동작 온도 범위가 넓고 군사용으로 쓰이는 것이며, 후자는 일반 산업용으로 쓰인다. 7400 시리즈는 7400, 7401, 7402 등의 번호가 붙여진 일련의 IC 패키지 종류를 의미하는데, 제조업자에 따라서는 9000이나 8000 시리즈 등의 다른 이름을 붙이기도 한다. 그림 4-16 (a)에는 두 종류의 TTL IC의 보기가 나와 있다. Vcc와 GND는 전원 핀이며, 올바른 동작을 위해서는 5V의 전위차가 필요하다.

ECL 계열에서 많이 쓰이는 것은 10000 시리즈이며, 그림 4-16 (b)에 역시 두 종류가 나와 있다. 이 계열의 특징은 전원단으로 세 입력이 나와 있다는 것인데 V_{CC1}과 V_{CC2}는 보통 접지하여 쓰이고, V_{EE}는 -5.2V의 전압 공급이 요구된다. 4000 시리즈의 CMOS 회로가 역시 그림 4-16 (c)에 주어져 있는데 그림에서의 NC(No Connection)는 연결하여 쓰지 않는다는 의미이며, V_{SS}는 접지하여 쓰는데 V_{DD}의 전압은 3V에서 15V의 범위를 갖고 있다.

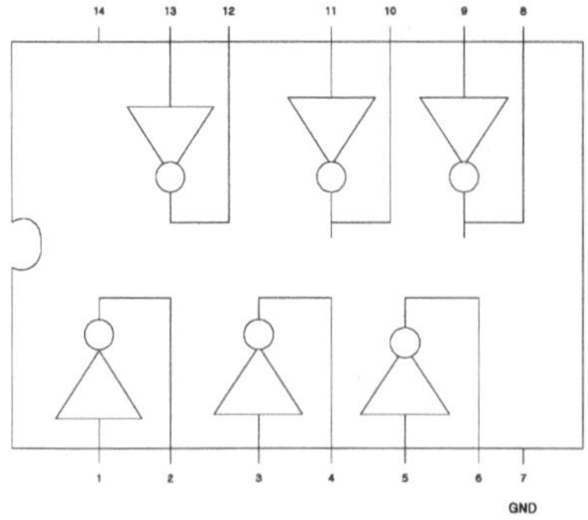

7404 6개의 인버터

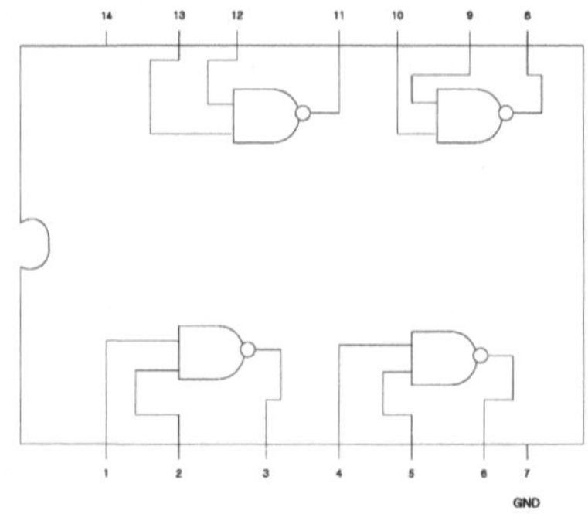

7400 4개의 2-입력 NAND 게이트

(a) TTL 게이트

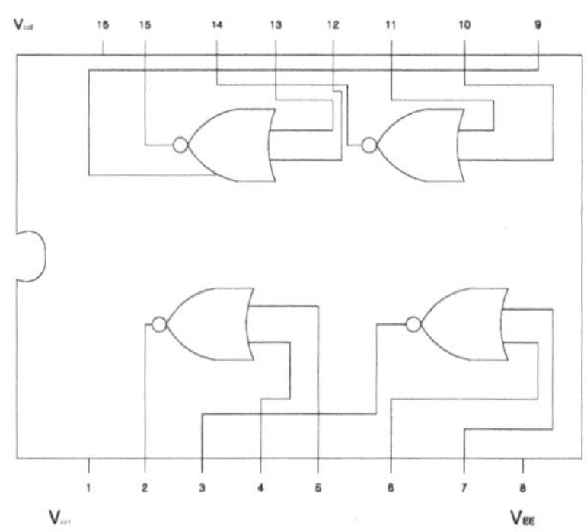

10102 4 개의 2-입력 NOR 게이트

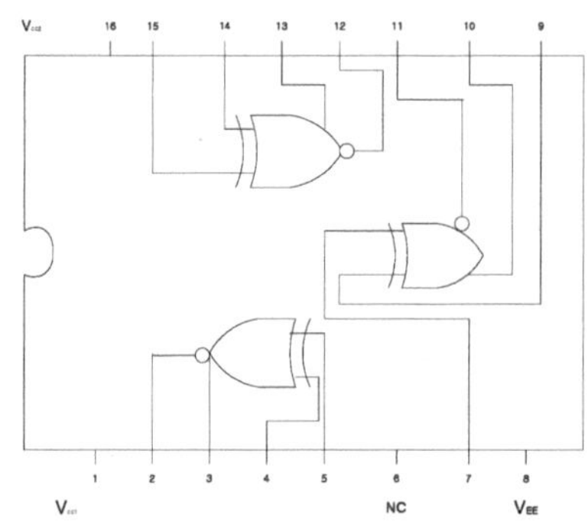

10107 3개의 Exclusive-OR/NOR 게이트

(b) ECL 게이트

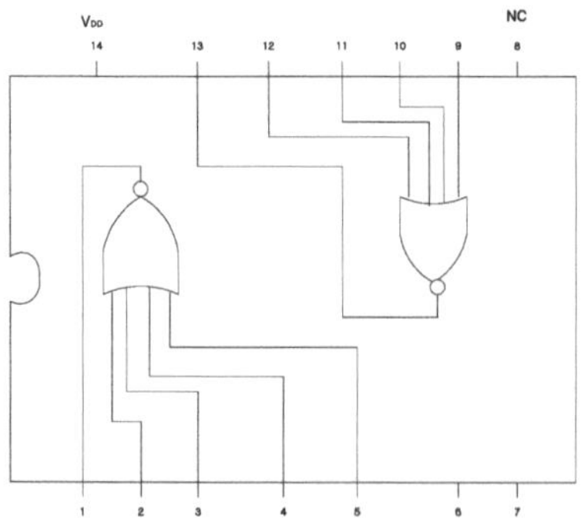

4002 2개의 4-입력 NOR 게이트

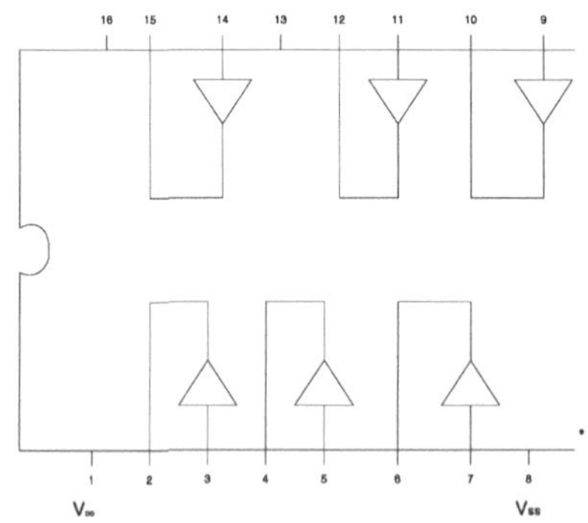

4050 6개의 버퍼

[그림 4-16] 몇 종류의 표준 집적 회로 게이트

4-5-2 정 논리와 부 논리

어떠한 게이트의 입력 및 출력단에는 신호의 변이 상태를 제외하고는 언제나 두 종류의 신호만이 나타날 수 있다. 한 신호는 논리치 1을, 또 한 신호는 논리치 0을 나타내게 되는데 신호치의 할당 방법은 두 가지가 있다. 이때 부울 대수의 쌍대성 때문에 신호치의 할당 방법을 교환하면 서로 쌍대적인 함수를 실현하게 된다.

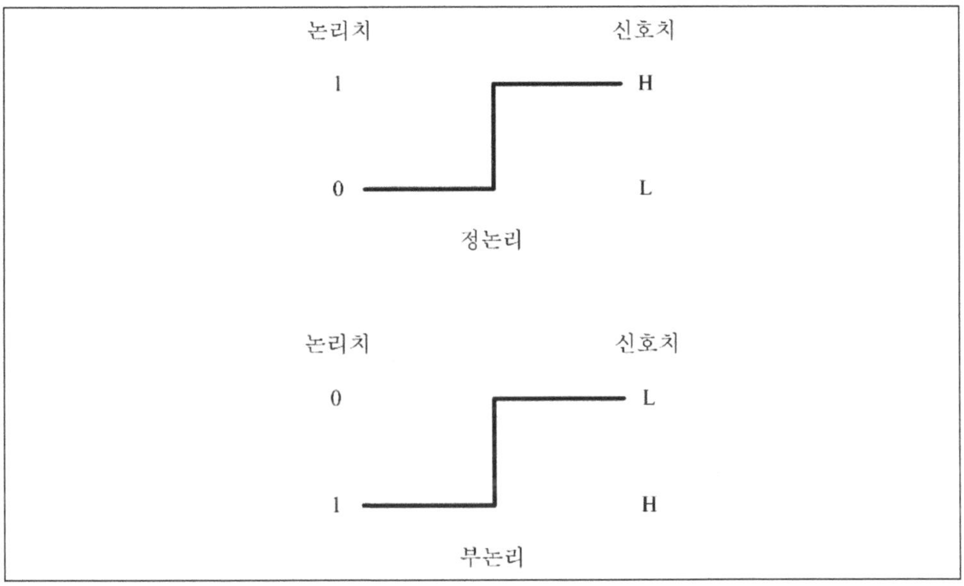

[그림 4-17] 정논리와 부논리

그림 4-17에서 신호는 서로 구별이 되어야 하므로 높은 수준을 H로, 그리고 낮은 수준을 L로 표시하면 두 종류의 신호치 할당 방법이 존재함을 볼 수 있다. 이 경우 H를 논리치 1로 할당하면 정논리(Positive Logic), L을 논리치 1로 할당하면 부논리(Negative Logic)라고 한다. 이는 논리 회로의 성격에서 결정되는 것이 아니라 사용자가 논리치를 사용 지침서에 의하면 디지털 함수를 정의함에 있어서는 논리치 1이나 0을 사용하지 않고 신호치 H나 L을 주는 것이 보통이고, 이 논리치의 할당은 사용자의 편리에 따라 사용자가 결정할 수 있는 것이다. 표 4-10에서 TTL, ECL 및 CMOS에서의 H, L의 전압치의 범위와 전원 전압을 보였다. 또한 정논리와 부논리로 사용하는 경우에 해당하는 논리치를 표시하였다.

[표 4-10] IC 논리 계열에서의 H 및 L의 전압

IC 논리 계열	전원 전압[V]	높은 전압 수준 : H		낮은 전압 수준 : L	
		범위	표준	범위	표준
TTL	V_{CC} = 5	2.4~5	3.5	0~0.4	0.2
ECL	V_{EE} = -5.2	-0.95~-0.7	-0.8	-1.9~-1.6	-1.8
CMOS	V_{DD} = 3~10	V_{DD}	V_{DD}	0~0.5	0
정논리의 경우		논리치 1		논리치 0	
부논리의 경우		논리치 0		논리치 1	

그림 4-18에서는 H · L로써 어떤 게이트의 동작이 설명되는 경우 정논리 혹은 부논리에 따라서 그 함수가 달라짐을 보였다.

X	Y	Z
L	L	H
L	H	H
H	L	H
H	H	L

H, L로 쓴 진리표

X	Y	Z
L	L	1
L	H	1
H	L	1
H	H	0

NAND의 정논리 진리표

X	Y	Z
L	L	0
L	H	0
H	L	0
H	H	1

NOR의 부논리 진리표

[그림 4-18] 정논리와 부논리의 보기

예로서 정논리 OR 게이트와 음논리 AND 게이트 관계를 그림 4-19에 나타내었다.

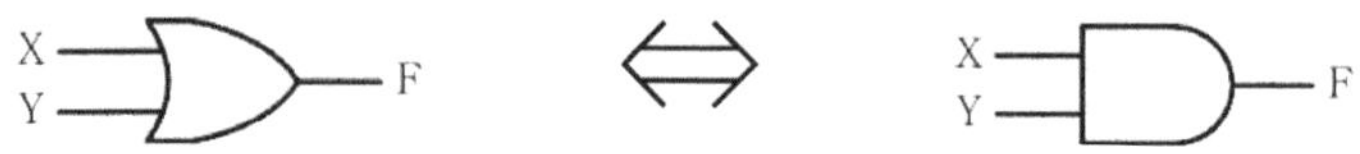

X	Y	F
L(0)	L(0)	L(0)
L(0)	H(1)	H(1)
H(1)	L(0)	H(1)
H(1)	H(1)	H(1)

H : 높은 전압(논리 1)
L : 낮은 전압(논리 0)

X	Y	F
L(1)	L(1)	L(1)
L(1)	H(0)	H(0)
H(0)	L(1)	H(0)
H(0)	H(0)	H(0)

H : 높은 전압(논리 0)
L : 낮은 전압(논리 1)

[그림 4-19] 양논리와 음논리 관계

4-5-3 논리게이트의 특성

IC 논리 게이트의 특성은 각 게이트의 기본적인 회로의 특성에 의하여 결정되며, 대체로 팬 아웃(출력 단자 연결 회로 수), 전력 소모량, 신호 전달 지연, 그리고 잡음 여유도 등의 면에서 그 특성을 비교하는 것이 보통이다.

(1) 특수한 성질

각 IC 디지털 논리군의 특성은 기본 게이트 회로를 해석함으로써 대개 비교된다. 그 비교 평가 기준 요소는 팬 아웃, 전력 소모, 전파 지연 시간 그리고 잡음 허용치이다.

① 팬 아웃(Fan-out)

팬 아웃은 그 정상 작동에 영향을 주지 않고 게이트 출력이 구동할 수 있는 표준 부하의 수이다. 표준 부하란 내개 동일 IC군에서 다른 게이드의 입력에 의해 필요힌 전류량으로 표시된다. 때때로 로딩이 대체 용어로 사용되기도 한다. 팬 아웃은 게이트의 출력에 연결될 수 있는 최대 입력 수로 나타내어진다. 어떤 게이트의 팬 아웃 능력은 부울 함수를 간소화시킬 때 틀림없이 고려되어야만 한다(과부하 상내가 되시 않게 하기 위하여). 때때로 과부하에 대한 능력을 주기 위하여 인버트 없는 증폭기나 버퍼를 달기도 한다.

② 전력 소모(Power dissipation)

전력 소모는 게이트를 작동하기에 필요한 전력이다. 이 단위는 [mW : milliwatt]로 표현되며 게이트에서 소모되는 실제 전력을 나타낸다. 이 수치는 다른 게이트에서 전달되어 온 전력을 포함하지 않으며 순수하게 전력원으로부터 게이트로 전달되어 온 전력만을 의미한다. 4개의 게이트를 가진 IC는 그 전력 공급원으로부터 각 게이트의 4배의 전력을 필요로 한다. 주어진 시스템에서는 많은 IC가 있고 IC가 요구하는 전력이 고려되어야만 한다. 총 전력 소모는 모든 IC의 전력 소모의 합이다.

③ 전파 지연 시간(Propagation delay time)

전파 지연 시간은 2진 신호가 그 값을 바꿨을 때 입력에서 출력까지 신호가 전달되는데 걸리는 평균 전파 지연 시간이다. 그 단위는 [ns : nano seconds]이며 [ns]는 10^{-9}초이다. 디지털 회로의 신호는 입력에서 출력까지 일련의 게이트를 통하여 전달되는데, 전파 지연 시간의 합은 통과한 게이트의 총 전파 지연 시간이다.

④ 잡음 허용치(Noise margin)

잡음 허용치란 회로의 출력을 바꾸지 않으면서 입력에 첨가되는 최대 잡음전압이다. AC 잡음은 다른 스위치 신호에 의해 발생하는 불규칙한 펄스(Pulse)이며, 정상적인 작동 신호에 최대로 가해지는 잡음을 가리킨다. DC 잡음은 신호의 전압 단계의 이동에 의해 발생된다. 그러므로 잡음이란 정상 동작 신호를 방해하는 예기치 않은 신호를 뜻하는 용어이다. 잡음에서도 정상적으로 작동하는 회로의 신뢰성은 많은 응용에서 중요하다. 잡음 허용치는 볼트[V]로 표현되며 게이트가 견딜 수 있는 최대 잡음 신호를 뜻한다.

(2) IC 논리군의 특성

위의 몇 가지 관점에서 각 논리 계열의 표로 나타낸 것이 표 4-11이다. TTL계열의 기본적인 회로는 NAND 게이트인데 이 중 몇 개가 소개되었다. 이 표는 IC 논리군의 일반적인 성질을 보여주고 있는데, 그 값은 비교의 기준이 된다. 표준 TTL 게이트는 TTL 군의 첫 번째 종류이며, 쇼트키(schottky) TTL은 전파지연 시간을 줄이고 대신 전력 소모량은 늘어났다.

ECL 군의 기본 회로는 NOR 게이트이다. ECL의 특별한 장점은 낮은 전파 지연 시간이다. 그러나 높은 전력 소모를 가지며 잡음 허용치는 낮다. 이러한 결점 때문에 ECL이 다른 논리군보다 선택하기 어려우나 낮은 전파 지연 시간 때문에 매우 빠른 시스템을 요구할 때는 ECL을 사용한다.

CMOS의 기본 회는 NAND와 NOR 게이트가 모두 설계될 수 있는 인버터이다. CMOS의 특징은 극히 적은 전력 소모이다. CMOS의 가장 중요한 단점은 전파 지연 시간이 크다는 것인데, 이는 고속의 동작을 요구하는 시스템에서는 사용이 부적합하다.

[표 4-11] IC 논리군의 표준 특성

IC 논리군	팬아웃	전력 소모량 [mW]	전달 지연 시간 [ns]	잡음 허용치 [V]
표준 TTL	10	10	10	0.4
쇼트키 TTL	10	22	3	0.4
저전력 쇼트키 TTL	20	2	10	0.4
ECL	25	25	2	0.2
CMOS	50	0.1	25	3

연습문제

1. 부울 대수란 무엇인가?

2. 부울 함수 F=xy+xy'+y'z의 진리표를 작성하시오.

3. 드 모르강 정리를 사용하여 다음 식을 간단히 하시오.

(1) (x'yz')'

(2) (w(x+y')')'z

(3) ((x+y') (x'+y))'

4. 다음 부울 함수들을 최소 문자를 포함한 표현으로 간단히 하시오.

(1) xy+xy'

(2) (x+y) (x+y')

(3) xyz+x'y+xyz'

(4) (x+y)' (x'+y')'

5. 다음 부울 함수의 보수를 구하고, 또 가장 적은 문자 표현으로 간단히 하시오.

(1) F = (BC'+A'D) (AB'+CD')

(2) F = B'D+A'BC'+ACD+A'BC

(3) F = [(AB)'A] [(AB)'B]

(4) F = AB'+C'D'

6. 다음을 간단히 설명하시오.

(1) 부울 함수를 Minterm으로 바꾸는 방법

(2) Minterm과 Maxterm을 쓰는 이유는 무엇인가?

(3) 정형과 표준형의 차이점은 무엇인가?

7. 다음 함수들을 Minterm의 합과 Maxterm의 곱형으로 표현하시오.

(1) F(A, B, C, D) = D (A'+B) + B'D

(2) F(A, B, C, D) = (A+B'+C) (A+B') (A+C'+D') (A'+B+C+D') (B+C'+D')

(3) F(x, y, z) = (xy+z) (y+xz)

8. 다음을 다른 정형 형태로 고치시오.

(1) F(x, y, z) = Σ (0, 2, 4, 5, 6)

(2) F(A, B, C, D) = Σ (1, 3, 4, 5, 7, 8, 9, 10, 12, 15)

(3) F(x, y, z) = Π (1, 2, 4, 5)

(4) F(A, B, C, D) = Π (5, 6, 8, 9, 10, 11, 13, 14, 15)

9. 다음 회로의 출력파형을 나타내시오.

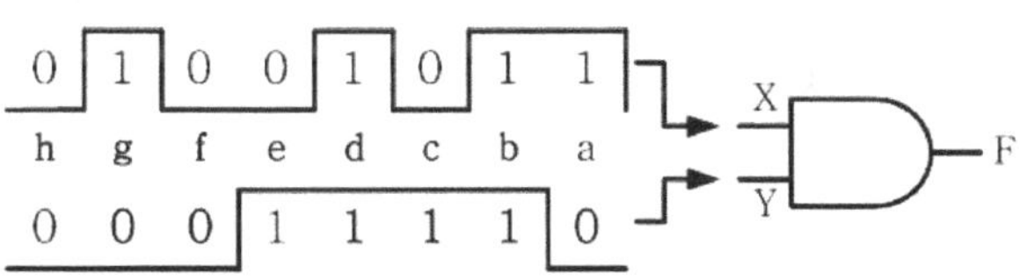

10. 다음 회로의 출력파형을 나타내시오.

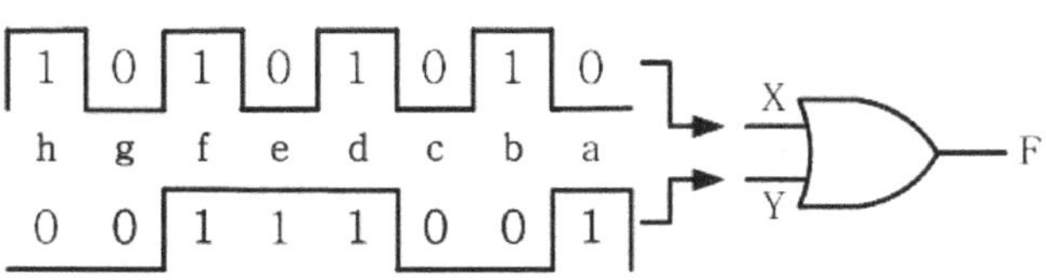

11. C의 입력이 1인 경우 다음 회로의 출력파형을 나타내시오.

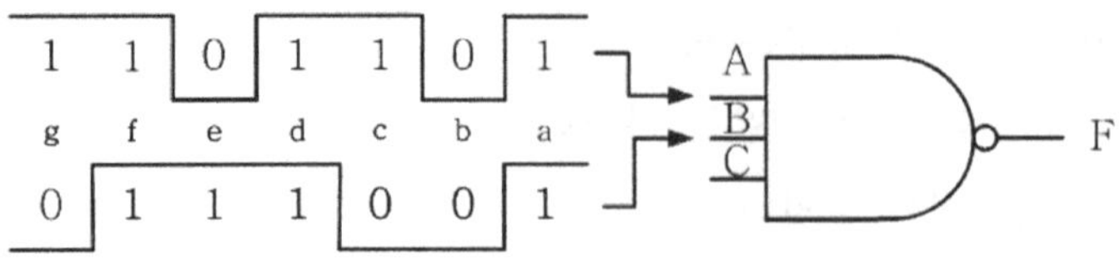

12. C의 입력이 0인 경우 다음 회로의 출력파형을 나타내시오.

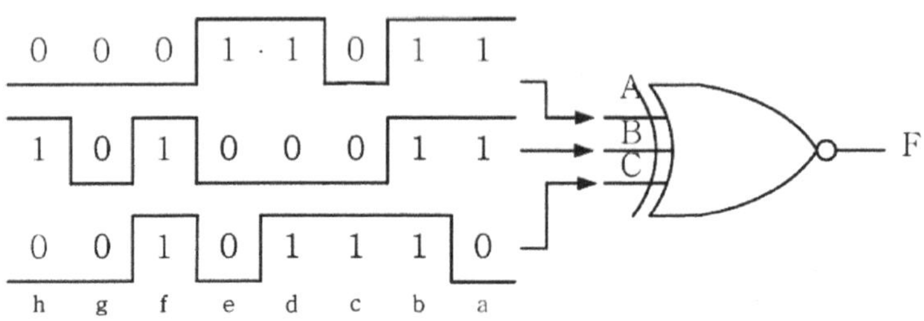

13. 다음 회로의 출력파형을 나타내시오.

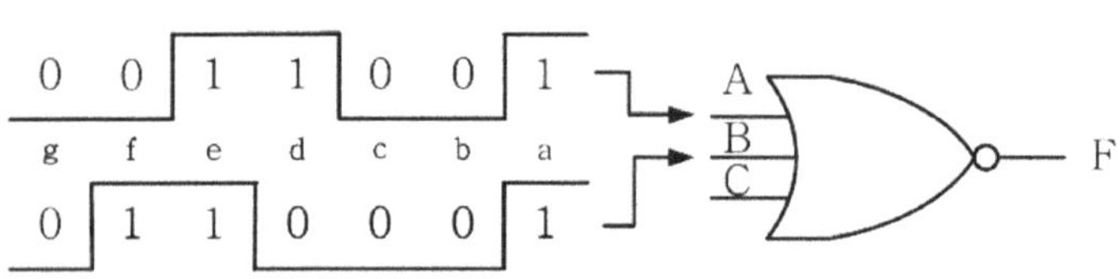

14. 다음 회로의 출력파형을 나타내시오.

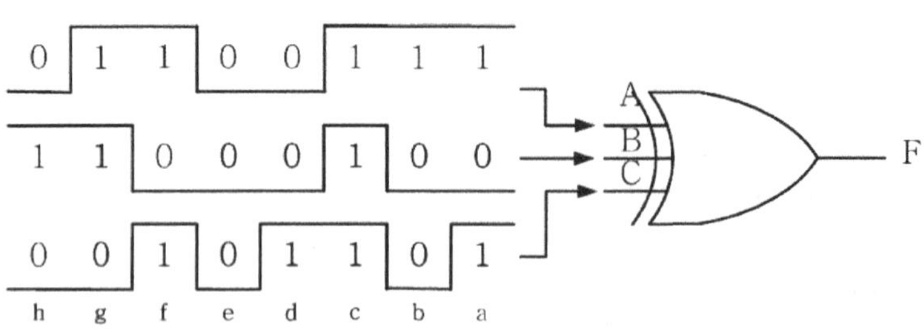

15. 다음 부울 함수를 주었을 때

$$F = xy + x'y' + y'z$$

(1) 위 함수를 AND, OR, NOT 게이트로 설계하시오.

(2) 위 함수를 오직 OR, NOT 게이트로 설계하시오.

(3) 위 함수를 오직 AND, NOT 게이트로 설계하시오

제5장 부울함수의 간소화

4장에서는 기본적인 논리 게이트들의 연산 과정 및 이들을 조합하여 구성한 회로의 분석을 위해 부울 대수식을 공부하였다. 이 회로들의 출력 값은 현재의 입력 값에 의존하기 때문에 이러한 논리회로를 조합논리회로라고 한다. 조합논리회로는 기억 특성을 갖고 있지 않기 때문에 회로의 출력은 현재 상태의 입력 값에만 의존한다.

이 장에서는 논리회로의 간략화를 위해 두 가지 방법에 대해 공부한다. 하나는 부울 대수 이론이고 다른 하나는 맵(mapping) 이론이다. 이 두 이론을 이용하여 주어진 조건을 만족하는 간소화된 논리회로를 설계하는 방법을 배우게 된다.

5-1 부울 대수와 논리 간소화

5-1-1 논리 간소화 정의

논리함수의 간소화는 함수 자체의 특성을 그대로 유지한 채 논리함수를 최소의 게이트수와 최초의 게이트 입력 수(Fan-in)를 줄여 보다 간단한 논리회로를 설계하도록 함으로써 비용 및 오류(error)를 줄이는데 목적이 있다.

예를 들어 표 5-1로부터 최소항들의 곱의 합 형태의 정규형 식을 구하면

$$F = m_0 + m_1 + m_4 + m_5 + m_7$$
$$= X'Y'Z' + X'Y'Z + XY'Z' + XY'Z + XYZ$$

이다.

위의 식은 AND 항이 5개이고, 입력선의 수는 각 AND 항에서 문자의 개수를 세어서 더하면 15가 된다. 이를 간소화하지 않고 바로 논리 회로로 구현하면 그림 5-1 (a)가 되며, 이 경우 필요한 게이트의 수는 6(AND 게이트 5, OR 게이트 1)개이고, 게이트 입력선의 수는 20이다. 함수식에서 항의 수와 문자의 수는 그 식을 회로로 만들었을 때 게이트와 게이트 입력의 수와 밀접한 관계가 있다.

[표 5-1] 3입력 부울 함수의 예

X	Y	Z	F
0	0	0	1
0	0	1	1
0	1	0	0
0	1	1	0
1	0	0	1
1	0	1	1
1	1	0	0
1	1	1	1

위 함수식을 부울 대수 법칙에 따라 정리하고 간소화하면 다음과 같다.

$$F = X'Y'Z' + X'Y'Z + XY'Z' + XY'Z + XYZ$$
$$= X'Y'(Z'+Z) + XY'(Z'+Z) + XYZ$$
$$= X'Y' + XY' + XYZ$$
$$= Y' + XYZ$$
$$= (Y'+X)(Y'+YZ)$$
$$= (Y'+X)(Y'+Y)(Y'+Z)$$
$$= (Y'+X)(Y'+Z)$$
$$= Y'+XZ$$

가 되므로 그림 5-1 (b)가 된다. 이 경우는 필요한 게이트의 수가 2이고, 게이트 입력선의 수는 4이다.

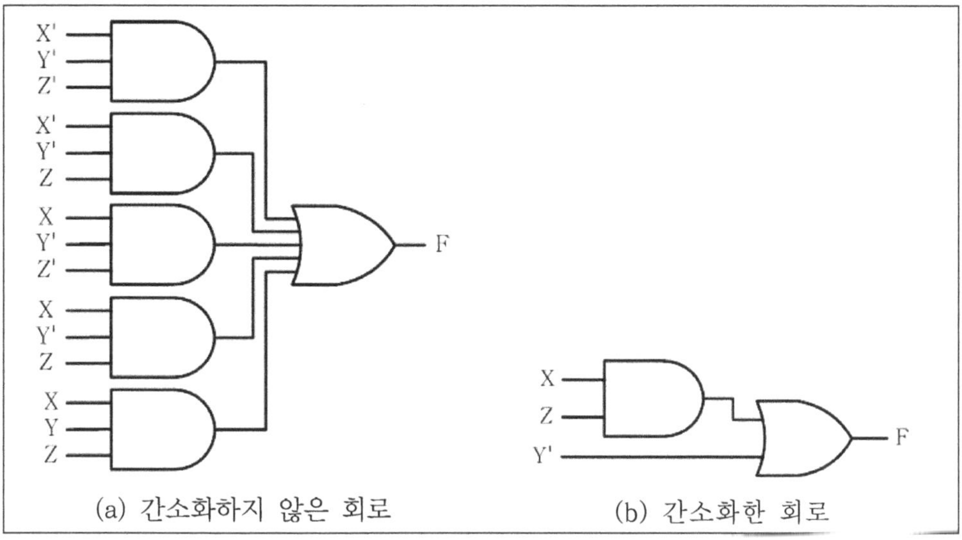

[그림 5-1] 간소화된 회로와 간소화되지 않는 회로

일반적으로 논리 간소화를 많이 사용되는 방법에는 부울 대수를 이용하는 방법, 카르노맵(Karnaugh Map)방법, Quine-McClusky 방법 등이 있다.

5-1-2 부울식에 의한 간소화

지금까지 부울 함수에 의한 회로도를 작성해 본 결과 부울 식이 복잡할수록 논리회로도 역시 복잡함을 알 수 있다. 따라서 같은 출력 결과를 가지면서 좀 더 간단한 부울 식으로 유도가 가능하다면 논리회로도 역시 간단하게 구성될 것이다. 이미 언급한 바와 같이 부울 대수는 적절히 이용하면 주어진 부울식을 가장 간단한 형태로 줄여 주거나 사용하기 편리하도록 변화 시켜준다.

다음의 예에서 논리 함수식을 부울 대수에 의해 간소화하는 과정을 살펴본다.

[예 1] $F = X'YZ + XY'Z + XYZ + YZ'$

$= X'YZ + XYZ + XY'Z + XYZ + YZ'$

$= YZ(X'+X) + XZ(Y'+Y) + YZ'$

$= YZ + XZ + YZ'$

$= XZ + Y(Z'+Z)$

$= XZ + Y$

[예 2] $F = X'Y'Z' + X'YZ' + XY'Z' + XYZ'$

$= X'Z'(Y+Y') + XZ'(Y+Y')$

$= X'Z' + XZ'$

$= Z'(X+X')$

$= Z'$

[예 3] 다음 부울 함수를 간소화하기 전의 논리회로도와 간소화 후의 논리회로를 비교하라.

$F = (X+X'Y)(X+Y') + YZ$

$= XX + XX'Y + XY' + X'YY' + YZ$

$= X + XY' + YZ$

$= X(1+Y') + YZ$

$= X + YZ$

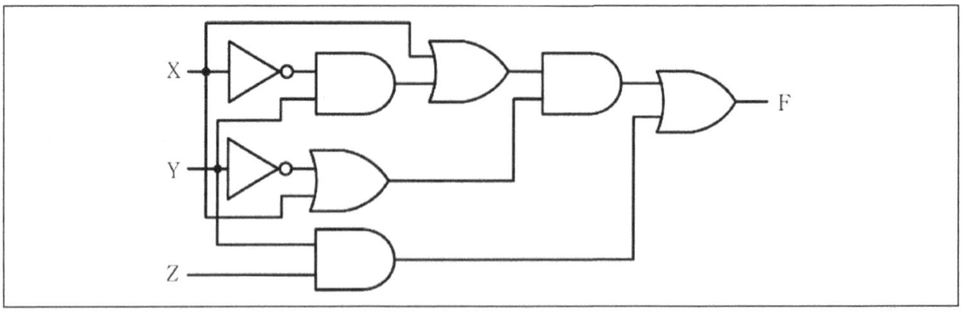

[그림 5-2] [예 3]의 간소화 전의 회로도

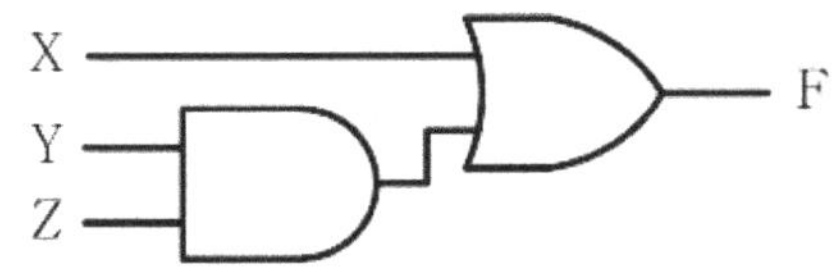

[그림 5-3] [예 3]의 간소화 후의 회로도

5-2 카르노 맵을 이용한 간략화

5-2-1 카르노 맵의 의미

부울 함수는 하나의 진리표로 표현되나 대수적 표현은 다양하며, 대수적 간소화 방법에 대하여는 4.1절에서 논의하였다. 그러나 대수적 간소화 방법은 일정한 규칙이 존재하지 않으므로 체계화가 곤란하다. 따라서 간소화를 위한 체계적 방법이 연구되었으며, 그 결과 중의 하나가 벤 다이어그램에 기초한 카르노 맵(Karnaugh map) 방법이다.

카르노 맵은 2^n개의 사각형들로 구성된 그림이며, n은 변수의 개수를 나타낸다. 각각의 사각형들은 하나의 최소항을 나타낸다. 임의의 부울 함수는 최소항의 합으로 표현할 수 있으므로 카르노 맵으로의 표현도 역시 가능하다.

곱의 합 표현이란 다수의 AND 게이트 출력이 하나의 OR 게이트의 입력으로 사용되는 2단계 논리 회로에 대응되는 개념이므로 최소 비용의 논리 회로로 구현하기 위해서는 문자의 수가 가장 적은 곱의 합 형태 또는 합의 곱 형태로 함수를 표현하여야 하며, 부울 함수를 간소화하는 데 카르노 맵이 유용하다는 사실은 서로 인접한 사각형이 지니고 있는 기본적인 성질 때문이다.

5-2-2 2개 변수 카르노 맵

2개의 변수에 대하여 4개의 최소항을 가지며 각 최소항 당 1개씩 4개의 사각형으로 구성된다. 카르노 맵 작성의 첫 번째 단계는 진리표로부터 표준적(최소항)을 구하고 다음은 진리표값의 출력란의 '1'에 대응하는 입력 변수의 논리적을 해당하는 맵의 칸에 표시한다.

그림 5-4는 2변수의 경우에 대한 맵을 나타내고 있다.

X \ Y	0	1
0	m_0	m_1
1	m_2	m_3

(a)

X \ Y	0	1
0	X'Y'	X'Y
1	XY'	XY

(b)

[그림 5-4] 2변수 맵

그림 5-4 (a)는 2변수 카르노 맵 작성법이고 그림 5-4 (b)는 2변수의 맵을 나타내고 있다. 그림 5-4 (b)에서는 행과 열에 0과 1을 표시한 것은 각각 변수 X, Y의 값을 나타낸다. X는 값이 0인 행에서는 프라임(Prime) 되어 있고, 값이 1인 항에서는 프라임되어 있지 않으며 마찬가지로 B도 그 값이 0인 열에서는 프라임이 되어 있고 값이 1인 열에서는 프라임이 되어 있지 않다.

2개의 카르노 맵에는 다음과 같은 규칙이 있다.

① 맵 위의 임의의 2개가 인접하는 논리적 1은 결합되어 단 1개의 변수를 나타낸다(수평 또는 수직으로 인접한 2개의 1을 루핑하는 것을 페어(Pair)라 한다. 페어는 한 개의 변수와 그 부정형 변수를 소거한다).

② 맵 위의 단 1개의 논리적 1은 그 변수의 AND 함수를 나타낸다.

③ 맵의 논리적 1에 대응하는 모든 표현은 여러 가지 변수들의 항인 OR 함수로 나타낸다.

[예 4] 다음 부울 함수를 맵에 표시하라.

F = X'Y' +XY

① 먼저 입력변수가 2개이므로 맵의 칸수는 4개가 필요하다.

X \ Y	0	1
0		
1		

② 각 변수를 해당하는 칸에 1이라고 표시하고 없는 변수의 칸에는 0이라 표시한다.

X \ Y	0	1
0	1	0
1	0	1

5-2-3 3개 변수 카르노 맵

그림 5-5는 3변수의 맵을 나타낸다. 3변수의 경우 8개의 최소항이 있으므로 8개의 사각형으로서 맵이 구성된다. 여기서 두 변수 BC에 대한 값의 배치가 00, 01, 11, 10으로 되어 있는 것은 인접한 두 최소항의 BC값이 2진 순차로 배치되어 있지 않고 그레이 코드와 같이 배치한다는 것이다.

3개의 카르노 맵에는 다음과 같은 규칙이 있다.

① 4개의 인접되는 칸의 Group은 결합되어 단 1개의 1변수를 나타낸다.
(인접한 4개의 1을 루핑하는 것을 쿼드(Quad)라고 한다.)
② 2개의 인접되는 칸의 Group은 결합되어 그 변수의 항을 나타낸다.
③ 단 1개의 칸은 3변수의 항을 나타낸다.
(3, 5, 6, 7 칸의 Group화는 1개의 항으로 나타내지 못한다.)

X \ YZ	00	01	11	10
0	m_0	m_1	m_3	m_2
1	m_4	m_5	m_7	m_6

(a)

X \ YZ	00	01	11	10
0	X'Y'Z'	X'Y'Z	X'YZ	X'YZ'
1	XY'Z'	XY'Z	XYZ	XYZ'

(b)

[그림 5-5] 3변수 맵

[예 5] 다음 부울 함수를 맵에 표시하고 간소화 하라.

F = X'YZ + X'YZ' +XY'Z' + XY'Z

이 과정은 두 가지 방법으로 할 수 있는데

① 각 최소항을 2진수로 바꾸어 해당 사각형에 1을 쓰거나

② 각 항의 변수로부터 직접 할 수 있다.

예를 들면, X'YZ의 항은 2진수 011로 바꿀 수 있으며 이는 m_3의 사각형에 해당한다. 이와 같은 방법으로 다른 표준적도 해당되는 각 칸에 표시하고 해당되지 않는 칸(map)은 0으로 표시한다.

따라서 간소화된 함수는 F = X'Y + XY'이다.

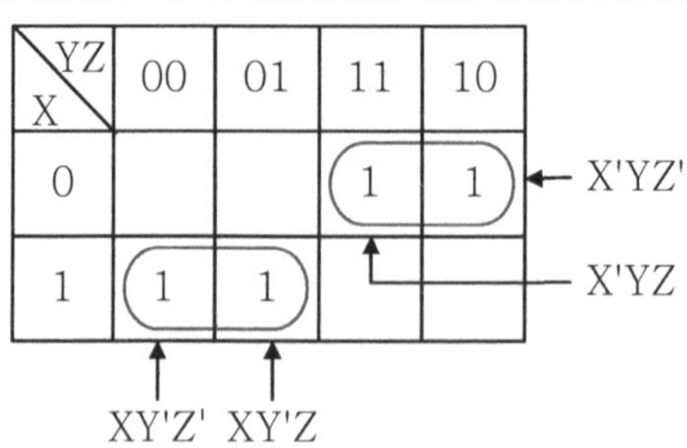

[그림 5-6] [예 5]의 맵

[예 6] 다음 부울 함수를 간소화하라.

$$F(X, Y, Z) = \sum m(0, 2, 4, 5, 6)$$

여기서는 함수의 표현이 최소항의 번호로서 되어 있으므로 직접 해당 위치에 1을 표시하여 맵을 작성하면 그림 5-7이 된다. 이 그림에서는 인접한 1들을 4개 묶을 수 있고, 남은 하나의 최소항 101은 인접한 최소항 100과 묶는다. 이렇게 임의의 최소항을 중복하여 사용할 수 있는 근거는 부울 수의 정리 $xy + xy' = x$의 성질을 활용하는 것이다. 따라서 간소화된 함수는

$$F = Z' + XY'$$

이다.

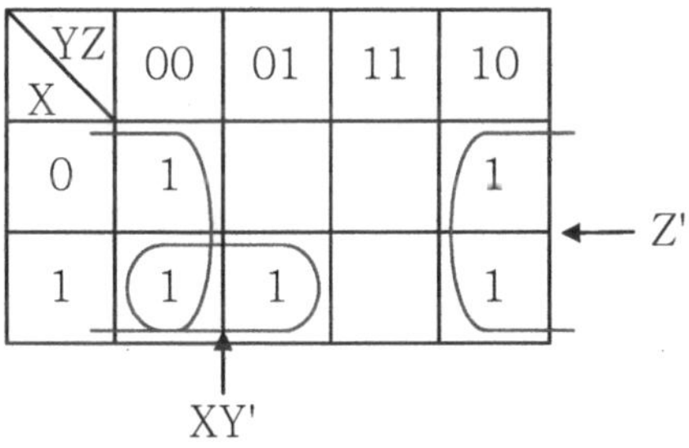

[그림 5-7] [예 6]의 맵

5-2-4 4개 변수 카르노 맵

4개의 변수로 구성된 부울 함수의 맵은 16개의 4각형이 필요하며 인접한 두 행이나 열의 자릿수가 오직 하나만 다른 그레이 코드순으로 되어 있음을 알 수 있다. 또 각 사각형에 적혀진 최소항의 숫자는 각 행과 열의 숫자를 연결하여 나타낸 숫자임을 알 수 있다. 예를 들면 3행(11)과 1열(00)을 연결하면 2진수 1100이 되며 이는 10진수 12에 해당되므로 3행과 1열의 사각형은 최소항 m_{12}로 표시한다.

그림 5-8은 카르노 맵에 표시하는 과정을 보인다.

WX \ YZ	00	01	11	10
00	m_0	m_1	m_3	m_2
01	m_4	m_5	m_7	m_6
11	m_{12}	m_{13}	m_{15}	m_{14}
10	m_8	m_9	m_{11}	m_{10}

YZ \ WX	00	01	11	10
00	m_0	m_4	m_{12}	m_8
01	m_1	m_5	m_{13}	m_9
11	m_3	m_7	m_{15}	m_{11}
10	m_2	m_6	m_{14}	m_{10}

[그림 5-8] 4변수의 맵

4개의 카르노 맵 규칙에는 다음과 같은 규칙이 있다.

① 하나의 사각형은 한개의 최소항을 나타내며 4개의 문자로 표시되는 항이다.

② 2개의 인접 사각형은 결합되어 3개의 문자로 표현되는 항이 된다.

③ 4개의 인접 사각형은 결합되어 2개의 문자로 된 하나의 항이 된다.

④ 8개의 인접 사각형은 결합되어 1개의 문자로 된 하나의 항이 된다.
(인접한 8개의 1을 루프한 것을 옥테드(octed)라 한다.)

⑤ 16개의 인접 사각형은 결합되어 함수 1을 나타낸다.

[예 7] 다음의 부울 함수를 간소화하라.

$F(W, X, Y, Z) = \sum m(0, 1, 2, 4, 5, 6, 8, 9, 12, 13, 14)$

함수가 4변수를 갖고 있으므로 그림 5-9의 맵으로 표현된다. 왼쪽의 1을 가지는 인접 최소항 8개의 결합은 한 문자의 항인 Y'으로 간단히 표현된다. 남아 있는 오른쪽의 3개의 최소항은 2개 또는 4개로 결합시키는 방법이 존재하는가를 조사하여 처리한다. 이는 되도록 많은 인접 최소항들을 결합시킴으로서 좀더 적은 문자로 표현되는 항을 얻을 수 있기 때문이다.

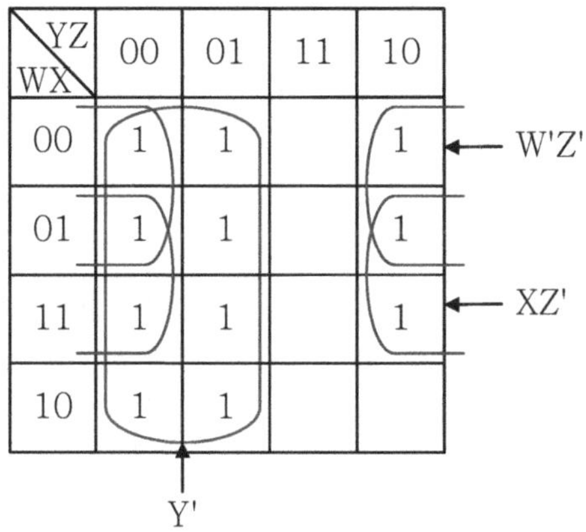

[그림 5-9] [예7]의 맵

따라서 이미 사용한 사각형을 중복 사용하여, 오른쪽 위 2개의 1을 4개의 1 결합으로 표현하여 항 W'Z'를 얻는다. 이제 남은 최소항은 3행 4열의 1 하나뿐이다. 역시 이미 허용한 최소항들(2행 1열, 2행 4열, 3행 1열)과 결합시켜 항 XZ'을 얻는다.

따라서, F = Y' + W'Z' + XZ' 으로 간소화된다.

[예 8] 다음 부울 함수를 간소화하라.

F = W'X'Y' + X'YZ' + W'XYZ' + WX'Y'

위의 함수를 각 항 별로 맵에 표현한 것이 그림 5-10 (a)에 있다. 이 함수는 4개 변수를 가지고 있으므로, 3개의 문자로 표현된 항들은 2개의 인접한 최소항의 결합으로 표현된다.

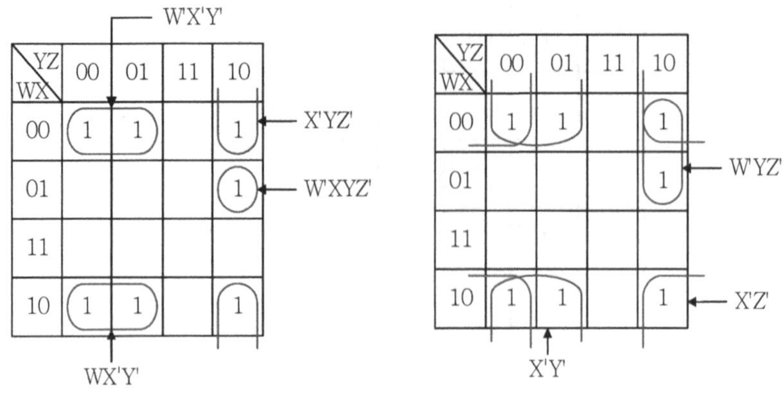

[그림 5-10] [예 8]의 맵

5-2-5 5개 변수, 6개 변수 카르노 맵

부울 함수 중 그것을 구성하고 있는 변수의 개수가 4개 이상일 때, 맵 방법을 사용하여 표현이 최소화된 표현을 찾기가 어렵고 마지막에 주어질 수 있는 함수의 형태가 매우 다양해질 수 있다. 맵을 그릴 때 변수의 수에 따라서 그 사각형의 수는 달라지는데, 사각형은 최소항의 수와 일치하므로 5개의 변수의 맵은 32개, 6개의 변수는 64개가 됨을 알 수 있다.

그림 5-11과 5-12는 5개 변수의 맵과 6개 변수의 맵을 도시한 것인데 각각의 최소항을 10진수로 사각형 내에 배치하여 표시하였다. 3, 4개의 변수의 표현처럼 5, 6개의 표현도 그레이 코드를 사용했다는 점에 주의해야 할 것이다. 최소항 번호를 구하는 예를 들어보면 3행 (11) 2열(001)의 사각형의 숫자는 11001이 되며, 10진수로는 25이다. 그러므로 최소항은 m_{25}이다.

AB \ CDE	000	001	011	010	110	111	101	100
00	0	1	3	2	6	7	5	4
01	8	9	11	10	14	15	13	12
11	24	25	27	26	30	31	29	28
10	16	17	19	18	22	23	21	20

[그림 5-11] 5변수 맵의 표현

ABC \ DEF	000	001	011	010	110	111	101	100
000	0	1	3	2	6	7	5	4
001	8	9	11	10	14	15	13	12
011	24	25	27	26	30	31	29	28
010	16	17	19	18	22	23	21	20
110	48	49	51	50	54	55	53	52
111	56	57	59	58	62	63	61	60
101	40	41	43	42	46	47	45	44
100	32	33	35	34	38	39	37	36

[그림 5-12] 6변수 맵의 표현

각 변수의 문자들은 그레이 코드가 1인 곳에 표시된다. 예를 들어 5개 변수 맵에서 A는 마지막 2개의 행에, B는 가운데 2개의 행에 표시된다. 각 열의 교번 숫자가 C에는 우측 4개의 열에, D에는 가운데 4개의 열에 각각 1이 표시되어 있으며, 변수 E에 대한 1의 값은 실제로 두 부분으로 나뉘어져 있다. 이것은 6개 변수 맵에서도 비슷하게 결정된다.

5개 변수의 맵은 2개로 된 4개 변수의 맵으로 나누어서, 6개 변수의 맵은 4개로 된 4개 변수의 맵으로 나누어서 생각할 수 있다. 그림 5-11과 5-12에서 두 줄로 표시된 부분을 접었다고 하면 서로 맞닿는 두 사각형도 인접 사각형이 된다.

[예 9] 다음 부울 함수를 간소화하여라.

$$F(A, B, C, D, E) = \sum m(0, 2, 4, 6, 9, 11, 13, 15, 17, 21, 25, 27, 29, 31)$$

이 부울 함수의 맵이 그림 5-13에 나와 있다.

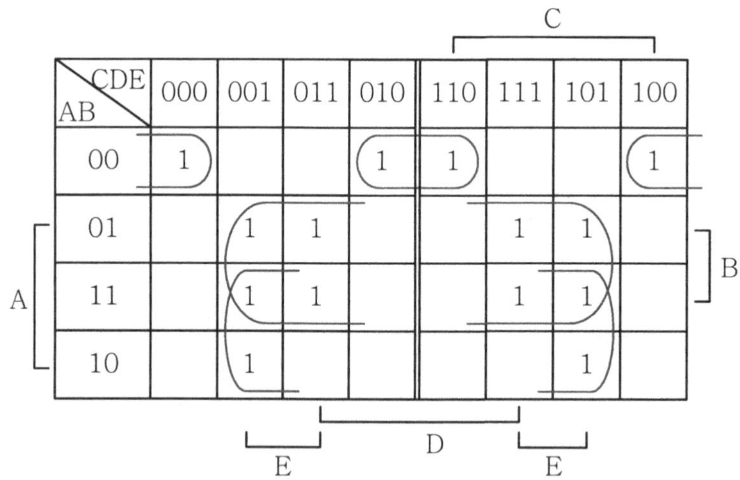

[그림 5-13] [예9]의 맵

두 줄을 경계로 각 맵 중앙에 위치한 4개의 최소항은 그림에서 두 줄로 된 부분을 접었다고 하면 서로 인접하게 되어 있으므로 BE항으로 간소화 할 수 있다. 마찬가지로 양쪽의 제일 밑의 2개의 최소항도 그림의 두 줄로 된 부분을 접었다고 하면 인접하게 되므로 간단화하면 ADE'로 된다. 따라서 맵으로부터 간소화 된 부울 함수는 다음과 같이 얻어진다.

F = BE + AD'E + A'B'E'

5-2-6 무관조건

입력 변수의 개수가 n개라 할 때 입력 값으로 존재할 수 있는 경우는 2^n가지이며, 2^n가지의 모든 입력값에 대해 출력값이 할당 즉, 정의되는 경우를 완전 정의 함수(Completely specified function)라 한다. 그러나 변수가 생성되는 방법 때문에 임의의 입력값이 발생할 수 없다면 이때의 출력값은 정의될 필요가 없다. 이러한 상황을 무관조건(don't care condition)이라 하며, 무관조건을 포함하는 함수를 불완전 정의 함수(Incompletely specified function)라 한다.

예를 들면 4비트로 조합된 코드는 16가지의 상태를 조합할 수 있다. 그러나 4비트로 구성된 BCD코드는 표 5-2의 진리표에 나타낸 것과 같이 16가지의 조합 중 10가지만 사용하고 있다.

[표 5-2] 4비트의 조합 진리값표

W	X	Y	Z	10진수	
8	4	2	1		
0	0	0	0	0	BCD
0	0	0	1	1	
0	0	1	0	2	
0	0	1	1	3	
0	1	0	0	4	
0	1	0	1	5	
0	1	1	0	6	
0	1	1	1	7	
1	0	0	0	8	
1	0	0	1	9	
1	0	1	0	not used	don't care
1	0	1	1	not used	
1	1	0	0	not used	
1	1	0	1	not used	
1	1	1	0	not used	
1	1	1	1	not used	

즉, 0000으로부터 1001까지의 10개의 코드로 구성되며 1010 에서부터 1111까지의 6개의 코드는 사용하지 않는다. 따라서 이 6개의 입력을 무관조건 입력이라 하며 사용되지 않는 입력들은 0으로나 1로 확정지을 수 없으므로 X라는 기호로 표시한다. 이렇게 표시된 무관조건 입력(기호 X)은 부울 함수를 간략화하는 데 유용하게 사용된다.

무관조건을 이용하여 부울 함수를 간소화하는 절차는 다음과 같다.

① 1의 출력을 발생시키는 입력 최소항에 대하여 카르노맵 상에 해당하는 위치에 1을 기술한다. 이와 같은 방법으로 “0”을 출력하는 입력 최소항에 대하여 “0”을 기술한다. 끝으로 발생되지 않는(금지된) 입력 최소항에 대해서는 해당 위치에 "X"를 기술한다.

② 1을 묶음으로 묶어줄 때 무정의 값 "X"를 선택적으로(임의적으로) 1 또는 0으로 생각하여 가장 큰 묶음을 찾아 표시한다.

③ 묶음밖에 존재하는 "X"에 대해서는 그 값을 0으로 취급한다.(단, 묶음을 1로 구성할 경우에 한한다. 반대로 묶음을 0으로 구성할 때는 묶음 밖의 "X"를 1로 취급한다.)

표 5-3은 무관조건이 포함된 다음 함수에 대한 논리간소화의 예이다.

$F(X, Y, Z) = \Sigma m(0, 1, 3) + \Sigma d(2, 6)$

진리표 상에 x로 표현한 것이 무관조건을 나타낸다. 이 진리표의 표현은 최소항과 무관조건을 구분하여 다음과 같이 한다.

[표 5-3] 논리간소화의 무관조건 예

X	Y	Z	F(X, Y, Z)
0	0	0	1
0	0	1	1
0	1	0	x
0	1	1	1
1	0	0	0
1	0	1	0
1	1	0	x
1	1	1	0

표 5-3에서 입력이 010과 110인 경우는 입력 조합으로써 결코 발생할 수 없다. 따라서 F(0, 1, 0), F(1, 1, 0)에는 임의의 값을 배정해도 전혀 문제가 되지 않는다. 이 두 곳에 배정할 수 있는 경우는 4가지, 즉 (0, 0), (0, 1), (1, 0), (1, 1)이며, 4가지 경우에 대해 각각 간략화를 행한 후에 그 중에서 가장 간략화된 것이 게이트의 개수와 연결선이 최소가 되는 논리회로가 된다.

① F(0, 1, 0) = F(1, 1, 0) = 0의 경우

$$
\begin{aligned}
F_1(X, Y, Z) &= m_0 + m_1 + m_3 \\
&= X'Y'Z' + X'Y'Z + X'YZ \\
&= X'Y'Z' + X'Y'Z + X'Y'Z + X'YZ \\
&= X'Y' + X'Z
\end{aligned}
$$

② F(0, 1, 0) = 1, F(1, 1, 0) = 0의 경우

$$
\begin{aligned}
F_2(X, Y, Z) &= m_0 + m_1 + m_2 + m_3 \\
&= X'Y'Z' + X'Y'Z + X'YZ' + X'YZ \\
&= X'Y' + X'Y \\
&= X'
\end{aligned}
$$

③ F(0, 1, 0) = 0, F(1, 1, 0) = 1의 경우

$$
\begin{aligned}
F_3(X, Y, Z) &= m_0 + m_1 + m_3 + m_6 \\
&= X'Y'Z + X'Y'Z + X'YZ + XYZ' \\
&= X'Y'Z' + X'Y'Z + X'Y'Z + XYZ' + X'YZ \\
&= X'Y' + X'Z + XYZ'
\end{aligned}
$$

④ F(0, 1, 0) = F(1, 1, 0) = 1의 경우

$$
\begin{aligned}
F_4(X, Y, Z) &= m_0 + m_1 + m_2 + m_3 + m_6 \\
&= X'Y'Z' + X'Y'Z + X'YZ' + X'YZ + XYZ' \\
&= X'Y'Z'+X'Y'Z + X'YZ' + X'YZ + X'YZ' + XYZ' \\
&= X'Y' + X'Y + YZ' \\
&= X' + YZ'
\end{aligned}
$$

따라서 4가지 경우 중에서 가장 간단한 표현은 F_2이므로, 무관조건에 F(0, 1, 0) = 1, F(1, 1, 0) = 0을 할당하는 것이 F(X, Y, Z)의 가장 간략화된 부울 함수를 얻을 수 있다.

[예10] 다음 부울 함수를 카르노맵을 이용하여 간단히 하라.

F(W, X, Y, Z) = $\sum$m(1, 3, 7, 11, 15) + $\sum$d(2, 5, 8)

입력 변수가 4개이므로 맵의 사각형 수는 16개로 구성된다.

① 함수 F의 최소항을 맵으로 표시하면 그림 5-14의 (a)와 같다.
② 무관조건의 입력은 "X"로 표현하고 해당되지 않는 부분은 0으로 채운다(그림 5-14 (b)).
③ 실제의 1을 묶음으로 하기 위한 "X"는 1로 취급하고 실제 1을 묶음으로 하는데 필요 없는 X는 0으로 취급한다(그림 5-14 (c)).
④ 4개의 인접한 1을 묶을 수 있는 w'z와 yz를 발생하므로 F = w'z + yz가 된다(그림 5-14 (c)).

WX \ YZ	00	01	11	10
00		1	1	
01			1	
11			1	
10			1	

(a)

WX \ YZ	00	01	11	10
00	0	1	1	X
01	0	X	1	0
11	0	0	1	0
10	X	0	1	0

(b)

WX \ YZ	00	01	11	10
00	0	1	1	X
01	0	X	1	0
11	0	0	1	0
10	X	0	1	0

(c)

[그림 5-14] 카르노맵을 이용한 간략화

5-3 NAND 또는 NOR 게이트만을 사용한 회로 설계

디지털 회로는 AND, OR 게이트보다 NAND나 NOR 게이트가 주로 사용되는데, 그 이유는 AND나 OR 게이트에 비해 NAND나 NOR 게이트를 전자부품으로 제작하기가 훨씬 쉽기 때문이다. 따라서 AND나 OR 게이트로 설계된 회로를 NAND나 NOR 게이트로 구성된 회로로 변환할 필요가 있다.

5-3-1 작은 원의 이동

AND나 OR 게이트로 설계된 회로를 NAND나 NOR 게이트로 구성된 회로로 변환하기 위해서는 드 모르간 법칙을 알고 있어야 한다. 이 식들을 그림으로 표현해 보면 그림 5-15와 같다. 그림 5-15에서 작은 원은 NOT의 의미를 갖는다.

논리식		응용하는 논리도
2개의 NOT 게이트	(X')'=X	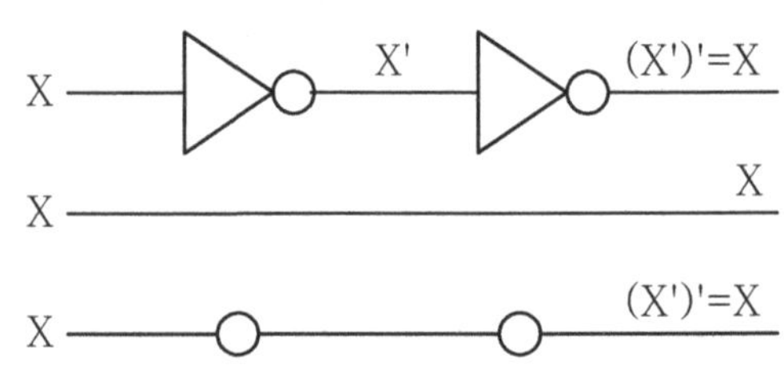
드 모르간 법칙	(X+Y)'=X'·Y'	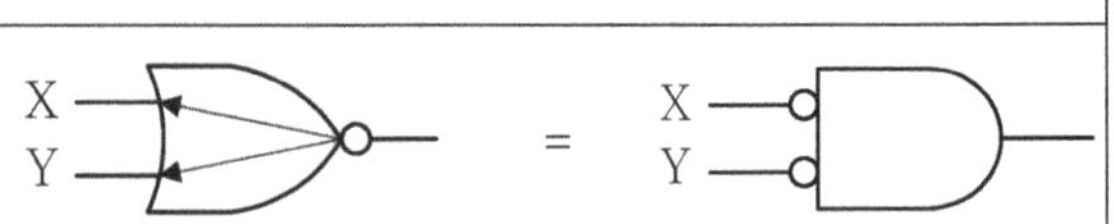
	(X·Y)'=X'+Y'	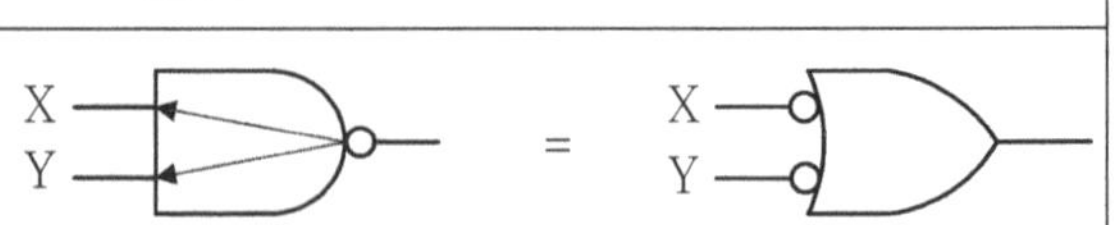

[그림 5-15] 드모르간의 법칙과 회로도

이 작은 원은 회로도에서 선을 따라 이동이 가능하며 AND나 OR 게이트를 지나갈 수도 있다. 단, 게이트를 지날 때는 다음과 같은 규칙을 따라야 한다. 먼저 AND 게이트나 OR 게이트의 출력쪽에서 입력쪽으로 작은 원이 지나갈 때는, 지나는 게이트가 AND이면 OR로, OR면 AND 게이트로 바꾸어 주고 게이트의 모든 입력에 작은 원을 복사하여 만들어 준다.

만일 회로도에서 작은 원이 이동하다가 또 다른 작은 원을 만나면 어떻게 될까? 이 경우에는 서로 만난 작은 원이 모두 없어져 버리게 된다. 이것은 그림 5-15에 나타낸 것과 같이 논리식 (X')'=X 경우에 해당한다.

그림 5-16에는 NOT 게이트의 기능을 NAND 게이트나 NOR 게이트로 만드는 방법을 그려 놓았다. 그림에서 알 수 있듯이 NAND 게이트나 NOR 게이트의 입력을 모두 묶어서 연결하면 NOT 기능을 수행한다.

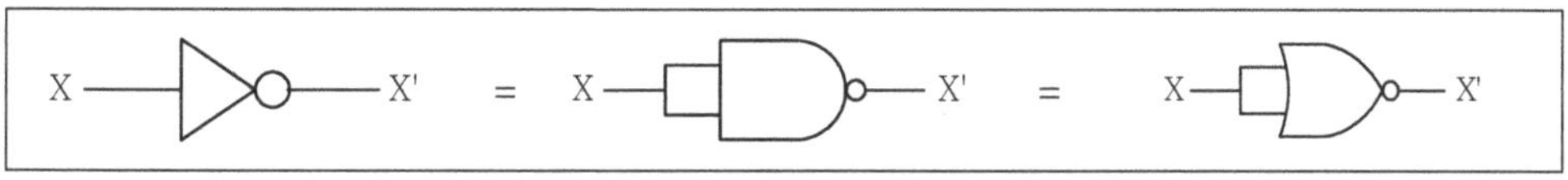

[그림 5-16] NAND 게이트나 NOR 게이트를 이용한 NOT 기능 구현

5-3-2 NAND 게이트 회로실현

NAND 게이트만을 이용하여 회로를 실현하고자 할 경우에는 논리식이 곱의 합 형태로 표현되어 있어야 처리하기가 쉽다. 논리식이 곱의 합 형태로 표현되어 있으면 그 논리식에 대한 회로도는 항상 입력쪽(왼쪽)에 먼저 AND 게이트들이 위치하고 그 오른쪽에 OR 게이트가 연결되는 AND-OR 형태를 가진다. 이와 같은 AND-OR 형태의 회로도를 NAND 게이트만을 사용한 회로도로 변환하는 과정은 다음과 같다.

① 주어진 함수를 AND, OR와 NOT 게이트를 이용한 논리도를 그린다. 이때 정상 입력과 보수 입력은 둘 다 사용할 수 있다고 가정한다.

② 전체회로의 출력선(OR 게이트의 출력 측) F에 2개의 작은 원(NOT 게이트)을 삽입한다.

③ 하나의 원을 입력쪽(좌측)으로 이동시킨 뒤 드 모르간 법칙을 적용한다(OR 게이트가 AND 게이트로 바뀜).

함수 F=WX+YZ를 NAND 게이트만을 이용한 회로 실현의 예를 그림 5-17에 나타내었다.

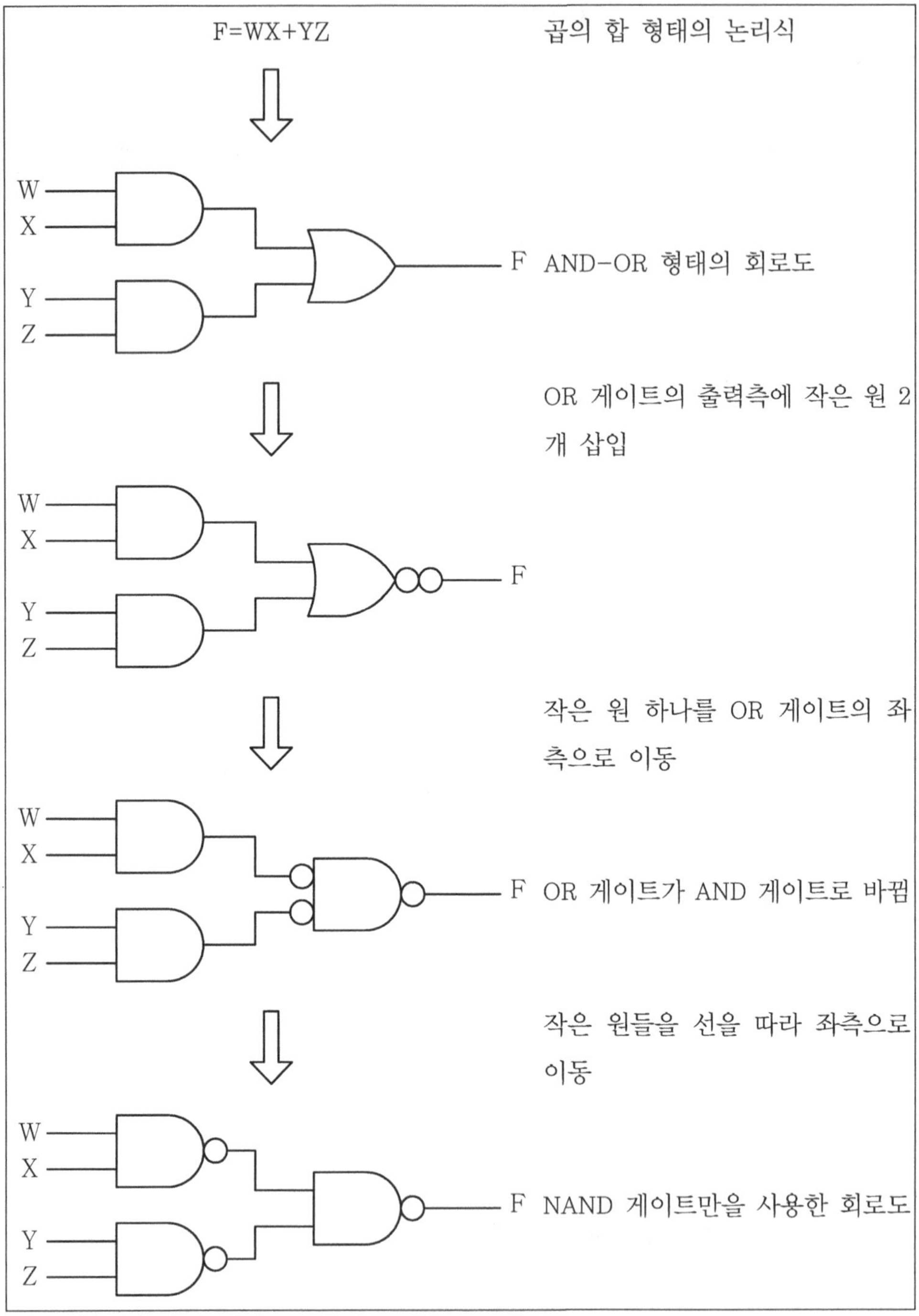

[그림 5-17] NAND 게이트만을 이용한 회로 변환

5-3-3 NOR 게이트 회로실현

회로를 NOR 게이트만을 이용하여 표현하고자 할 경우에는 논리식이 합의 곱 형태로 표현되어 있어야 처리하기가 쉽다. 논리식이 합의 곱 형태로 표현되어 있으면 그 논리식에 대한 회로도는 항상 입력쪽(왼쪽)에 먼저 OR 게이트들이 위치하고 그 오른쪽에 AND 게이트가 연결되는 OR-AND 형태를 가진다. 이와 같이 OR-AND 형태의 회로도를 NOR 게이트만을 사용한 회로도로 변환하는 과정은 다음과 같다.

① 주어진 함수를 OR, AND와 NOT 게이트를 이용한 논리도를 그린다. 이때 정상 입력과 보수 입력은 둘 다 사용할 수 있다고 가정한다.

② 전체회로의 출력선(AND 게이트의 출력 측) F에 2개의 작은 원(NOT 게이트)을 삽입한다.

③ 하나의 원을 입력쪽(좌측)으로 이동시킨 뒤 드 모르간 법칙을 적용한다(AND 게이트가 OR 게이트로 바뀜).

함수 F=(W+X) · (Y+Z)를 NOR 게이트만을 이용한 회로 실현의 예를 그림 5-18에 나타내었다.

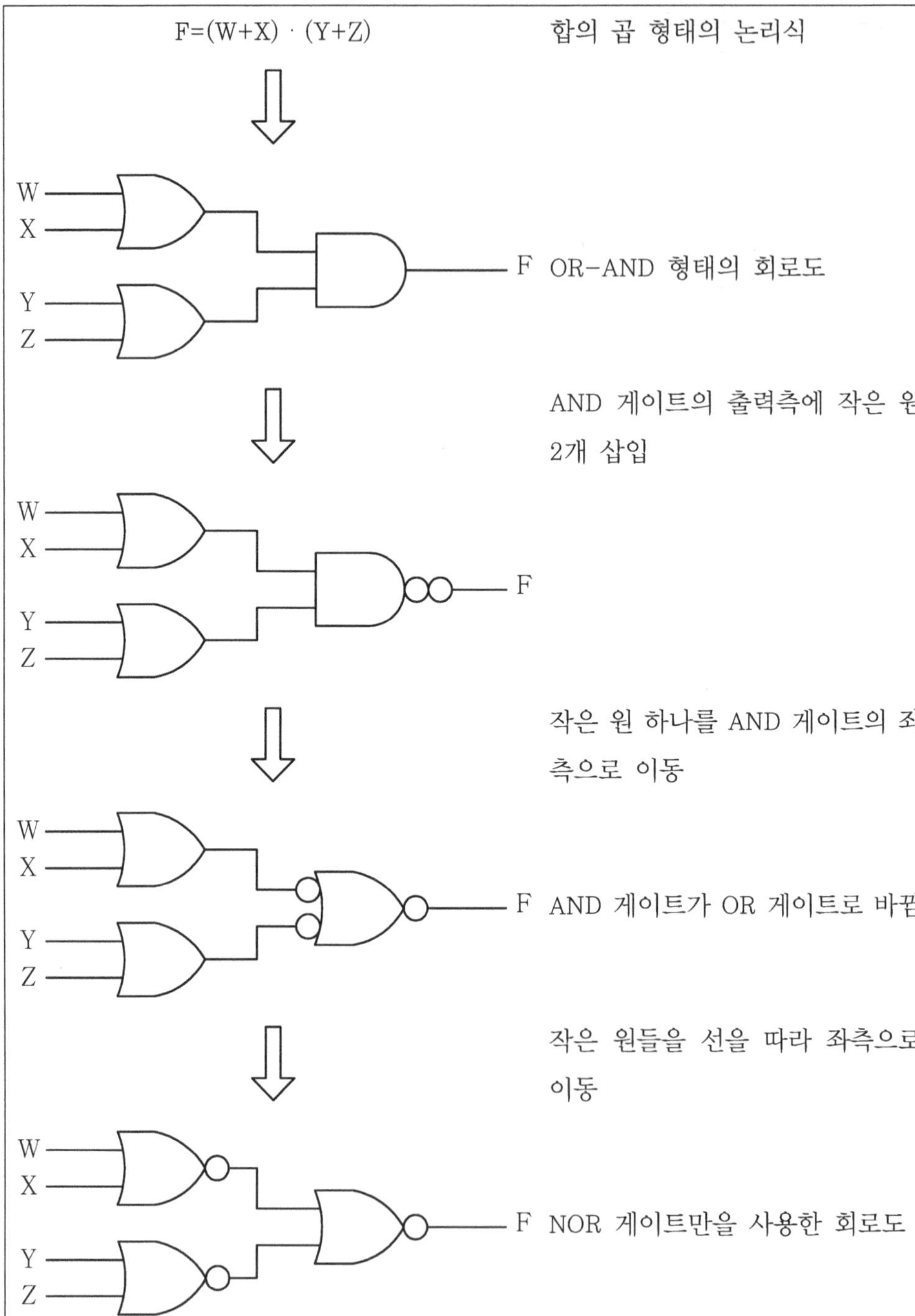

[그림 5-18] NOR 게이트만을 이용한 회로 변환

5-4 Quine-McClusky 방식

카르노맵에 의한 논리 간략화는 변수가 적은 회로에서는 매우 효율적이다. 그러나 변수가 5개 이상이 될 경우에는 복잡하고 최소화된 부울 함수를 얻기가 매우 힘들다. 변수의 개수가 5개 이상일 경우에 적용될 수 있는 논리식 간소화 방법으로는 테이블 방법(tabular method)이 있다. 이 방법은 퀸-맥클루스키 방식(Quine-McClusky 알고리즘) 이라고도 불리며, 입력 변수가 많아질 경우에도 대체로 균일한 특성을 갖는다. 이 방식은 최소항의 정형(canonical form)을 줄여 나가 최적의 합의 곱 형을 얻으며 그 과정은 다음과 같이 크게 주항 결정 단계와 주항 선택의 두 단계로 구성된다.

① 주항 결정 단계

부울 함수의 정리 xy + xy' = x를 적용하여 각 항의 문자수를 최대한으로 줄여 주항(PI : prime implicant)을 얻는다.

② 주항 선택 단계

주항 선택표를 이용하여 최소 수의 주항을 선정한다. 이때 그 항을 OR하였을 때 최소의 문자를 갖는 간소화된 함수가 얻어진다.

5-4-1 주항 결정

테이블 방식을 이용하기 위해서는 먼저 부울 함수가 곱의 합 형태의 정형(최소항의 합)으로 표현되어야 한다. 주항은 항 결합 공식(XY + XY' = X)을 적용하여 변수의 수를 최소화 시켜서 얻어진 항을 의미한다.

다음과 같이 최소항의 합으로 표현된 논리함수 F에 대한 주항의 결정을 알아보자.

[예 11] 다음 부울 함수를 Quine-McClusky 방식에 의하여 간소화하여라.

$$F(A, B, C, D) = \sum m(0, 1, 2, 5, 6, 7, 8, 9, 10, 14)$$

[단계 1] 주어진 함수에서 각 최소항(minterm)의 2진수 값을 차례로 쓰는 것으로부터 시작한다.

[단계 2] 최소항들의 2진수 값을 보고 1의 개수가 같은 것끼리 모아 그룹(group)을 만들고 각 2진수 값 옆에 대응되는 10진수 값을 기록한다. 표 5-4의 경우 먼저 1을 하나도 포함하지 않는 최소항은 0000으로 맨 위 그룹에 놓았다. 다음에는 1을 하나만 포함하고 있는 최소항은 0001, 0010, 1000 임으로 이들을 두 번째 그룹에 모아 놓았다. 다음에는 1을 두 개 포함하고 있는 최소항 0110, 1001, 1010을 모아 세 번째 그룹에 모아 놓았으며, 그룹 간 구분을 위해 그룹 사이에는 줄을 그려 놓았다. 이와 같은 방법으로 1을 세 개 포함하는 최소항 그룹, 1을 네 개 포함하는 최소항 그룹을 차례로 만든다. 또한 다음 처리를 위해 2진수로 표현된 최소항 값을 10진수로 옆에 기록해 놓는다.

[표 5-4] 주항 결정

단계 1	단계 2				단계 3			단계 4	
ABCD			ABCD			A B C D			A B C D
0000	그룹 0	0	0000	V	0,1	0 0 0 _	V	0,1,8,9	_ 0 0 _
0001	그룹 1	1	0001	V	0,2	0 0 _ 0	V	0,2,8,10	_ 0 _ 0
0010		2	0010	V	0,8	_ 0 0 0	V	2,6,10,14	_ _ 1 0
0101		8	1000	V	1,5	0 _ 0 1			
0110	그룹 2	5	0101	V	1,9	_ 0 0 1	V		
0111		6	0110	V	2,6	0 _ 1 0	V		
1000		9	1001	V	2,10	_ 0 1 0	V		
1001		10	1010	V	8,9	1 0 0 _	V		
1010	그룹 3	7	0111	V	8,10	1 0 _ 0	V		
1110		14	1110	V	5,7	0 1 _ 1			
					6,7	0 1 1 _			
					6,14	_ 1 1 0	V		
					10,14	1 _ 1 0	V		

주항은 하나의 변수가 다른 경우에만 결합 할 수 있다. 즉, 2개의 최소항이 1개의 변수만 차이 난다면, 이는 바로 그 변수가 제거되기 때문에 문자 하나가 적은 1개의 항으로 줄일 수 있다. 주항의 식별은 매칭(matching) 절차를 통해 이러한 문자를 찾아내야 하며, 대칭 절차의 순환 과정은 더 이상 문자의 제거가 생기지 않을 때까지 계속 반복한다. 다음은 이러한 정리에서 하나의 문자를 소거함을 나타내었다.

AB'CD'	+	AB'CD	=	AB'C
1 0 1 0		1 0 1 1		1 0 1 -
XY'	+	XY	=	X

두 최소항이 결합함으로써 하나의 문자가 소거될 때 2진수 표현에선 "-"를 사용한다. 모든 가능한 주항을 구하기 위하여 역시 가능한 모든 최소항의 쌍에 대하여 결합 여부가 검사되는데, 그 비교의 수를 줄이기 위하여 2진수로 표현된 최소항들은 자신 속의 1의 개수에 따라 몇 개의 그룹으로 나누어진다.

[단계 3] 그룹 0과 1, 그룹 1과 2, 그룹 2와 3에 대하여 최소항들의 2진수가 3비트는 같고 한 비트만 다른가를 조사한다.

예를 들어 그룹 0의 0000과 그룹 1의 0001, 0010, 1000을 각각 비교하면 3비트는 같고 한 비트만 다르므로 항 결합 공식 AB + AB' = A를 적용하여 변수를 제거하고 단계 3(3 열)에 적는다. 이때 제거된 변수의 비트 위치에는 "-"표시를 한다. 또한 항 결합공식의 적용이 가능한 최소항의 오른쪽에 체크(∨) 표시를 하고, 항이 결합된 최소항의 10진수 두 개를 함께 표시한다.

이러한 최소항의 비교는 모든 그룹의 모든 최소항에 대하여 적용하여야 하는데 다음 순서에 의하여 진행된다.

1. 그룹 0과 그룹 1의 비교

0과 1 → (○)	0과 2 → (○)	0과 8 → (○)

2. 그룹 1과 그룹 2의 비교

1과 5 → (○)	1과 6 → (×)	1과 9 → (○)
1과 10 → (○)	2와 5 → (×)	2와 6 → (○)
2와 9 → (×)	2와 10 → (○)	8과 5 → (×)
8과 6 → (×)	8과 9 → (○)	8과 10 → (○)

3. 그룹 2와 그룹 3의 비교

5와 7 → (○)	6과 7 → (○)	9와 7 → (×)
10과 7 → (×)	5와 14 → (×)	6과 14 → (○)
9와 14 → (×)	10과14 → (○)	

[단계 4] 단계 3의 최소항들도 (1)과 같은 방법으로 1개의 변수를 제거하여 2개의 변수가 제거된 최소항들을 단계 4(4열)에 적는다. 이를 정리하면

1. 0그룹과 1그룹의 비교

0, 1과 1, 5 → (×)	0, 1과 1, 9 → (×)
0, 1과 2, 6 → (×)	0, 1과 2, 10 → (×)
0, 1과 8, 9 → (○)	0, 1과 8, 10 → (×)
0, 2와 1, 5 → (×)	0, 2와 1, 9 → (×)
0, 2와 2, 6 → (×)	0, 2와 2, 10 → (×)
0, 2와 8, 9 → (×)	0, 2와 8, 10 → (○)
0, 8과 1, 5 → (×)	0, 8과 1, 9 → (○)
0, 8과 2, 6 → (×)	0, 8과 2, 10 → (○)
0, 8과 8, 9 → (×)	0, 8과 8, 10 → (×)

2. 1그룹과 2그룹의 비교

1, 5와 5, 7 → (×)	1, 5와 6, 7 → (×)
1, 5와 6, 14 → (×)	1, 5와 10, 14 → (×)
1, 9와 5, 7 → (×)	1, 9와 6, 7 → (×)
1, 9와 6, 14 → (×)	1, 9와 10, 14 → (×)
2, 6과 5, 7 → (×)	2, 6과 6, 7 → (×)
2, 6과 6, 14 → (×)	2, 6과 10, 14 → (○)
2, 10과 5, 7 → (×)	2, 10과 6, 7 → (×)
2, 10과 6, 14 → (×)	2, 10과 10, 14 → (×)
8, 9와 5, 7 → (×)	8, 9와 6, 7 → (×)
8, 9와 6, 14 → (×)	8, 9와 10, 14 → (×)
8, 10과 5, 7 → (×)	8, 10과 6, 7 → (×)
8, 10과 6, 14 → (×)	8, 10과 10, 14 → (×)

로 된다. 즉, 3열에서 변수 소거가 가능한 최소항의 오른쪽에 ∨ 표시를 하고 4열에 소거된 변수의 비트에 "-"표시를 한다.

[단계 5] 단계 4에 의해 만들어진 2변수의 최소항들을 4열에 기재하며 4열의 0 그룹의 -00-, -0-0과 그룹 1의 --10에 대하여 더 이상 항 결합 공식 AB + AB' = A의 정리가 적용되지 않으므로 모든 주항은 A'C'D, A'BD, A'BC, B'C', B'D', CD'이다. 결정된 주항을 표 5-5에 나타내었다.

[표 5-5] 결정된 주항

10진수	2진수 A B C D	주항
1, 5	0 - 0 1	A'C'D
5, 7	0 1 - 1	A'BD
6, 7	0 1 1 -	A'BC
0,1, 8, 9	- 0 0 -	B'C'
0, 2, 8, 10	- 0 - 0	B'D'
2, 6, 10, 14	- - 1 0	CD'

5-4-2 주항 선택

이 단계는 앞 단계에서 결정된 주항들로부터 부울 함수를 표현하기 위한 최소수의 주항을 선택하는 것인데 이는 주항 선택표로부터 얻는다.

주항 선택표를 만드는 방법은 다음과 같으며 그 주항 선택표를 표 5-6에 나타내었다.

[단계 1] 주항 선택표의 왼쪽 열에는 주항 식별단계에서 구한 주항들을 위에서 아래 방향으로 차례로 쓴다.

[단계 2] 주항 선택표 위쪽에는 문제에서 주어진 각 최소항들의 번호를 차례로 쓴다.

[단계 3] 각 주항이 포함하고 있는 최소항에 체크 표시를 한다. 예를 들어 주항 "1,5"는 최소항 1번과 5번을 포함하고 있으므로 최소항 1과 5에 해당하는 열에 체크 표시를 한다. 마찬가지로 주항 "5,7"에 해당하는 줄에는 최소항 5와 7에 해당하는 열과 만나는 지점에 체크 표시를 한다. 이와 같은 방법으로 나머지 주항들에 대한 체크 표시를 완료한다.

[표 5-6] 주항 선택표

주항 \ 최소항	0	1	2	5	6	7	8	9	10	14
1,5		V		V						
5,7				V		V				
6,7					V	V				
0,1,8,9	V	V					V	V		
0,2,8,10	V		V				V		V	
2,6,10,14			V		V				V	V

[단계 4] 최소항 번호가 적힌 각 열을 조사해서 체크 표시가 하나만 포함된 열을 찾고 이 열에 표시된 체크 표시에 해당하는 주항의 왼쪽에 체크 표시를 해둔다. 예를 들어 최소항 14번에 해당하는 열에는 체크 표시가 하나만 있으며 이 체크 표시는 주항 "2,6,10,14"에 해당하는 것임으로 "2,6,10,14" 왼쪽에 체크 표시를 하였다. 최소항 9번에 해당하는 열 또한 하나의 체크 표시만 가지고 있으며 이 체크 표시는 주항 "0,2,8,10"에 대응된다. 따라서 "0,2,8,10"의 왼쪽에 체크 표시를 한다. 이와 같은 과정을 통해 왼쪽에 체크 표시가 된 주항들을 필수항(EPI : Essential PI)이라고 한다.

[단계 5] 다음에는 주항 선택표 맨 하단에 각 필수항이 포함하는 최소항을 골라 체크 표시를 한다.

이러한 과정을 표 5-7에 나타내었다.

[표 5-7] 필수항 선택표

필수항	주항 \ 최소항	0	1	2	5	6	7	8	9	10	14
	1,5		V		V						
	5,7				V		V				
	6,7					V	V				
V	0,1,8,9	V	V					V	V		
	0,2,8,10	V		V				V		V	
V	2,6,10,14			V		V				V	V
		V	V	V		V		V	V	V	V

[단계 6] 다음에는 필수항 선택표 맨 하단에 체크 표시가 안 된 최소항들을 포함시킬 수 있는 주항을 찾되 가장 작은 개수의 주항을 선택함으로써 모든 최소항이 체크 표시가 될 수 있도록 한다. 예를 들어 표 5-7의 경우 최소항 5번과 7번이 아직 체크 표시가 안 되어 있으므로 주항 5,7을 선택한다면 최선의 선택이 될 것이다. 따라서 주항 5,7을 마지막 필수항으로 추가한다.

이 과정을 표 5-8에 나타내었다.

[표 5-8] 필수항 선택표

필수항	주항 \ 최소항	5	7
V	5,7	V	V
	6,7		V
		V	V

이제 최종적으로 답은 필수항들을 논리식으로 표현하기만 하면 된다. 표 5-7과 5-8에서 구한 필수항들은 "0,1,8,9", "2,6,10,14", "5,7"이다. 따라서 간략화된 함수 F는 변수가 2개인 B'C', C'D와 변수가 3개인 A'BD로 이루어지므로

$$F = B'C' + CD' + A'BD$$

이다.

5-3-3 불완전 정의 함수의 간략화

무관 조건 입력(don't care term)이 있는 경우 Quine-McClusky 방식을 이용하여 간략화하려면 가능한 한 많은 변수를 제거하기 위하여 무관 조건 입력들에 해당하는 최소항들도 주항을 결정하는데 모두 이용된다.

Quine-McClusky 방식에 있어서의 무관 조건의 처리는 다음과 같다. 우선 주항을 만드는 과정에 있어서 무관 조건 항을 마치 필요한 최소항과 같이 처리한다. 즉, 이들은 가능한 한 많은 수의 문자를 소거할 수 있도록 다른 항들과 결합한다. 이렇게 하며 여분의 주항이 만들어진다 해도 다음 과정에서 이런 것들을 제거 될 수가 있다.

다음의 과정, 즉 주항 선택표를 작성할 때 무관 조건 항은 주항 선택표 상의 가로측에 열거되지 아니한다.

[예12] 다음 부울 함수를 Quine-McClusky 방식에 의하여 간소화하여라.

$$F(A,\ B,\ C,\ D) = \sum m(2,\ 3,\ 7,\ 9,\ 11,\ 13) + \sum d(1,\ 10,\ 15)$$

1. 우선 표 5-9에서는 주항을 찾는 과정에서 무관조건은 1로 취급한다.

[표 5-9] 주항 결정

단계 1

ABCD
0001
0010
0011
0111
1001
1010
1011
1101
1111

단계 2

그룹		ABCD	
그룹 1	1	0001	V
	2	0010	V
그룹 1	3	0011	V
	9	1001	V
	10	1010	V
그룹 3	7	0111	V
	11	1011	V
	13	1110	V
그룹 4	15	1111	V

단계 3

	A	B	C	D	
1,3	0	0	_	1	V
1,9	_	0	0	1	V
2,3	0	0	1	_	V
2,10	_	0	1	0	
3,11	_	0	1	1	V
9,11	1	0	_	1	V
9,13	1	_	0	1	V
10,11	1	0	1	_	V
7,15	_	1	1	1	V
11,15	1	_	1	1	V
13,15	1	1	_	1	V

단계 4

	A	B	C	D
1,3,9,11	_	0	_	1
2,3,10,11	_	0	1	_
3,7,11,15	_	_	1	1
9,11,13,15	1	_	_	1

2. 주항을 선택하는 과정에서는 무관조건은 0으로 무관조건인 1, 10, 15는 표시하지 않는다.

[표 5-10] 주항 선택표

필수항 \ 주항 \ 최소항		2	3	7	9	11	13
	1,3,9,11		V		V	V	
V	2,3,10.11	V	V			V	
V	3,7,11,15		V	V		V	
V	9,11,13,15				V		V
		V	V	V	V	V	V

따라서 간략화된 함수 F는

$$F = B'C + CD + AD$$

이다.

연습문제

1. 다음의 용어를 간단히 설명하시오.

(1) 부울 함수의 간소화

(2) 맵(map) 방법

2. 다음의 부울 함수를 간소화하시오.

(1) F = X'YZ + X'YZ' + XY'Z' + XY'Z

(2) F = A'C + A'B + AB'C + BC

3. 무관 조건(don't care condition)이 있는 경우에는 이것을 어떻게 처리해야 하는가?

4. 다음 부울 함수에서 카르노 맵을 이용해서 곱의 합 형으로 간소화 하시오.

(1) F(X, Y, Z) = Σ (2, 3, 6, 7)

(2) F(A, B, C, D) = Σ (7, 13, 14, 15)

(3) F(A, B, C, D) = Σ (4, 6, 7, 15)

(4) F(W, X, Y, Z) = Σ (2, 3, 12, 13, 14, 15)

(5) F = XY + X'Y'Z' + X'YZ'

(6) F = A'B + BC' +B'C'

(7) F = A'B' + BC +A'BC'

(8) F = XY'Z + XYZ' + X'YZ + XYZ

(9) F = D (A' + B) + B' (C + AD)

(10) F = ABD + A'C'D' + A'B + A'CD' + AB'D'

5. 부울 함수 F를 무관조건 d를 사용하여 곱의 합, 합의 곱형으로 간단히 하시오.

(1) F = A'B'D' + A'CD + A'BC

d = A'BC'D + ACD + AB'D'

(2) F = W'(X'Y + X'Y' + XYZ) + X'Z'(Y + W)

d = W'X(Y'Z + YZ') + WYZ

(3) F = ACE + A'CD'E' + A'C'DE

d = DE' + A'D'E + AD'E'

(4) F = B'DE' + A'BE + B'C'E' + A'BC'D'

d = BDE' + CD'E'

6. 다음 부울 함수를 합의 곱형으로 간소화된 표현을 구하시오.

(1) $F(X, Y, Z) = \Pi(0, 1, 4, 5)$

(2) $F(A, B, C, D) = \Pi(0, 1, 2, 3, 4, 10, 11)$

(3) $F(W, X, Y, Z) = \Pi(1, 3, 5, 7, 13, 15)$

7. 다음 부울 함수를 (1) 곱의합, (2) 합의 곱형으로 간소화된 표현을 구하시오.

(1) X'Y'+Y'Z'+YZ'+XYZ

(2) (A'+B'+D) (A'+D') (A+B+D') (A+B'+C+D)

(3) W'DE'+AB'E'+AB'C+A'BE+A'B'D'E'

8. 문제 7에서 구한 부울함수를 AND와 OR 게이트를 사용하여 실현하시오.

9. 부울 함수 F=AB'+ABD+ABD'+A'BC'+A'C'D'를 간단히 하고, NAND 게이트만을 사용하여 설계하시오.

10. 부울 함수 F=(B′+D) (A′+C′+D) (A+B′+C′+D) (A′+B+C′+D′)을 간단히 하고, NOR 게이트만을 사용하여 설계하시오.

11. 다음 함수를 (1) NAND 게이트, (2) NOR 게이트 만을 사용하여 설계하시오. 단 각 4개의 게이트만 사용할 수 있으며, 정상 입력만 가능하다.

$F = W'XZ + W'YZ + X'YZ' + WXY'Z$

$d = WYZ$

제6장 조합 논리 회로

6-1 조합 논리 회로 설계

디지털 시스템을 구성하는 논리 회로는 크게 나누어 조합 논리 회로(Combinational logic circuits)와 순서 논리 회로(Sequential logic circuits)로 구분할 수 있다.

조합 논리 회로는 과거의 입력조합에 관계없이 현재의 입력조합에 의해서만 출력이 직접 결정되는 논리 게이트로 구성되며, 순서 논리 회로는 현재의 입력뿐 아니라 과거의 입력에 의해서 결정되는 논리 게이트와 기억소자 및 그의 주변장치들에 의해 구성된다. 또한 조합 논리 회로는 현재의 입력에 의해 부울 대수로 표현된 출력함수를 논리적(진리치표상)으로 정해진 특별한 기능 그대로 명확하게 처리되도록 회로가 동작하며, 순서 논리 회로는 기억소자와 그의 주변 요소들의 상태 및 입력함수이며, 기억소자들의 상태는 과거의 입력과 현재의 입력에 의해 결정되고, 회로의 동작은 내부적인 상태와 입력들에 대한 시간순서(time sequence)에 의해 동작되어진다.

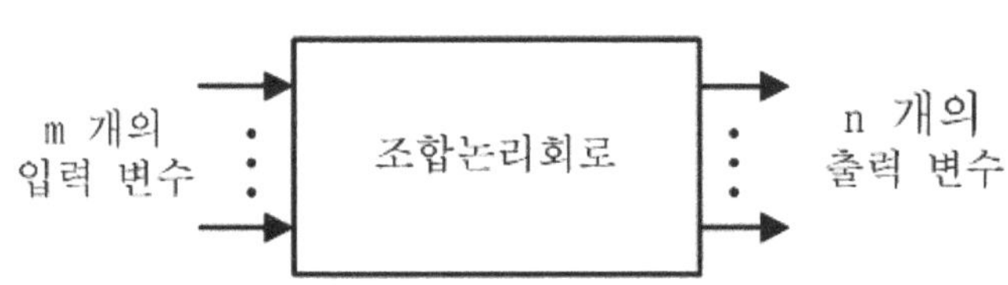

[그림 6-1] 조합 논리 회로의 블록도

그림 6-1은 조합 논리 회로의 블록도이다. m개의 입력 변수들이 외부로부터 입력되어 처리된 후 그 결과가 n개의 출력 변수를 통하여 외부로 나간다. 여기서 외부란 주로 레지스터를 의미한다.

m개의 입력 변수가 있으므로 2^m개의 2진 입력 조합이 가능하며, 각 가능한 입력 조합에 대해 단 하나의 출력 조합이 정의된다. 조합 논리 회로는 각 출력 변수에 대하여 한 개 즉, n개의 부울 함수에 의하여 기술되며, 일반적으로는 다출력 함수로 생각한다. 각 출력 함수는 m개의 입력 변수로 표현한다.

조합 논리 회로를 크게 보면 입력변수, 논리게이트, 그리고 출력 변수들로 구성된다. 여기서 논리게이트들은 입력으로부터 신호를 받아 디지털 시스템에 맞는 신호를 생성해서 출력으로 내보내는 역할을 한다. 따라서 이러한 역할을 하는 조합 논리 회로를 효과적으로 설계하는 과정을 살펴보면 다음과 같다.

1. 주어진 문제를 분석하여 요구되는 입력 변수의 수와 출력 변수의 수를 정하고, 적당한 기호를 각각에 부여한 후 개략도를 그린다.
2. 입·출력 변수간의 진리치표를 작성한다.
3. 출력을 입력에 관한 부울 함수로 표현한다.
4. 다양한 간소화 작업(부울 대수, 카르노 맵 등을 이용)을 거쳐 출력함수를 간략화한다.
5. 논리회로도를 작성한다.

이러한 과정을 거쳐 조합 논리 회로를 설계하는데 일반적으로 간소화된 표현은 하나가 아닌 여러 종류가 될 수 있다. 따라서 어떤 기준이나 제한과 같은 평가 기준에 의해 가장 적절하게 간소화된 표현 하나를 선택할 필요가 있다.

즉, 실제의 설계 방법에서는

1) 최소 게이트의 수
2) 최소 게이트 입력의 수
3) 회로를 통과하는 신호의 최소 전파시간
4) 상호 연결수의 최소화
5) 각 게이트의 동작특성 한계

등과 같은 제한 요소들을 고려해야 한다.

이 모든 기준들이 동시에 만족될 수는 없으며, 또한 특별한 응용에 따라 각 기준들의 중요성이 결정되므로 간소화 과정에 대한 일반적인 내용을 언급하기가 어렵다. 대부분의 경우에 있어서 간소화 과정은 표준형으로 부울 함수를 간소화시킴으로써 시작하여 임의의 다른 기준들을 적절하게 만족시키는 방향으로 진행한다.

6-2 가산기

산술연산은 전자계산기나 컴퓨터 등 모든 디지털 시스템에서 가장 중요한 정보처리 과정이며, 가산기의 종류로는 반가산기(Half Adder)와 전가산기(Full Adder), 전가산기와 반가산기를 이용하여 n 비트의 덧셈을 행하는 병렬 가산기(Parallel Adder), 올림수 예측 가산기, 4 비트를 이용하여 10진수 0~9까지 만을 표현할 수 있는 BCD 가산기(8421), 3초과 가산기, 10진 가산기 등이 있다.

6-2-1 반가산기

반가산기(Half Adder : HA)는 한 자릿수의 2개의 2진 비트를 가산하는 조합 논리회로로 표현할 수 있다.

따라서 한 비트의 두 수(A, B)를 더하는 경우는 다음과 같이 표현할 수 있다.

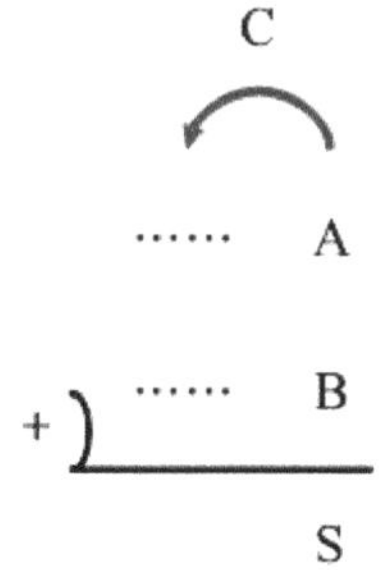

여기서 S는 출력의 합(Sum)이며, C는 올림수(Carry)를 의미한다.
위와 같이 1비트만을 가산하는 경우를 진리표로 나타내면 표 6-1과 같다.

[표 6-1] 반가산기의 진리표

입 력		출 력	
A	B	S	C
0	0	0	0
0	1	1	0
1	0	1	0
1	1	0	1

두 출력함수를 간소화하기 위한 카르노 맵은 그림 6-2와 같다.

S=A'B+ AB'=A⊕B

A \ B	0	1
0	0	(1)
1	(1)	0

C=AB

A \ B	0	1
0	0	0
1	0	(1)

[그림 6-2] 반가산기의 카르노 맵

그림 6-2의 맵으로부터 출력 S와 C에 대한 함수식은 다음과 같다.

$$S = A'B + AB' = A \oplus B$$
$$C = AB$$

함수식으로부터 논리 게이트를 이용하여 설계하면 다음 그림 6-3과 같은 반가산기와 블록도를 표현할 수 있다.

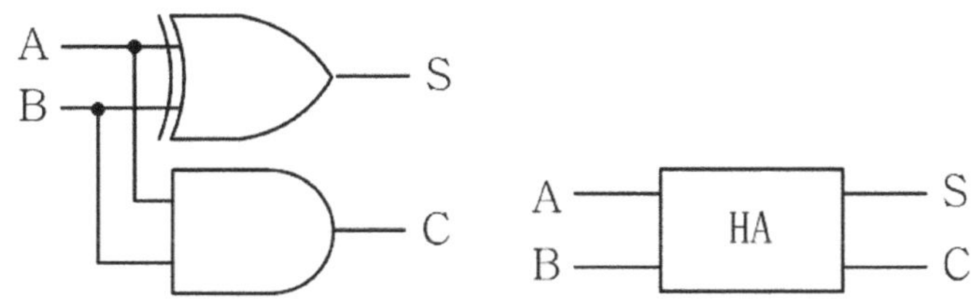

(a) 화로도 (b) 블록도

[그림 6-3] 반가산기 회로도 및 블록도

그림 6-2의 반가산기에서 두 입력 A와 B의 합(Sum)은 배타적 게이트로, 캐리(Carry)는 AND 게이트로 구성됨을 알 수 있다.

6-2-2 전가산기

두 자리 이상의 2개의 2진 비트수를 가산할 때 반가산기에서 발생하는 캐리를 다음 단계에서 처리할 수 있도록 한 회로를 전가산기(Full Adder : FA)라 한다.

따라서 한 비트의 두 수(A, B)를 올림수를 고려하여 더하는 경우는 다음과 같이 표현할 수 있다.

$$
\begin{array}{rrr}
 & 0 & 1 \\
 & 1 & 1 \\
+) & 1 & \\
\hline
1 & 1 & 0
\end{array}
\qquad
\begin{array}{rrr}
 & A_1 & A_0 \\
 & B_1 & B_0 \\
+) & C_1 & \\
\hline
C_2 & S_1 & S_0
\end{array}
$$

첫째자리 A_0와 B_0는 반가산기를 이용하면 되지만 A_1과 B_1을 가산할 때는 A_0와 B_0에서 발생한 올림수 C_1를 함께 가산해야 하므로 입력 변수가 3개 필요하게 된다. 이와 같이 캐리를 포함한 3개의 비트를 가산하기 위하여 전가산기가 필요하게 된다.

따라서 전가산기는 앞단에서 올라온 캐리 C_i와 입력 변수 A, B에 대한 출력은 합 S(Sum)와 캐리 C_O(Carry)로 구성된다.

전가산기의 3가지의 입력 변수에 대한 전가산기의 진리표는 표 6-2와 같다.

[표 6-2] 전가산기의 진리표

입 력			출 력	
A	B	C_i	S	C_O
0	0	0	0	0
0	0	1	1	0
0	1	0	1	0
0	1	1	0	1
1	0	0	1	0
1	0	1	0	1
1	1	0	0	1
1	1	1	1	1

두 출력함수를 간소화하기 위한 카르노 맵은 그림 6-4와 같다.

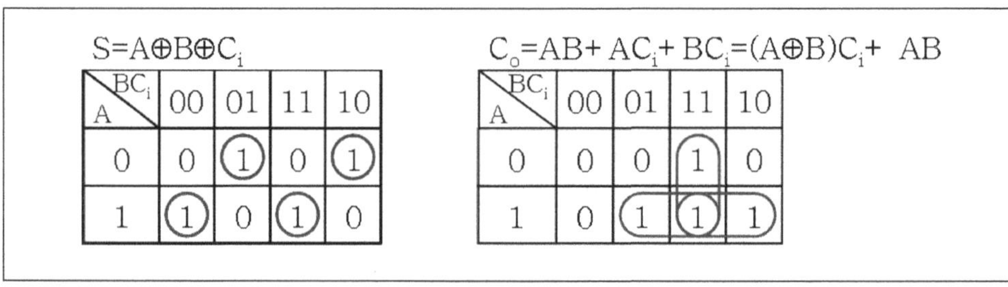

[그림 6-4] 전가산기의 카르노 맵

그림 6-4의 맵으로부터 출력 함수 S와 C_O는 다음과 같이 얻을 수 있다.

$$S = A'B'C_i + A'BC_i' + AB'C_i' + ABC_i$$
$$C_O = A'BC_i + AB'C_i + ABC_i' + ABC_i$$

위 함수식을 다시 정리하면 다음과 같이 된다.

$$\begin{aligned} S &= A'B'C_i + A'BC_i' + AB'C_i' + ABC_i \\ &= (A'B + AB')C_i' + (A'B' + AB)C_i \\ &= (A \oplus B)C_i' + (A \oplus B)'C_i \\ &= (A \oplus B) \oplus C_i \end{aligned}$$

$$
\begin{aligned}
C_O &= A'BC_i + AB'C_i + ABC_i' + ABC_i \\
&= (A'B + AB')C_i + AB(C_i' + C_i) \\
&= (A \oplus B)C_i + AB
\end{aligned}
$$

위 두 식을 논리회로로 표현하면 그림 6-5와 같은 전가산기 회로를 설계할 수 있다. 그림 6-5에서 알 수 있듯이 전가산기는 두 개의 반가산기와 하나의 OR 게이트로 구성됨을 알 수가 있다.

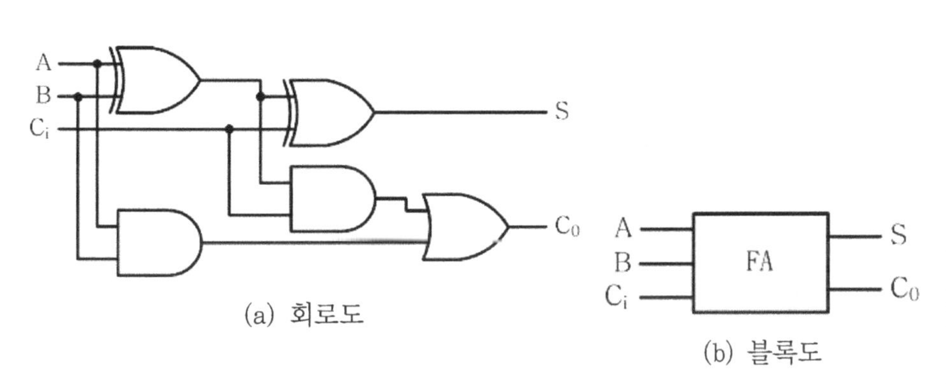

[그림 6-5] 전가산기 회로 및 블록도

6-2-3 병렬 가산기

여러 개의 비트로 구성된 2개의 2진수를 동시에 가산할 때 첫 번째 단은 올림수가 없으므로 반가산기(HA)로 구성되며, 다음 단부터는 앞단에 발생한 올림수를 고려한 전가산기(FA)로 구성해야 한다. 이와 같이 여러 단으로 구성되는 가산기를 병렬 가산기(Parallel Adder)라 한다.

예를 들어 두 2진수 A=1011과 B=0011을 더하면 그 합은 S=1110이 되는데 이 과정에서 의미가 작은 비트 위치에 있는 것들끼리 더해져서 합을 계산하고 올림수가 만들어지면 상위 비트 위치에서는 그 올림수를 더하게 된다. 그 과정을 표 6-3에 보였다.

[표 6-3] 2진수 덧셈과정

비트위치	4 3 2 1	
입력올림수 피가수 가수	0 1 1 0 1 0 1 1 0 0 1 1	C_i A_i B_i
합계(Sum) 출력올림수	1 1 1 0 0 0 1 1	S_i C_{i+1} $(1 \leq i \leq 4)$

두 수의 비트들은 최소 유효 비트(비트 위치 1)부터 시작하여 합계와 올림수 비트를 만들어 내며 더하여 진다. 최소 유효 위치의 입력 올림수 C_1은 0이 되어 있어야 할 것이며, C_{i+1}의 값이 주어진 비트 위치에서 전가산기의 출력 올림수이다. 이 값은 좀 더 유용한 비트 위치 위의 비트를 더하는 전가산기의 입력으로 전달된다. 합계 비트는 그 전달의 올림수가 생성된 연후 맨 오른쪽의 비트위치에서부터 생성될 것이다.

일반적으로 두 n 비트의 2진수 A와 B를 가산하는 방법은 두 가지이며, 하나는 직렬 가산이고 또 다른 하나는 병렬 가산기이다.

직렬 가산 방식은 오직 하나의 전가산기 회로와 하나의 기억 장치가 되며, 기억장치는 생성되는 출력 올림수를 보관한다. A 및 B의 비트의 쌍들은 한 번에 한 비트씩 전가산기에 인가되어 합계를 나타내는 비트의 흐름을 만들어 내고 보관된 출력 올림수는 그 다음의 비트 쌍을 위한 입력 올림수로 쓰이게 될 것이다.

그림 6-6은 직렬 가산 방식을 보이고 있다.

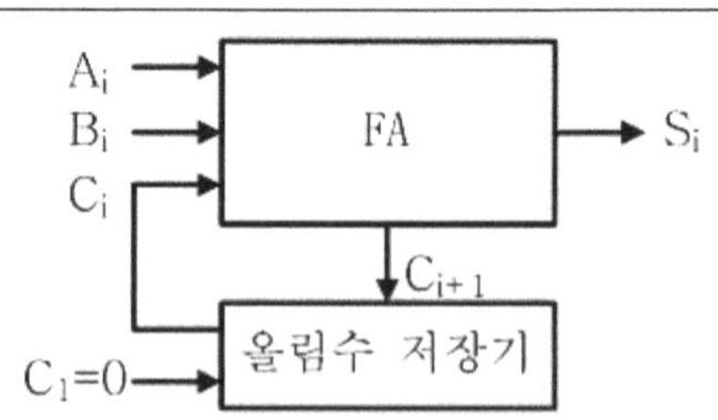

[그림 6-6] 직렬 가산기

병렬 가산 방식은 이와는 달리 n개의 전가산기 회로로 되어 A및 B의 모든 비트들을 동시에 인가되도록 하며, 한 전가산기의 출력 올림수는 다음 전가산기의 입력 올림수를 전달되어서 이런 올림수들이 만들어지면 바로 정확한 합계 비트들의 모든 전가산기들의 출력에서 나오게 될 것이다.

그림 6-7은 병렬 가산 방식을 보이고 있다.

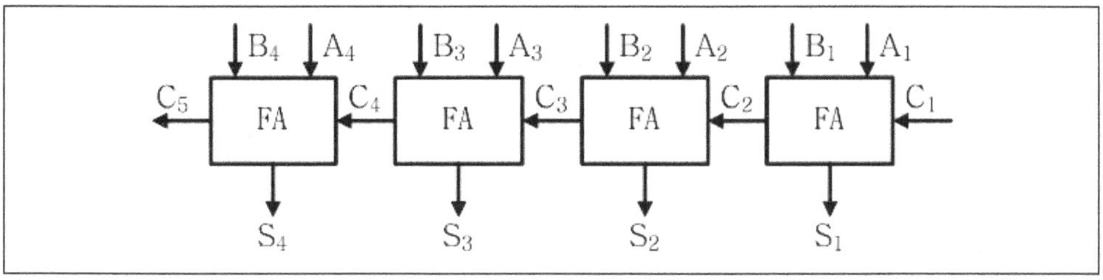

[그림 6-7] 4비트의 병렬 가산기

6-2-4 올림수 예측 가산기

일반적으로 n비트를 더할 수 있는 n비트 병렬 가산기를 고려하자. 앞에서 소개하였던 전가산기 회로와 같지만 i번째 비트(단, $1 \leq i \leq n$)를 더하는 데 사용되는 전가산기를 그려보면 그림 6-8과 같다.

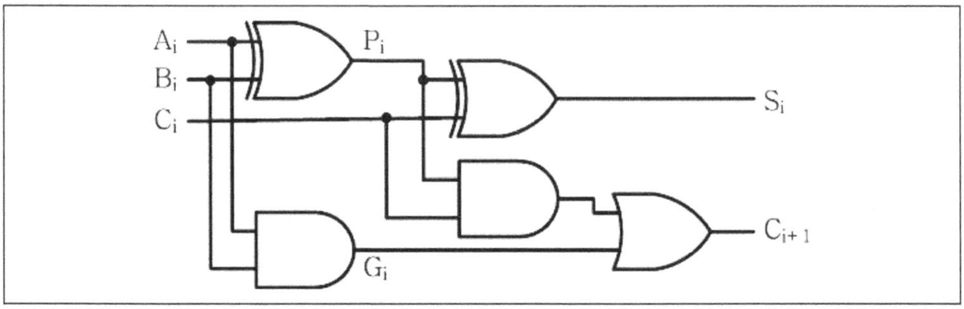

[그림 6-8] i번째 단계에서의 전가산기 회로

그림 6-8에서 새로운 변수 P_i 및 G_i는 자료 입력 A_i, B_i로부터 바로 구할 수 있는 값이다. 반면 C_i+1은 앞단의 올림수 출력 C_i가 들어와야 2단계의 게이트 지연 후 그

값이 결정된다. 따라서 n개의 전가산기가 직렬 연결된 병렬 가산기는 총 2^n개의 게이트 지연을 거치는 셈이 된다. 두 2진수의 가산에 있어서 올림수의 전달 시간이 연산 속도를 결정함을 알 수 있다.

그림 6-7처럼 올림수가 최하위 비트 위치에서 시작하여 위로 전달되면서 덧셈이 이루어지는 전가산기가 직렬로 연결된 병렬 가산기를 전달 올림수 가산기(Ripple carry adder)라고 부른다.

전달 올림수 가산기는 가장 느린 형태의 병렬 가산기이다. 실제로 활용되는 가산기는 올림수 전달 지연을 줄이기 위하여 여러 가지 기법을 사용한다. 그 중 회로는 복잡하지만 가장 빠른 가산기를 설계하는 방법은 올림수 예측 가산기(carry lookahead adder)이다.

그림 6-8에서 새로이 등장한 두 변수는 다음과 같이 정의할 수 있다.

$$P_i = A_i \oplus B_i$$
$$G_i = A_i \cdot B_i$$

위의 식을 이용하여 그림 6-8의 회로 출력에 관한 식을 만들면 아래와 같다.

$$S_i = P_i \oplus C_i$$
$$C_{i+1} = G_i + P_iC_i$$

위의 식을 P_i는 전달자로 앞 단의 올림수를 다음 단으로 전달하는(Propagate) 경우와 관련이 있고, G_i는 생성자로 현재 단계에서 올림수를 생성하는(Generate) 경우와 관련이 있는 변수임을 알 수 있다. 즉, 자료 입력 중 어느 하나만 1인 경우, 앞에서 넘어온 올림수를 전달하게 되고, 만일 둘 다 1이면 올림수를 생성하게 된다. 그리고 후단에 올림수가 넘어 가는 경우란 올림수가 생성되거나 앞에서 넘어온 올림수가 전달되는 경우일 것이다.

위에서 정의한 P_i와 G_i에서 올림수 출력을 얻는 식에서 4비트 병렬 가산기를 염두에 두었을 때 다음의 여러 식들을 얻을 수 있다.

$$C_2 = G_1+P_1C_1$$
$$C_3 = G_2+P_2C_2$$
$$= G_2+P_2(G_1+P_1C_1)$$
$$= G_2+P_2G_1+P_2P_1C_1$$
$$C_4 = G_3+P_3C_3$$
$$= G_3+P_3G_2+P_3P_2G_1+P_3P_2P_1C_1$$

올림수를 구하는 3개의 식은 모두 P_i와 G_i의 함수이며, AND-OR 형태의 2단계 논리식이다. 즉, P_i와 G_i가 정해진 상태라면 2개의 게이트 지연시간만으로 모든 올림수를 구할 수 있다. 올림수 예측 가산기는 이러한 방법으로 올림수를 얻는다. 따라서 모든 올림수 입력을 위의 방법으로 얻는 올림수 예측 가산기는 6개의 게이트 지연(P_i와 G_i를 얻는 2게이트 지연 포함)이면 연산을 완료할 수 있음을 알 수 있다.

그림 6-9는 4비트 병렬 가산기에서 올림수를 얻을 때 필요한 논리회로도이다.

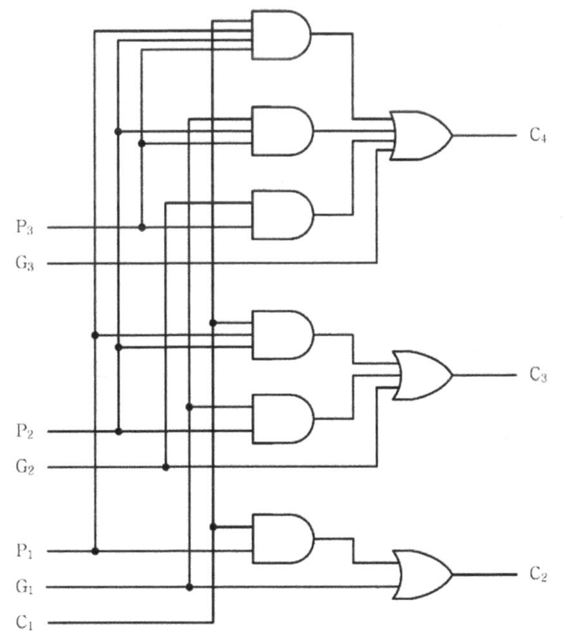

[그림 6-9] 올림수 예측 가산기에서 올림수 생성회로

올림수 예측 가산기는 성능이 뛰어나지만 회로가 너무 복잡해지는 단점이 있다. 병렬 가산기 전체를 올림수 예측 방식을 적용하여 설계하게 되면 올림수 생성 회로는 대단히 복잡해진다. 만일 그림 6-9의 회로를 한 단계만 더 확장하여 5비트 가산 회로를 만든다고 생각하면 다음의 식에 대한 회로가 추가되어야 할 것이다.

$$C_5 = G_4 + P_4C_4$$
$$= G_4 + P_4G_3 + P_4P_3P_2 + P_4P_3P_2G_1 + P_4P_3P_2P_1C_1$$

비트 수가 늘어날수록 올림수 생성 회로의 복잡도는 증가한다는 것을 알 수 있다. 올림수 예측 가산기를 가진 4비트 전가산기의 블록도를 다음 그림 6-10에 나타내었다.

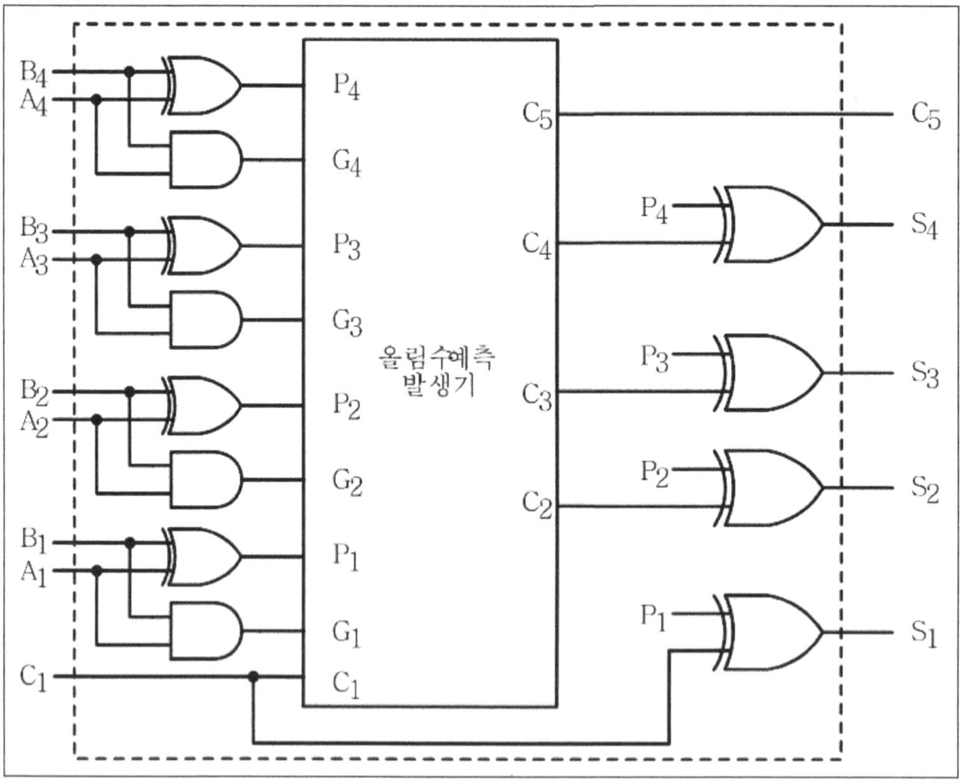

[그림 6-10] 올림수 예측 가산기를 가진 4비트 전가산기

6-2-5 3초과 가산기

3 초과 코드는 8421 코드에 3(0011)을 가산하여 4비트로 표현한다. 그 예는 다음과 같다.

```
     4        0100    (BCD 코드)
 +)  3    +)  0011
 -----    --------
     7        0111    (4의 3초과 코드)
```

3 초과의 수를 가산할 때 캐리(자리올림)가 발생하면 (0011)을 더해 주고, 캐리가 발생하지 않으면 (0011)을 빼 주어야 한다. 예를 들어 다음 두 3 초과의 값을 가산하는 경우를 보자.

```
      0110  ←── (3의 3초과 코드)
  +)  1000  ←── (5의 3초과 코드)
  --------
      1110  ←── (캐리 발생하지 않음)
  +)  1100  ←── (0011의 1의 보수)
  --------
  (1) 1010
  +)  ─→(1)
  --------
      1011  ←── (8의 3초과 코드)
```

앞의 예에서 캐리가 발생하지 않았으므로 (0011)을 빼주어야 한다. 그러나 감산으로 1의 보수 감산법을 이용했기 때문에 (1100)을 더해 준 것이다.

다음 그림 6-11은 4비트 3 초과 가산기를 나타내 주는 회로도이다.

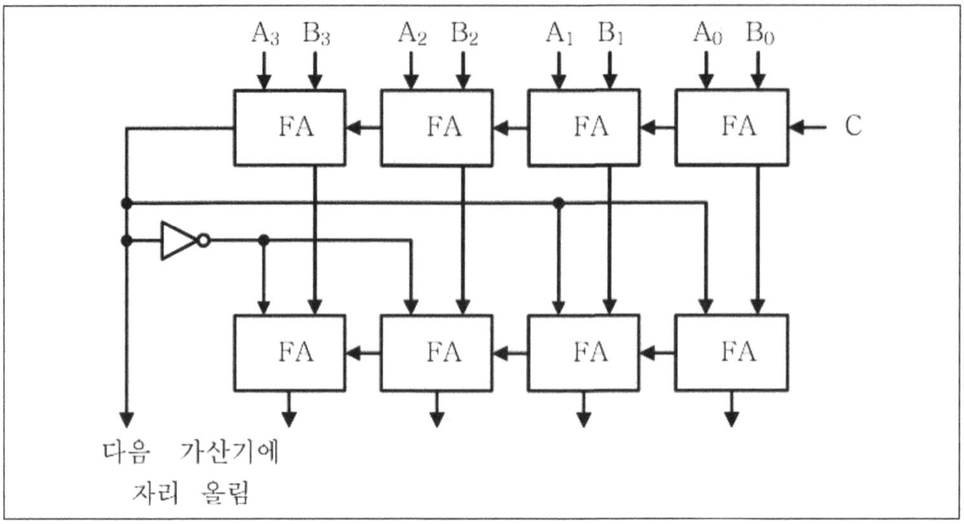

[그림 6-11] 4비트 3초과 가산기 블록도

6-2-6 BCD 가산기

BCD 코드는 10진의 자릿수를 문자 형태로 표현하는 코드이다. 그러나 만일 BCD 코드로 표현된 10진수를 직접 더할 수 있으면 중간 코드 변환 시간이 절약되므로 효율적이다.

특히 과학 계산용이 아닌 업무용 컴퓨터에서는 10진수가 많이 등장하므로 성능을 높이는 방법이 된다.

2진수로 변환하는 과정 없이 BCD 코드를 직접 더하는 회로는 앞에서 소개한 병렬 가산기를 기반으로 하여 다음의 과정으로 설계할 수 있다.

즉, 더해야 할 두 BCD 코드를 일단 2진의 병렬 가산기로 더한다. 이 경우 2진 병렬 가산기로 더한 결과가 바로 답이 되는 경우도 있다.

예를 들면 3 + 5 = 8의 과정에서 BCD 코드를 바로 더하면 0011+0101=1000이 되는데 1000은 8의 BCD 코드이다.

그러나 4 + 7 = 11의 과정은 그렇지 않다. 즉, 0100+0111=1011인데 1011에 해당되는 BCD 코드는 존재하지 않으며, 이 경우는 1 0001의 형태, 즉 올림수가 발생한 형태로 바뀌어야 한다. 결국 2진 가산기로 더한 결과를 어떻게 보정하느냐 하는 문제가 된다.

보정 회로의 입력, 즉 4비트 2진 가산기 출력을 K, Z_4, Z_3, Z_2, Z_1이라 하고, 보정된 결과, 즉 BCD 코드 출력을 C, S_4, S_3, S_2, S_1이라 하자. 입력과 출력의 관계를 표 6-4의 진리표로 살펴보기로 한다.

[표 6-4] BCD 가산기를 위한 진리표

2진 합					10진수	BCD 합				
K	Z_4	Z_3	Z_2	Z_1		C	S_4	S_3	S_2	S_1
0	0	0	0	0	0	0	0	0	0	0
0	0	0	0	1	1	0	0	0	0	1
0	0	0	1	0	2	0	0	0	1	0
0	0	0	1	1	3	0	0	0	1	1
0	0	1	0	0	4	0	0	1	0	0
0	0	1	0	1	5	0	0	1	0	1
0	0	1	1	0	6	0	0	1	1	0
0	0	1	1	1	7	0	0	1	1	1
0	1	0	0	0	8	0	1	0	0	0
0	1	0	0	1	9	0	1	0	0	1
0	1	0	1	0	10	1	0	0	0	0
0	1	0	1	1	11	1	0	0	0	1
0	1	1	0	0	12	1	0	0	1	0
0	1	1	0	1	13	1	0	0	1	1
0	1	1	1	0	14	1	0	1	0	0
0	1	1	1	1	15	1	0	1	0	1
1	0	0	0	0	16	1	0	1	1	0
1	0	0	0	1	17	1	0	1	1	1
1	0	0	1	0	18	1	1	0	0	0
1	0	0	1	1	19	1	1	0	0	1

표 6-4의 진리표에서 10진수 0에서 9까지의 수는 2진수 합과 BCD 합이 동일하지만, 10 이상의 수에 대하여는 올림수 C가 1이 되어야 하며 2진수 합에 6을 더해 주면 된다는 사실을 알 수 있다. 따라서 두수의 합이 10 이상이 되는 조건은 다음의 식으로 쓸 수 있다.

$$C = K + Z_4(Z_3 + Z_2)$$

C=1이면 2진수로 표현한 합에 0110을 더해야 하며, 이때 C는 다음 단계의 출력 캐리이다.

BCD 가산기는 병렬로 두 BCD 디지트를 더하여 BCD로 표현한 합을 구하는 회로이다. 2진수로 표현된 합에 0110을 더하기 위해 4비트 2진 가산기를 하나 더 사용해야 한다.

따라서 BCD 가산기는 2개의 4비트 2진 병렬 가산기와 C를 구하기 위한 몇 개의 게이트로 그림 6-12의 형태처럼 설계할 수 있음을 알 수 있다.

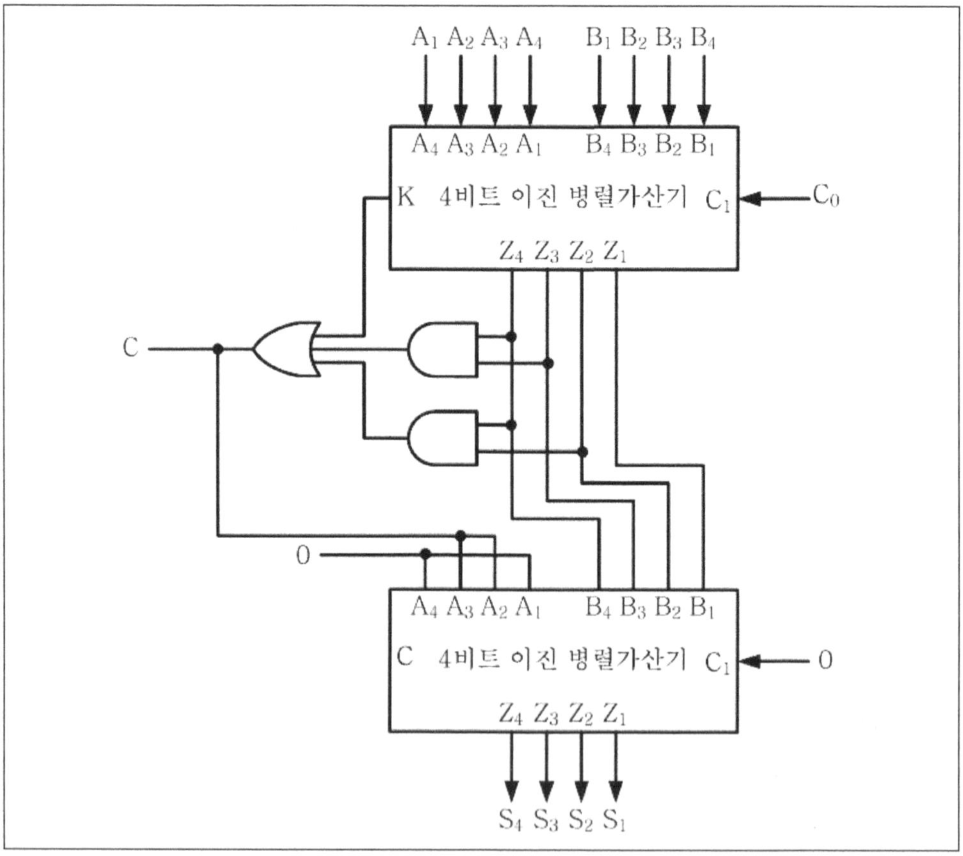

[그림 6-12] 10진 가산기의 블록도

6-3 감산기

n개의 비트로 구성된 두 개의 2진수 감산은 피감수와 감수의 차에 의해서 결정되며, 이를 예로 들면

```
   1 1 0 1     0     피감수
-) 0 1 1 1     1     감수
   ───────   ───
   A 부분    B 부분
```

과 같이 크게 두 부분으로 나눌 수 있다. 모든 위치의 비트는 피감수 비트가 감수 비트보다 작으면 바로 앞의 비트로부터 1을 빌려와야 하는데 이를 빌림수(Borrow)라 한다. 그러나 B부분은 최하위 비트이므로 빌림수를 빌려올 수는 있어도 하위 비트가 존재하지 않으므로 빌림수를 빌려줄 수는 없다. 그러나 A 부분은 이 빌림수를 상위 비트에서 빌려올 수도 있으며, 하위 비트에 빌려줄 수도 있다. 결과적으로 B 부분과 같이 빌림수를 빌려줄 수 없는 감산을 반감산기(HS : Half Subtracter)라 하고, A 부분과 같이 빌림수를 바로 아래 비트에 빌려줄 수 있는 감산을 전감산기(FS : Full Subtractcr)라고 한다.

6-3-1 반감산기

가장 기본적인 2개 비트의 감산으로부터 살펴보자. 임의의 입력 비트 두 개를 A와 B로 하고, 출력을 두 비트의 차인 D(Difference)와 상위 비트로부터의 빌림수를 빌려왔는지의 여부에 따라 B_O(Output borrow)로 표시하면 한 비트의 두 수를 빼는 경우는 다음과 같이 표현할 수 있다.

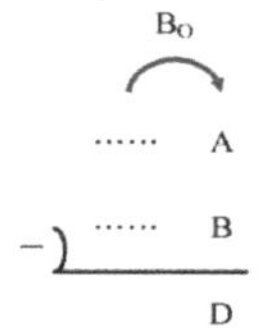

반감산기에 대한 진리치표는 표 6-5와 같다.

[표 6-5] 2비트 반감산기 진리표

입력		출력	
A	B	B_O	D
0	0	0	0
0	1	1	1
1	0	0	1
1	1	0	0

반감산기의 출력함수를 간소화하기 위한 카르노 맵은 그림 6-13과 같다.

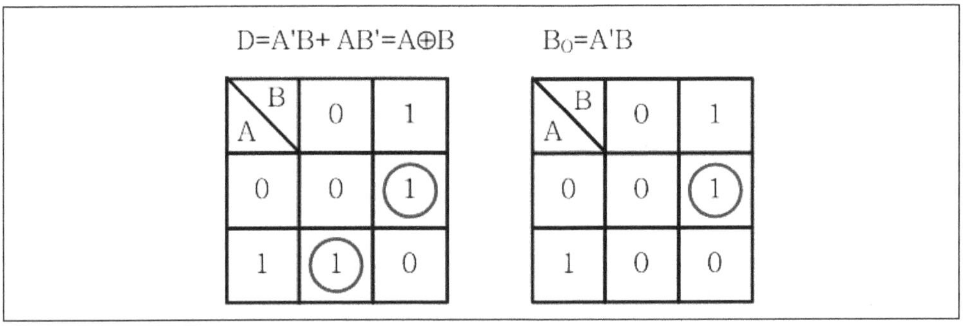

[그림 6-13] 반감산기의 카르노 맵

따라서 그림 6-13에서 두 개의 출력 D와 B_O에 대해서 부울식으로 표현하면,

$$D = A'B + AB' = A \oplus B$$

$$B_O = A'B$$

와 같다. 이에 대한 회로도와 논리기호는 그림 6-14와 같다.

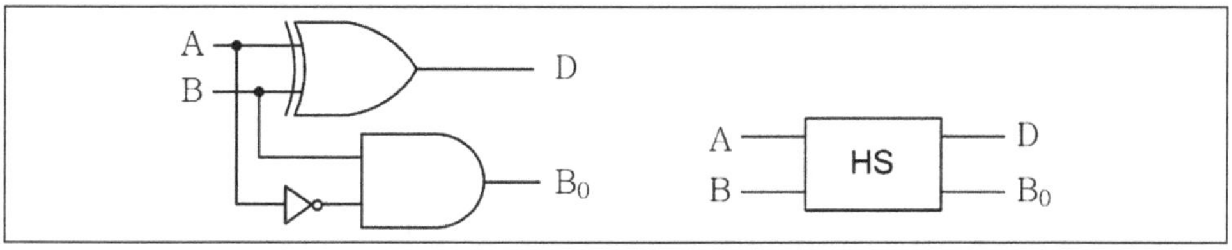

[그림 6-14] 반감산기 회로와 논리기호

6-3-2 전감산기

전감산기는 피감수 비트와 감수 비트인 두 개의 비트 A, B와 하위 비트에 1을 빌려 주었는지를 고려한 입력 빌림수 B(Input Borrow)를 포함하여 3개의 입력으로 표현되며, 출력으로서는 차를 나타내는 D(Difference)와 상위 비트에서 빌림수가 있었는지를 고려한 출력 빌림수 B_O(Output Borrow) 2개로 구성된다. 전감산기에 대한 진리치표를 표 6-6에 나타내었다.

[표 6-6] 3비트 전감산기 진리표

입력			출력	
A	B	C	B_O	D
0	0	0	0	0
0	0	1	1	1
0	1	0	1	1
0	1	1	1	0
1	0	0	0	1
1	0	1	0	0
1	1	0	0	0
1	1	1	1	1

표 6-6에서 입력 A와 B가 모두 0일 때, A는 0이고 B가 1인 경우, A는 1이고 B가 0인 경우, 그리고 A와 B가 모두 1인 경우에 각각 하위 비트에 빌림수를 빌려주었는지의 여부에 따라 8개의 입력 패턴이 만들어진다. 그리고 출력은 3 입력에 대한 차와 상위 비트에서 빌림수를 빌려 왔는지에 대한 결과에 의해서 결정된다.

전감산기의 출력을 간소화하기 위한 카르노 맵은 그림 6-15와 같다.

$D = A \oplus B \oplus C$

A \ BC	00	01	11	10
0	0	1	0	1
1	1	0	1	0

$B_O = (A \oplus B)'C + A'B$

A \ BC	00	01	11	10
0	0	1	1	1
1	0	0	1	0

[그림 6-15] 반감산기의 카르노 맵

따라서 그림 6-15에서의 출력 D와 B_O에 대해 각각 부울식으로 표현하면

$$D = A'B'C + A'BC' + AB'C' + ABC$$
$$B_O = A'B'C + A'BC' + A'BC + ABC$$

가 된다.

부울식 D와 B_O를 간소화하면 다음과 같다.

$$\begin{aligned} D &= A'B'C + A'BC' + AB'C' + ABC \\ &= A'(B'C + BC') + A(B'C' + BC) \\ &= A'(B \oplus C) + A(B \oplus C) \\ &= A \oplus (B \oplus C) \end{aligned}$$

$$\begin{aligned} B_O &= A'B'C + A'BC' + A'BC + ABC \\ &= C(A'B' + AB) + A'B(C' + C) \\ &= C(A \oplus B) + A'B \end{aligned}$$

이와 같이 간소화된 부울식에 의한 전감산기의 회로도는 그림 6-16과 같다.

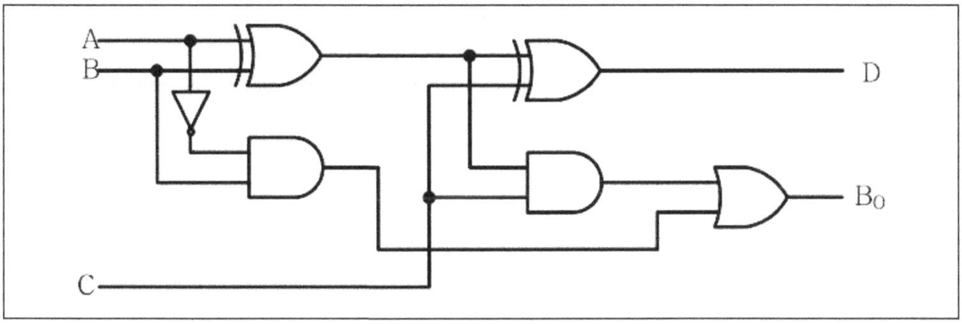

[그림 6-16] 전감산기의 상세도

또한 그림 6-16을 두 개의 반감산기를 이용하면 그림 6-17 (a)와 같다.

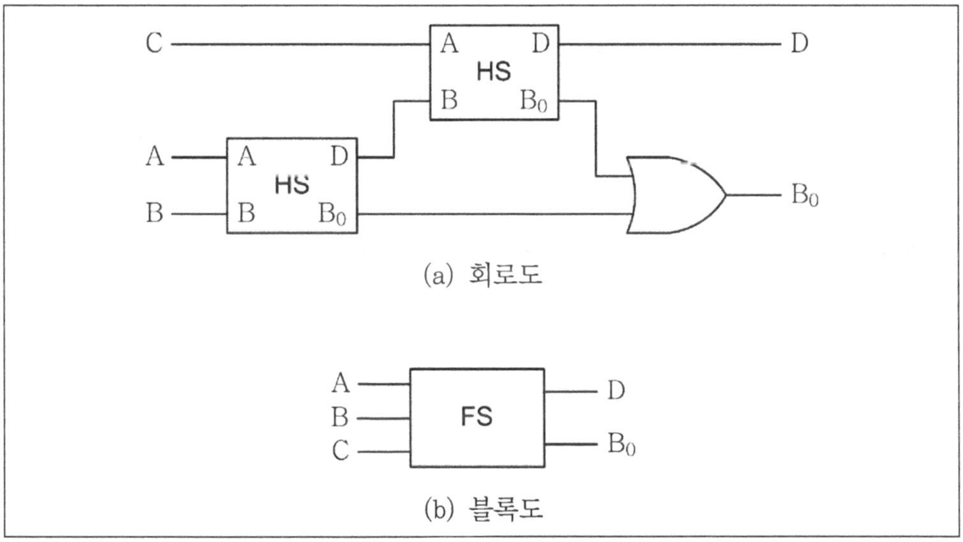

[그림 6-17] 두 개의 반감산기를 이용한 전감산기 회로와 블록도

6-4 비교기

6-4-1 일치 회로

두 입력 A, B의 크기가 동일한지, 아닌지를 결정하는 조합 회로를 일치회로(Coincidence Circuit)라 한다. 여기서 1비트 일치 회로에 대한 진리표는 표 6-7과 같다.

[표 6-7] 일치 회로 진리표

A	B	F
0	0	1
0	1	0
1	0	0
1	1	1

표 6-7에서 두 입력 A, B가 모두 일치할 때만 출력이 발생함을 알 수 있다. 논리 함수식을 유도하면 다음과 같다.

$$F = A'B' + AB = (A \oplus B)'$$

논리 게이트를 이용하여 설계하면 그림 6-18과 같으며 Exclusive-NOR 형태를 갖는다.

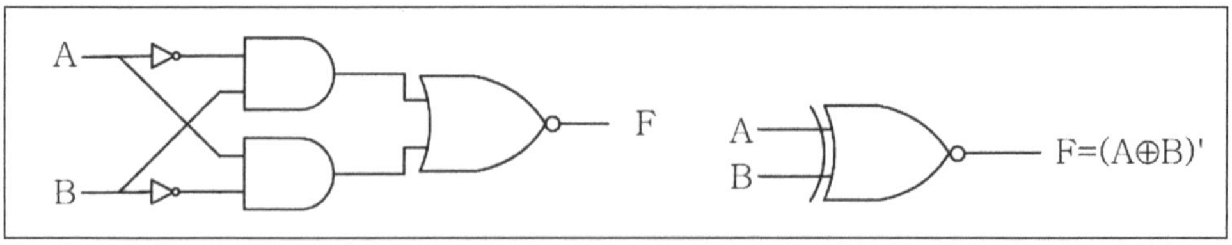

[그림 6-18] 일치 회로

6-4-2 크기 비교기

두 수 A, B를 비교하여 상대적인 크기를 결정하기 위한 조합 논리 회로를 크기비교기(Comparator)라 한다. 두 입력 A, B의 값의 크기에 따라 출력이 (A〉B)일 때 X로, (A=B)일 때 Y, (A〈B)일 때 Z로 표현하기로 한다.

(1) 두 입력 A, B가 1비트인 경우

두 입력 A, B가 1비트일 때 진리표로 표현하면 표 6-8과 같다.

[표 6-8] 진리표

A	B	A>B	A=B	A<B
0	0	0	1	0
0	1	0	0	1
1	0	1	0	0
1	1	0	1	0

표 6-8로부터 논리 함수식을 표현하면 다음과 같다.

A〉B : $X = AB'$

A=B : $Y = A'B' + AB$

A〈B : $Z = A'B$

위 논리식으로부터 논리 게이트를 이용하여 크기 비교기를 위 설계하면 다음 그림 6-19와 같다.

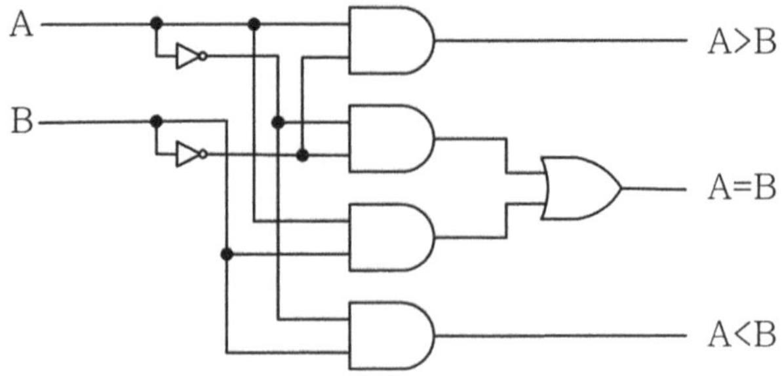

[그림 6-19] 크기비교기

(2) 두 입력 A, B가 4비트인 경우

4비트를 갖는 두 수 A, B가 다음과 같을 때 크기를 비교한다.

$A = A_3A_2A_1A_0$
$B = B_3B_2B_1B_0$

여기서 두 수의 대응하는 디지트 크기가 같다면 두 수 A, B는 서로 같다고 할 수 있다.

즉, $A_3=B_3$, $A_2=B_2$, $A_1=B_1$, $A_0=B_0$인 경우가 된다. 따라서 두 수의 크기가 같은 경우를 부울 식으로 표현하면 다음과 같이 나타낼 수 있다.

$$X_i = A_i'B_i' + A_iB_i \quad (i = 0,\ 1,\ 2,\ 3)$$

이 부울 식은 일치 회로로 표현할 수 있다.

여기서 i번째 디지트 쌍이 둘 다 1 이거나 0으로서 같으면 $X_i=1$이고, 다르면 $X_i=0$이 된다. 즉, A=B이면 $X_i=1$이므로 이는 AND 게이트로 표현된다.

$$(A=B)=X_3X_2X_1X_0$$

두 수 A, B의 상대적 크기를 결정하기 위하여 먼저 A, B 두 수의 최고 디지트부터 비교 조사한다. 최고 디지트의 크기가 서로 같다면, 그 다음 디지트를 비교 조사한다.

이러한 비교 조사는 크기가 같지 않은 쌍이 나올 때까지 계속한다. 예를 들어, A=1이고 B=0이면 A〉B이고, A=0, B=1이면 A〈B라고 할 수 있다.

이와 같은 비교 과정을 논리 함수로 표현하면 다음 식과 같다.

$$(A>B) = A_3B_3' + X_3A_2B_2' + X_3X_2A_1B_1' + X_3X_2X_1A_0B_0'$$

$$(A<B) = A_3'B_3 + X_3A_2'B_2 + X_3X_2A_1'B_1 + X_3X_2X_1A_0'B_0$$

그림 6-20은 출력 (A=B), (A〉B), (A〈B)에 대한 4비트 크기 비교기를 논리 게이트로 설계한 것이다.

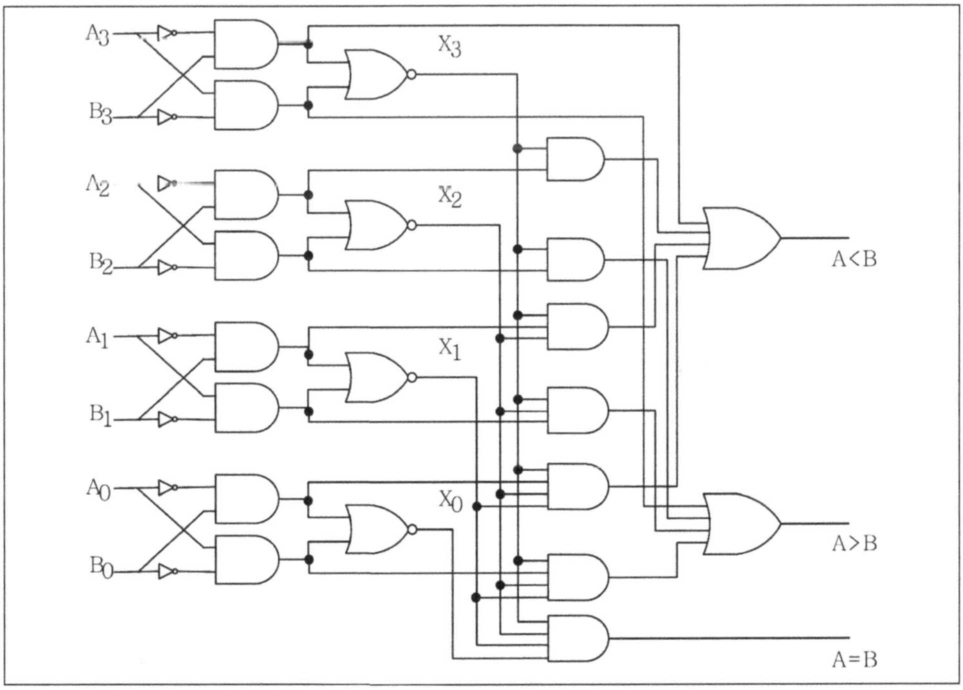

[그림 6-20] 4비트의 크기 비교기

6-5 패리티 발생기와 검사기

통신 매체를 이용하여 2진 정보를 전송하는 경우 외부 잡음에 의하여 1이 0으로, 혹은 0이 1로 바뀔 수 있다. 따라서 정보를 전송하는 경우, 발생할 수 있는 오류를 탐지하기 위한 방법인 오류 탐지 코드가 필요하다. 탐지된 오류는 단지 오류가 있음을 나타내는 것이며, 정정될 수는 없다. 만일 탐지한 오류를 정정하고 싶으면 오류 정정 코드를 사용하여야 한다. 이러한 전송오류에 대처하는 방법은 오류의 발생 빈도를 파악하여, 그 빈도가 작으면 오류 탐지 시 그 정보를 재전송하여 해결한다.

패리티 검사란 2진 정보의 전송 시 발생하는 오류를 탐지하기 위하여 사용하는 기법이다. 패리티 비트는 2진 정보와 함께 전송되는 여분의 비트로서, 전송되는 정보의 1의 개수를 홀수 또는 짝수 개로 만들어 준다. 패리티 비트를 포함한 정보가 전송되면, 수신측에서는 수신한 정보의 오류를 검출하기 위해 패리티 비트를 검사한다. 검사된 패리티 비트와 수신된 패리티 비트가 서로 다르면 수신한 정보에 오류가 있다고 판정한다.

정보를 송신하는 측에서 패리티 비트를 만드는 회로를 패리티 발생기(Parity generator)라 하며, 수신측에서 패리티를 검사하는 회로를 패리티 검사기(Parity checker)라고 한다.

6-5-1 패리티 발생기

홀수 패리티 비트를 이용하여 3비트의 정보를 전송하는 경우를 생각해보자. 3비트 홀수 패리티 발생기에 대한 진리표는 표 6-9와 같다.

[표 6-9] 홀수 패리티 발생기 진리표

3비트 정보			생성된 패리티 비트
X	Y	Z	P
0	0	0	1
0	0	1	0
0	1	0	0
0	1	1	1
1	0	0	0
1	0	1	1
1	1	0	1
1	1	1	0

표 6-9의 진리표에서 변수 X, Y, Z는 입력되는 3개의 비트이며, 출력변수 P는 생성되는 패리티 비트를 나타낸다. 진리표로부터 3개의 비트 X, Y, Z의 1의 개수가 짝수일 때 출력 P가 1이 됨을 알 수 있으며 위 진리표로부터 출력함수를 구하면 다음 식과 같다.

$$
\begin{aligned}
P &= X'Y'Z'+X'YZ+XY'Z+XYZ' \\
&= X'(Y'Z'+YZ)+X(Y'Z+YZ') \\
&= X'(Y\oplus Z)'+X(Y\oplus Z) \\
&= (X\oplus Y\oplus Z)'
\end{aligned}
$$

앞의 논리식으로부터 패리티 발생기 회로를 설계하면 XOR와 XNOR 형태가 된다. 그림 6-21은 3비트의 정보에 대한 홀수 패리티 발생기 회로이다.

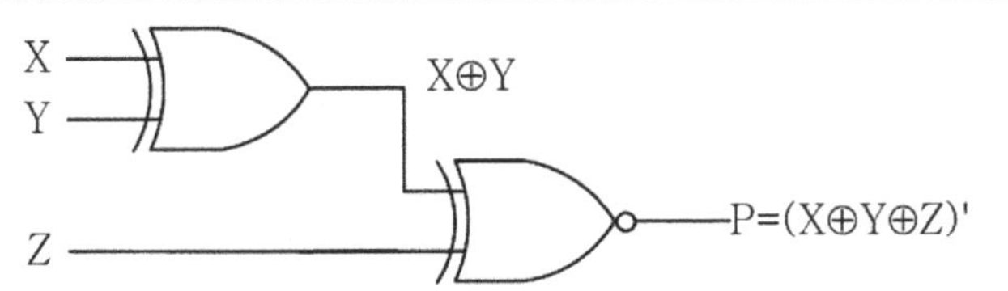

[그림 6-21] 홀수 패리티 발생기 회로

6-5-2 패리티 검사기

3개의 정보 비트와 패리티 비트는 수신측으로 전송되어 패리티 검사기에 입력된다. 전송된 2진 정보는 홀수 패리티이므로 검사된 패리티가 짝수이면 전송 도중에 오류가 있었음이 탐지된다. 표 6-10은 홀수 패리티 검사기에 대한 진리표이다.

표 6-10의 진리표로부터 패리티 검사 비트인 P가 1이면 오류가 탐지된 것임을 알 수 있다.

[표 6-10] 홀수 패리티 검사기 진리표

전송된 4비트				패리티 오류 검사
W	X	Y	Z	P
0	0	0	0	1
0	0	0	1	0
0	0	1	0	0
0	0	1	1	1
0	1	0	0	0
0	1	0	1	1
0	1	1	0	1
0	1	1	1	0
1	0	0	0	0
1	0	0	1	1
1	0	1	0	1
1	0	1	1	0
1	1	0	0	1
1	1	0	1	0
1	1	1	0	0
1	1	1	1	1

위 진리표로부터 출력함수를 구하면 다음 식과 같다

$$
\begin{aligned}
P &= W'X'Y'Z' + W'X'YZ + W'XY'Z + W'XYZ' + WX'Y'Z + WX'YZ' + WXY'Z' + WXYZ \\
&= W'X'(Y'Z' + YZ) + W'X(Y'Z + YZ') + WX'(Y'Z + YZ') + WX(Y'Z' + YZ) \\
&= W'X'(Y \oplus Z)' + W'X(Y \oplus Z) + WX'(Y \oplus Z) + WX(Y \oplus Z)' \\
&= (W'X' + WX)(Y \oplus Z)' + (W'X + WX')(Y \oplus Z) \\
&= (W \oplus X)'(Y \oplus Z)' + (W \oplus X)(Y \oplus Z) \\
&= (W \oplus X \oplus Y \oplus Z)'
\end{aligned}
$$

위 논리식으로부터 패리티 검사기 회로를 설계하면 XOR와 XNOR 형태를 이룬다. 다음 그림 6-22는 4비트 정보에 대한 홀수 패리티 검사회로이다.

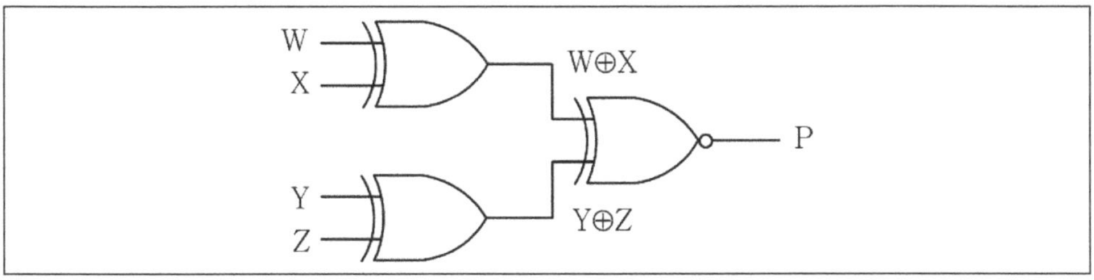

[그림 6-22] 홀수 패리티 검사기 회로

6-6 디코더와 인코더

6-6-1 디코더

디코더(Decoder)는 2진 코드로 표현된 입력으로부터 2^n개의 출력으로 변환하는 조합 논리 회로로 디코더의 블록도는 그림 6-23과 같다.

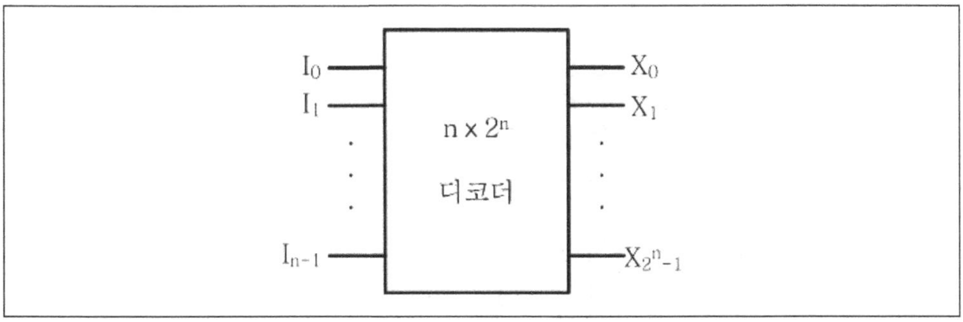

[그림 6-23] 디코더의 블록도

입력이 3인 경우에 출력의 수는 8이 되는데, 이를 3×8 디코더라 하며, 이의 진리표를 표 6-11에서 보였다.

표 6-11의 진리표에서 8개의 출력 중에서 입력에 따라 어느 하나만 1이 되며 해당되지 않는 모든 출력은 0이 된다는 것을 확인할 수 있다.

[표 6-11] 3×8 디코더의 진리표

입 력			출 력							
X	Y	Z	D_0	D_1	D_2	D_3	D_4	D_5	D_6	D_7
0	0	0	1	0	0	0	0	0	0	0
0	0	1	0	1	0	0	0	0	0	0
0	1	0	0	0	1	0	0	0	0	0
0	1	1	0	0	0	1	0	0	0	0
1	0	0	0	0	0	0	1	0	0	0
1	0	1	0	0	0	0	0	1	0	0
1	1	0	0	0	0	0	0	0	1	0
1	1	1	0	0	0	0	0	0	0	1

그림 6-24는 3×8 라인 디코더의 회로를 구성한 것이다.

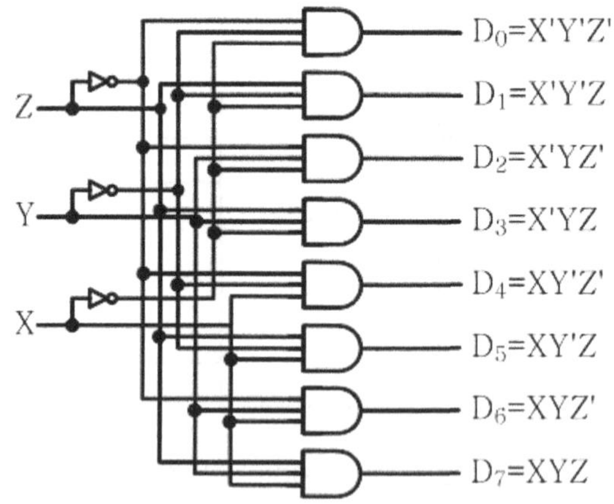

[그림 6-24] 3×8 디코더

그림 6-24의 디코더를 살펴보면 출력마다 AND 게이트가 하나씩 존재하며, 그 AND 게이트의 출력식은 각각 최소항(minterm)에 해당된다는 것을 알 수 있다.

예를 들어 출력 중에서 D_0는 X=Y=Z=0인 조건에서만 1이 되므로, 그 출력식은 X'Y'Z'이라 할 수 있고, 이는 X=Y=Z=0인 조건에 해당되는 최소항이다. 따라서 디코더는 주어진 입력 변수로부터 가능한 모든 최소항을 생성하는 회로라고 할 수 있다.

디코더의 입력의 수가 n이면 일반적으로 출력의 수는 2^n개보다 작다. 그것은 주어진 정보를 코드화할 때 사용하지 않는 코드 값이 존재할 수 있고, 이러한 경우의 디코더는 해당 출력이 존재하지 않는다.

예를 들어 BCD 코드를 디코드(Decode)하는 회로를 생각해 보자. BCD코드는 4비트이지만 10진수의 자릿수를 나타내기 위한 코드이므로 10개의 출력만 있으면 된다.

그림 6-25 (b)는 이러한 BCD-10진 디코더를 설계한 회로이다. BCD 코드의 값 중에 존재하지 않는 값은 무관 조건으로 처리할 수 있으므로 10개의 출력을 가능하면 간소화하는 방향으로 설계하였다. 이를 위하여 그림 6-25의 (a)는 카르노 맵을 그려 본 것이다.

WX \ YZ	00	01	11	10
00	D_0	D_1	D_3	D_1
01	D_4	D_5	D_7	D_6
11	X	X	X	X
10	D_8	D_9	X	X

(a) 카르노 맵

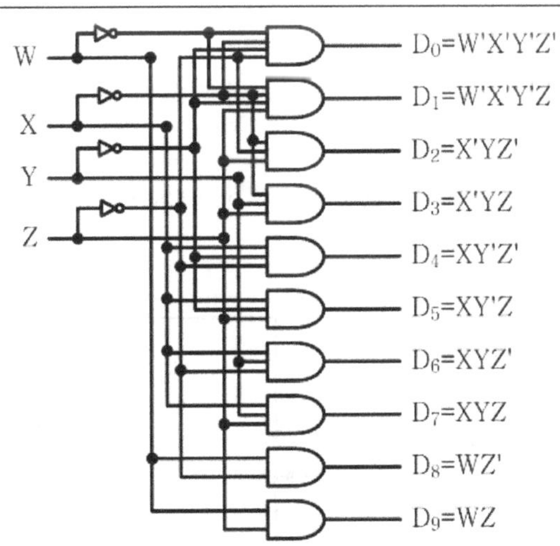

(b) 회로도

[그림 6-25] BCD-10진 디코더의 설계

카르노 맵을 출력마다 하나씩 모두 10개를 그려야 하지만 각 출력이 맵 상에서 오직 하나의 1만을 가지므로 그림 6-25의 (a)처럼 맵상의 해당 위치에 출력 이름을 넣어서 표현한 것이다.

디코더는 기본적으로 최소항 생성기이다. 그런데 모든 최소항들 중에서 필요한 최소항들을 골라 이들을 OR한다면 어떠한 논리 함수도 설계할 수 있으므로, 디코더와 OR 게이트를 이용하면 임의의 조합 논리 함수를 구현할 수 있을 것이다.

따라서 디코더는 임의의 논리 함수를 구현할 수 있는 만능 부품(Universal building block)으로 사용할 수 있다. 물론 이를 위해서는 함수가 합의 곱 형태의 정규형으로 표현되어 있다는 전제가 있어야 한다.

[예] 전가산기를 디코더를 사용하여 구현해 보시오.

전가산기는 두 개의 출력을 가지며, 그 식은 아래와 같다.

$$S(X, Y, Z) = \sum m(1, 2, 4, 7)$$
$$C(X, Y, Z) = \sum m(3, 5, 6, 7)$$

입력의 수가 3이므로 3×8의 디코더가 필요할 것이며, 출력이 2개이므로 2개의 OR 게이트가 필요하다.

디코더 출력과 OR 게이트의 연결 모양을 그림으로 나타내면 그림 6-26과 같다.

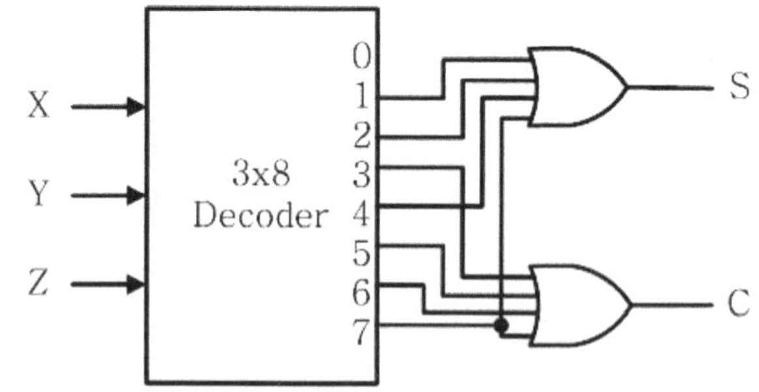

[그림 6-26] 디코더를 이용한 전가산기의 구현

디코더를 만능 부품으로 사용하여 논리회로를 구성할 때, 최소항이 많이 들어가는 함수에서는 입력의 수가 2^n에 가까운 OR 게이트가 필요하다.

이 경우 그 함수 F에 대해서는 F'의 식을 구하면 최소항의 수가 작을 것이므로 OR 게이트 대신 NOR 게이트를 사용하여 연결함으로써 비용을 줄일 수 있다.

6-6-2 인코더

(1) 인코더

인코더(Encoder)는 디코더의 역기능을 할 수 있는 회로이다. 어느 둘 이상이 동시에는 1이 되지 않는 2^n개 또는 그 이하의 입력선을 가지며, 출력은 n개로서 입력에 대해 고유의 2진 코드를 생성한다. 인코더의 블록도는 그림 6-27과 같다.

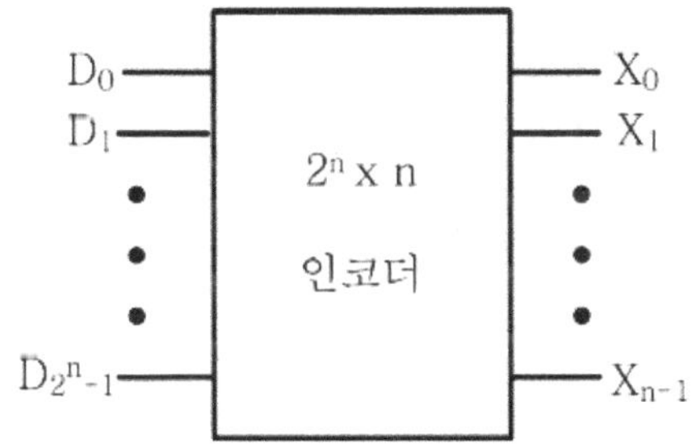

[그림 6-27] 인코더의 블록도

예를 들어 8개의 서로 구별되는 정보를 3비트로 코드화(Encode)하는 회로를 생각하여 그 진리표를 만들면 표 6-12와 같다. 또 각 출력에 대하여 식을 만들어 회로로 구현한 것은 그림 6-28이다. 그림6-28에서 알 수 있듯이 인코더는 OR 게이트만으로 간단히 구현되기 때문에 이를 별개의 집적 회로로 만들 필요는 거의 없다.

[표 6-12] 8진-2진 인코더의 진리표

입	력							출	력	
D_0	D_1	D_2	D_3	D_4	D_5	D_6	D_7	X	Y	Z
1	0	0	0	0	0	0	0	0	0	0
0	1	0	0	0	0	0	0	0	0	1
0	0	1	0	0	0	0	0	0	1	0
0	0	0	1	0	0	0	0	0	1	1
0	0	0	0	1	0	0	0	1	0	0
0	0	0	0	0	1	0	0	1	0	1
0	0	0	0	0	0	1	0	1	1	0
0	0	0	0	0	0	0	1	1	1	1

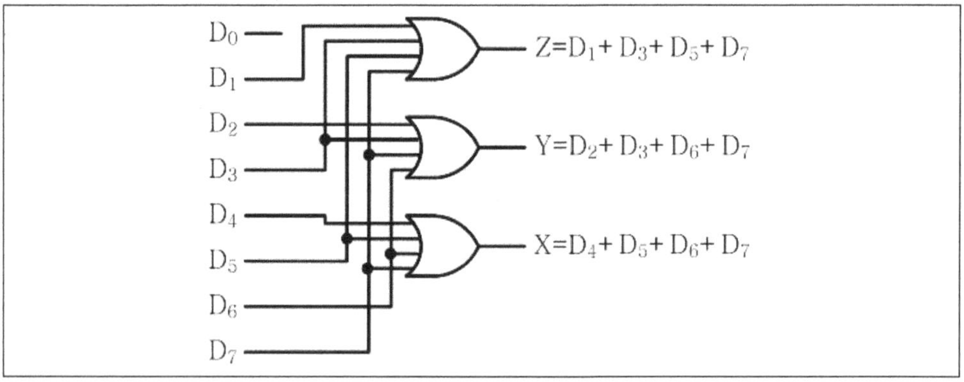

[그림 6-28] 8진-2진 인코더

(2) 우선순위 인코더

집적 회로로 구현되는 인코더의 형태로는 우선순위 인코더(Priority encoder)가 있다. 우선순위 인코더는 응용할 수 있는 분야가 많은 회로로서, 여러 개의 입력들이 동시에 1이 될 수 있는 환경에서 1인 입력들 중 가장 우선순위가 높은 입력을 코드화하는 기능을 갖는다.

즉, 만일 I_3, I_2, I_1, I_0 네 입력 중에서 I_3이 가장 우선순위가 높고 값이 1이면 다른 입력들의 값에 상관없이 출력은 I_3이 된다. 이를 진리표로 나타내면 표 6-13처럼 될 것이다. 진리표상에 ×는 무관 조건이다. 출력 A와 B는 입력 각각에 대한 코드가 되며, S는 어떠한 입력도 1이 아닌 경우를 대비한 것이다. 네 입력이 2개 이상 1이 될 수 있는 환경이면 하나도 1이 되지 않는 경우도 생각할 수 있을 것이며, 이를 위하여 S 출력이 필요하다. 만일 S가 0이면 아무 입력도 1이 아닌 경우이고 이 때 A, B의 값은 의미가 없을 것이다. 진리표에 따라 각 출력에 대한 식을 세우면 다음과 같다.

$$A = I_3 + I_3' I_2 = I_3 + I_2$$
$$B = I_3 + I_3' I_2' I_1 = I_3 + I_2' I_1$$
$$S = I_3 + I_2 + I_1 + I_0$$

[표 6-13] 4입력 우선순위 인코더

입력				출력		
I_3	I_2	I_1	I_0	A	B	S
1	×	×	×	1	1	1
0	1	×	×	1	0	1
0	0	1	×	0	1	1
0	0	0	1	0	0	1
0	0	0	0	×	×	0

그림 6-29에 4입력 우선순위 인코더의 회로도를 나타내었다.

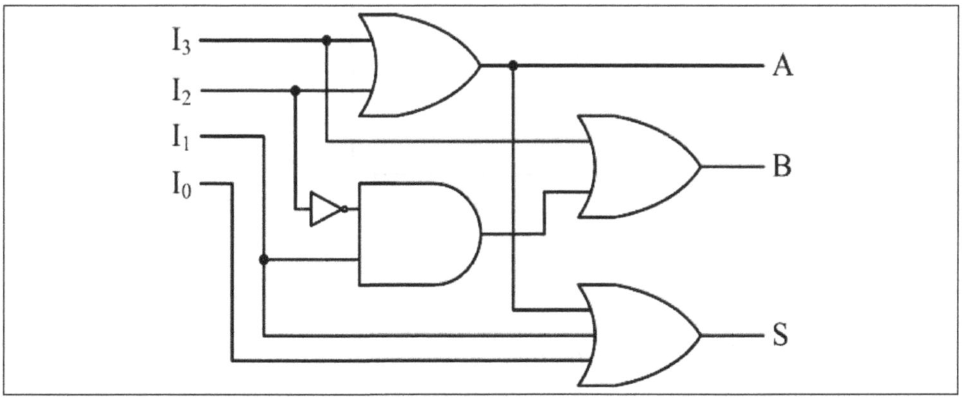

[그림 6-29] 4입력 우선순위 인코더

6-7 멀티플렉서와 디멀티플렉서

6-7-1 멀티플렉서

다수의 입력선 중에서 하나를 선택하여 출력선으로 전송하는 방식을 멀티플렉싱(multiplexing)이라 하며, 이러한 동작을 하는 조합 논리 회로를 멀티플렉서(MUX : Multiplexer)라 한다. 이러한 멀티플렉서는 전송해야 할 많은 신호원으로부터 정보들을 원거리의 목적지까지 전송할 경우에 주로 사용되며, 하나의 신호선을 이용하여 다수의 정보들을 전송할 수 있는 경제적인 장점이 있다.

여기서 많은 입력선상에 있는 데이터들을 어떤 방식으로 선택해야 하는가의 문제가 따르게 되며, 멀티플렉서는 효과적으로 입력선 선택을 제어하기 위한 선택기능(Select)을 가지고 있어 이 선택기능에 의해 어느 입력선이 선택될 것인가를 결정하게 된다. 다시 말하면 입력 데이터선이 N개라면 $N = 2^n$ 즉, n개의 선택단자를 갖게 된다.

다음 그림 6-30은 2^n-to-1($2^n \times 1$) 멀티플렉서의 블록도이다.

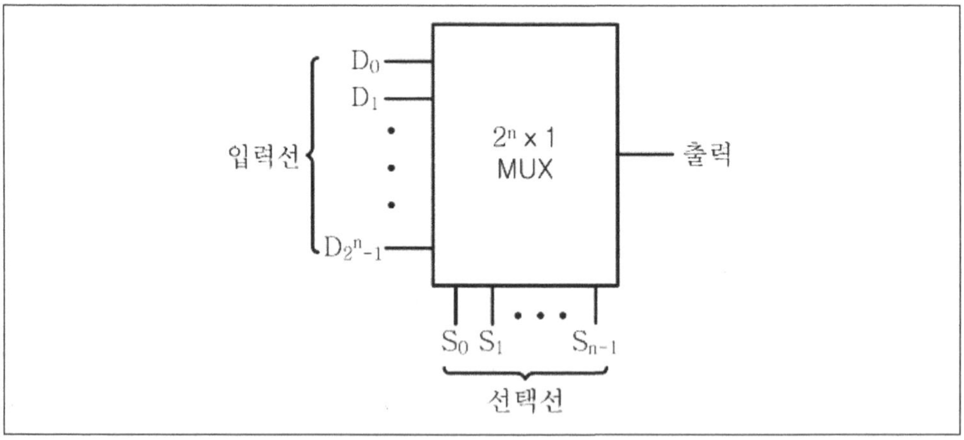

[그림 6-30] $2^n \times 1$ 멀티플렉서 블록도

(1) 4-to-1 멀티플렉서

기본적인 4-to-1(4×1) 멀티플렉서의 블록도를 그림 6-31에 나타내었다. 4개의 입력선으로 구성되어 있으므로 2개의 데이터 선택선을 갖게 된다.

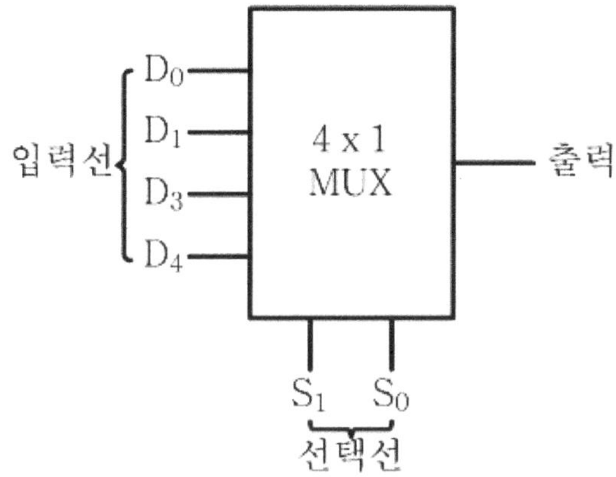

[그림 6-31] 4 ×1 멀티플렉서 블록도

그림 6-31에서 데이터 선택단자에 의해 다음과 같이 입력 데이터가 선택된다. 즉, 데이터 선택단자가 다음과 같을 때

S_1 = 0, S_0 = 0이면 D_0가 선택되어 출력으로 나타나며, S_1 = 0, S_0 = 1이면 D_1이 선택되어 출력으로 나타나고, S_1 = 1, S_0 = 0이면 D_2가 선택되어 출력으로 나타나며, S_1 = 1, S_0 = 1이면 D_3가 선택되어 출력된다.

이와 같은 동작을 표로 나타내면 표 6-14와 같다.

[표 6-14] 선택선에 의한 입력 데이터 선택

데이터 선택 단자		데이터 입력	출 력
S_1	S_0		X
0	0	D_0	$S_1'S_0'D_0$
0	1	D_1	$S_1'S_0D_1$
1	0	D_2	$S_1S_0'D_2$
1	1	D_3	$S_1S_0D_3$

따라서 표 6-14와 같이 데이터 선택단자에 의해 선택된 출력이 각각 입력 데이터 D_0, D_1, D_2, D_3와 같을 논리식을 구하면 다음과 같다.

$$X = S_1'S_0'D_0+S_1'S_0D_1+S_1S_0'D_2+S_1S_0D_3$$

따라서 위의 논리식에 의해서 구성된 논리회로도는 그림 6-32와 같다.

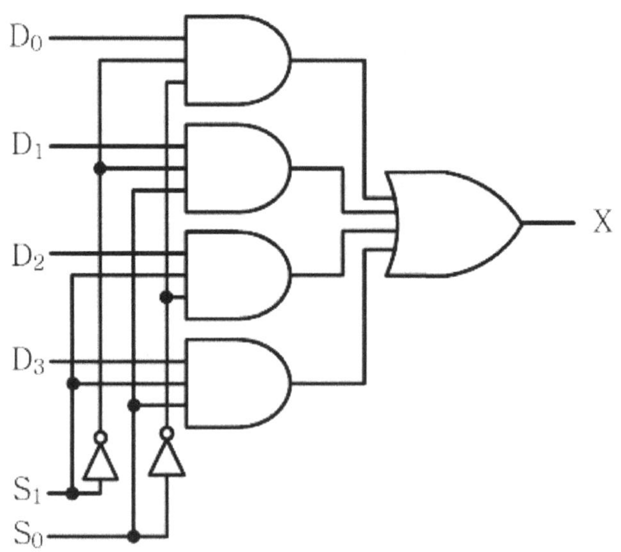

[그림 6-32] 4 ×1 멀티플렉서

(2) 인에이블 입력을 가진 멀티플렉서

다음은 그림 6-33과 같이 8개의 입력선과 3개의 데이터 선택단자 및 인에이블(Enable) 단자로 구성되어 있는 TTL IC 74151(8-to-1 멀티플렉서)에 대해서 알아보자.

그림 6-33의 멀티플렉서는 인에이블 단자에 어떤 값이 입력되는가에 따라 전체 IC의 동작 여부가 결정된다. 즉, 인에이블 단자에 0이 입력되면 멀티플렉서가 작동하며, 인에이블 단자에 1이 입력되면 작동하지 않는다는 점이다. 따라서 인에이블 단자에 0이 입력되면 데이터 선택단자에 의해 다음과 같이 입력 데이터가 선택된다.

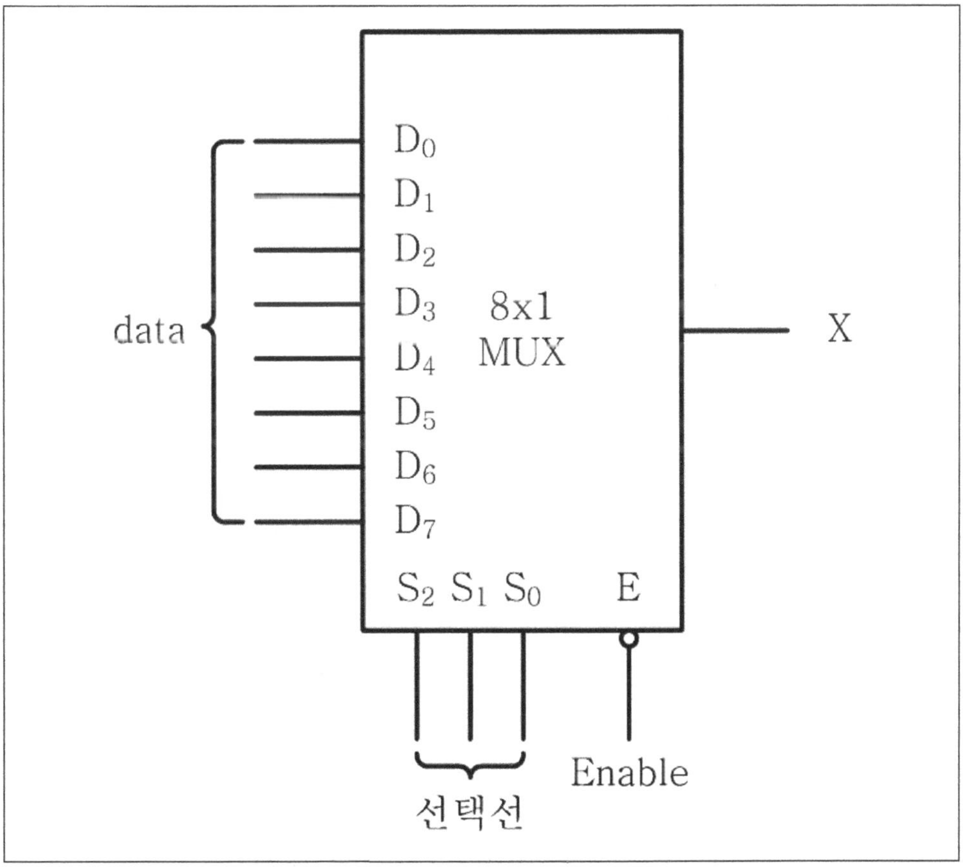

[그림 6-33] 8×1 멀티플렉서

즉, 데이터 선택단자의 값에 따라 다음과 같이 출력이 결정된다.

S_2=0, S_1=0, S_0=0이면 D_0가 선택되어 출력
S_2=1, S_1=0, S_0=0이면 D_1가 선택되어 출력
S_2=0, S_1=1, S_0=0이면 D_2가 선택되어 출력
S_2=1, S_1=1, S_0=0이면 D_3가 선택되어 출력
S_2=0, S_1=0, S_0=1이면 D_4가 선택되어 출력
S_2=1, S_1=0, S_0=1이면 D_5가 선택되어 출력
S_2=0, S_1=1, S_0=1이면 D_6가 선택되어 출력
S_2=1, S_1=1, S_0=1이면 D_7가 선택되어 출력

이와 같은 동작을 표로 나타내면 표 6-15와 같다.

[표 6-15] 선택선에 의한 입력 데이터 선택

데이터 선택 단자				데이터 입력	출력
E	S_2	S_1	S_0		X
1	X	X	X	X	0
0	0	0	0	D_0	$S_2'S_1'S_0'D_0$
0	0	0	1	D_1	$S_2'S_1'S_0D_1$
0	0	1	0	D_2	$S_2'S_1S_0'D_2$
0	0	1	1	D_3	$S_2'S_1S_0D_3$
0	1	0	0	D_4	$S_2S_1'S_0'D_4$
0	1	0	1	D_5	$S_2S_1'S_0D_5$
0	1	1	0	D_6	$S_2S_1S_0'D_6$
0	1	1	1	D_7	$S_2S_1S_0D_7$

표 6-15와 같이 데이터 선택단자에 의해 선택된 출력이 각각 입력 데이터 D_0, D_1, D_2, D_3, D_4, D_5, D_6, D_7과 같을 논리식을 구하면 다음과 같다.

$$X = S_2'S_1'S_0'D_0+S_2'S_1'S_0D_1+S_2'S_1S_0'D_2+S_2'S_1S_0D_3$$
$$+ S_2S_1'S_0'D_4+S_2S_1'S_0D_5+S_2S_1S_0'D_6+S_2S_1S_0D_7$$

따라서 위 논리식에 의한 논리회로도를 인에이블 기능과 함께 회로를 구성하면 그림 6-34와 같다.

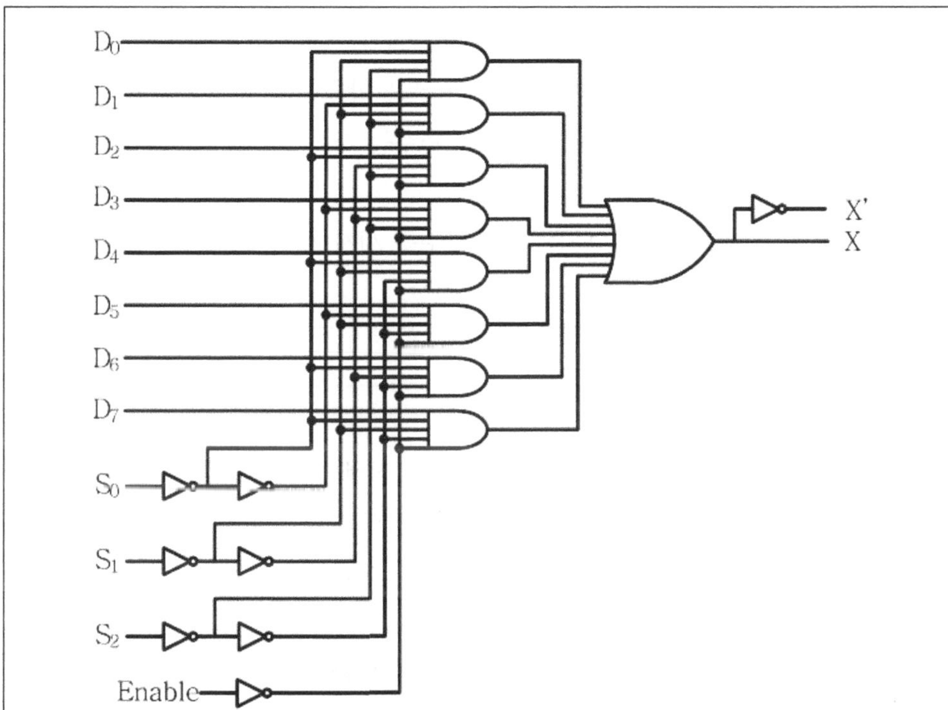

[그림 6-34] 8×1 인에이블 멀티플렉서 회로도

(3) 멀티플렉서에 의한 부울 함수의 실현

앞에서 우리는 디코더와 OR 게이트를 써서 임의 부울 함수를 실현할 수 있었다. 그림 6-32를 살펴보면 멀티플렉서는 OR 게이트와 이미 결합되어 있는 디코더와 같다는 것이 드러난다. 멀티플레서에서 선택선들을 제어함으로써 최소항들을 제어할 수 있으며, 이때 함수의 변수들은 선택선에 연결된다. 수행되어질 함수에 포함되어 있는 최소항들은 대응되는 입력들을 1로 만듦으로써 선택되어지며 함수에 포함되어 있지 않은 최소항들은 대응되는 입력선을 0으로 만듦으로써 디에이블 되어 진다. 이것이 n개의 변수들로 이루어진 부울 함수를 $2^n \times 1$ 멀티플렉서로 수행하는 방법이다. 그러나 더 좋은 방법이 있다.

만일 우리가 n+1개의 변수들로 이루어진 부울 함수를 가진다면 우리는 이 변수들 중 n개를 선택해서 멀티플렉서의 선택선들과 연결한다. 나머지 1개의 변수는 멀티플렉서의 입력들에 사용된다. 만일 이 변수를 A라 하면, 멀티플렉서의 입력들은 A, A', 0, 1이 된다. 입력들에 대해 이 4개의 변수들을 효과적으로 사용하고 다른 변수들을 선택선들과 연결함으로써 우리는 임의의 부울 함수를 하나의 멀티플렉서를 사용하여 실현할 수 있다. 이 방법으로 n+1개의 변수를 가진 함수를 $2^n \times 1$ 멀티플렉서로 실현하는 것이 가능하다.

이 과정을 3개의 변수를 가진 다음 부울 함수를 써서 설명해 보자.

$F(A, B, C)=\sum m(1,\ 3,\ 5,\ 6)$

이 함수는 그림 6-35에 있는 4×1 멀티플렉서로 실현할 수 있다. 입력 B와 C를 선택하여 각각 S_1과 S_0에 연결한다. 멀티플렉서의 입력들을 0, 1, A, A'라 하자.

BC=00일 때 I_0가 선택되고, I_0=0이므로 출력 F=0이다. 그러므로 A 값과 무관하게 BC=00이면 출력이 0이 되기 때문에 m_0=A'B'C'와 m_4=AB'C'는 둘 다 0을 출력한다.

BC=01일 때 I_1=1이므로 출력 F=1이다. 그러므로 A 값과 무관하게 BC =01이면 출력이 1이기 때문에 m_1=A'B'C와 m_5=AB'C는 둘 다 1을 출력한다.

BC=10일 때는 입력 I_2가 선택되어진다. 이 입력에는 A가 연결되어 있기 때문에 m_6=ABC'이면 A =1이므로 출력 F=1이다. 또 m_2=A'BC'이면 A=0이므로 출력 F=0이다.

마지막으로 BC =11이면 입력 I_3가 선택되어진다. 이 입력에는 A'이 연결되어 있기 때문에 m_3=A'BC의 경우 F=1이 되고, m_7=ABC의 경우 F=0이 된다. 이것은 그림 6-35(b)에 요약되어 있으며 그림 6-35(b)는 우리가 수행하려고 하는 함수의 진리표가 된다.

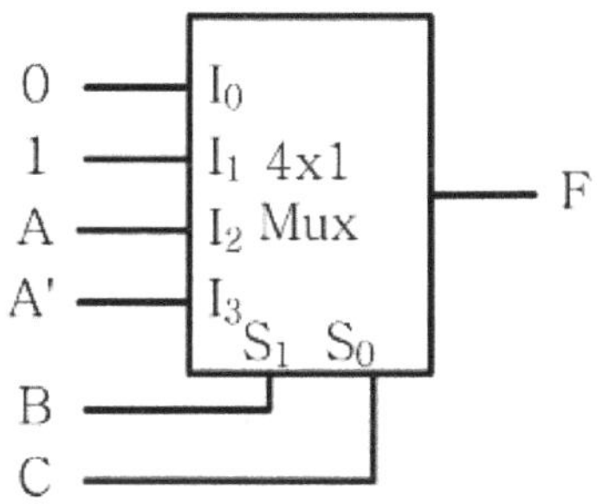

(a) 멀티플렉서 실현

최소항	A	B	C	F
0	0	0	0	0
1	0	0	1	1
2	0	1	0	0
3	0	1	1	1
4	1	0	0	0
5	1	0	1	1
6	1	1	0	1
7	1	1	1	0

(b) 진리표

입력선	I_0	I_1	I_2	I_3
A'	0	①	2	③
A	4	⑤	⑥	7
입력설정	0	1	A	A'

(c) 실현표

[그림 6-35] 멀티플렉서로 $F(A,B,C)=\Sigma(1, 3, 5, 6)$의 실현

따라서 MUX를 이용하여 부울 함수를 실현하는 과정은 다음과 같다.

1. 먼저 함수들을 최소항의 합으로 표현하라.
   최소항들에 대해 선택된 변수들의 순서가 ABCD····라 가정하자. 여기서 A는 n 변수들의 순서에서 가장 왼쪽에 있는 변수이며 BCD····는 남은 n-1 변수들이다.
2. n-1개의 변수를 선택선에 연결한다.
   이 때, B는 가장 순서가 높은 선택선에 연결되고 C는 그 다음의 선택선에 연결된다. 마지막 변수는 가장 낮은 선택선에 S_0에 연결한다.
3. 실현표를 만든다.
   그럼 변수 A를 생각해 보자. 이 변수는 순서대로 정렬된 변수들 중에서 가장 순서가 높은 변수이므로 최소항들의 목록 중 처음 반은 A'을 가지며 나머지 반은 A를 가진다. 3개의 변수들 A, B, C의 경우 우리는 8개의 최소항을 가지는데 변수 A는 최소항 0부터 3까지에서 0으로 표현되고 최소항 4부터 7까지는 1로 표시된다.

멀티플렉서의 입력들을 목록으로 작성하고 그 입력들 아래 두 행에 모든 최소항들을 첫 행부터 써 넣는다. 그림 6-35(c)에서처럼 이때 첫 행에 있는 최소항들은 원래 진리표에서 생각해 보면 A'을 가지며 두 번째 행에 있는 최소항들은 A를 가진다.

4. 입력선의 값을 결정한다.

함수에 포함되어 있는 최소항들은 전부 원으로 둘러싼 뒤. 각 열을 개별적으로 살펴본다.

1) 열에 속하는 두 최소항들이 둘 다 원으로 둘러싸여 있지 않다면 대응되는 멀티플렉서 입력은 0이 된다.
2) 열에 속하는 두 최소항들이 모두 원으로 둘러싸여 있다면 그 열에 대응되는 멀티플렉서 입력은 1이 된다.
3) 열의 아래 최소항만 원으로 둘러싸여 있다면, 대응되는 멀티플렉서 입력은 A가 된다.
4) 열의 위 최소항만 원으로 둘러싸여 있다면 대응되는 멀티플렉서 입력은 A'이 된다.

그림 6-35(c)는 다음 부울 함수에 대한 실현표이다.

$$F(A,B,C) = \sum m(1, 3, 5, 6)$$

이 함수로부터 우리는 그림 6-35 (a)의 멀티플렉서 연결 관계를 얻을 수 있다. 이때, B와 C는 각각 S_1과 S_0에 연결되어져야만 한다.

(예) 멀티플렉서를 사용하여 다음 부울 함수를 실현하라.

F(A,B,C,D) = $\sum m(0,\ 1,\ 3,\ 4,\ 8,\ 9,\ 15)$

이것은 4개의 변수들로 구성된 함수이므로 3개의 선택선과 8개의 입력을 가진 멀티플렉서가 필요하다. 변수 B, C, D를 선택선에 적용한다. 이 때 실현표는 그림 6-36 (a)에 있다. 최소항들의 처음 반은 A'과 관련되고 나머지 반은 A와 관련된다. 함수에 포함되는 최소항들을 원으로 둘러싼 뒤 앞에서 설명된 법칙을 적용하여 멀티플렉서 입력들에 대한 값을 선택하면 그림 6-36에 있는 실현표와 회로도가 얻어진다.

입력선	I_0	I_1	I_2	I_3	I_4	I_5	I_6	I_7
A'	⓪	①	2	③	④	5	6	7
A	⑧	⑨	10	11	12	13	14	⑮
입력설정	1	1	0	A'	A'	0	0	A

(a) 실현표

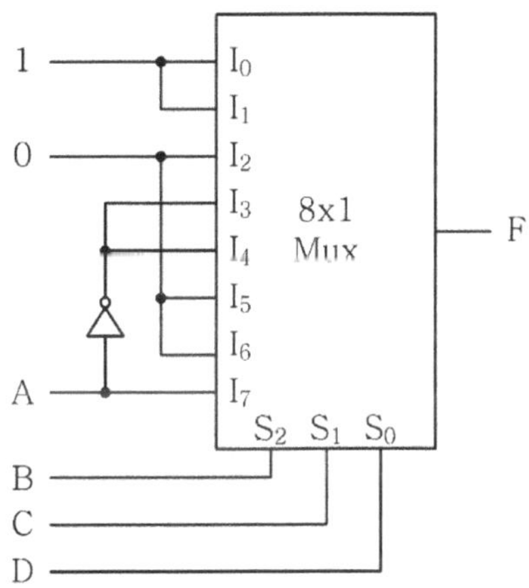

(b) 회로도

[그림 6-36] F(A,B,C,D) = $\sum m(0, 1, 3, 4, 8, 9, 15)$의 실현

6-7-2 디멀티플렉서

하나를 입력선으로부터 데이터를 취하여 다수의 출력선으로 분배하는 방식을 디멀티플렉싱(Demultiplexing)이라 하며, 디멀티플렉서(DEMUX : Demultiplexer)는 멀티플렉서와는 반대의 기능을 가진 조합 논리 회로이다. 따라서 디멀티플렉서는 전송되어온 정보들을 한 개의 선으로 수신하여 여러 개의 출력으로 분배하는 일종의 분배기로 볼 수 있다.

그러나 하나의 입력을 여러 개의 출력으로 어떻게 분배할 것인가의 문제가 따르게 되지만, 디멀티플렉서는 하나의 입력 데이터를 여러 개의 출력선 중에서 하나를 선택하여 출력하기 위한 출력선 선택을 제어하기 위한 선택(Select)기능을 가지고 있어 이 선택기능에 의해 입력 데이터를 어느 출력선으로 출력할 것인가를 결정하게 된다. 다시 말하면 출력 데이터 선이 $N=2^n$개라면 n개의 선택단자를 갖게 된다.

다음 그림 6-37는 1-to-2^n(1×2^n) 디멀티플렉서의 블록도이다

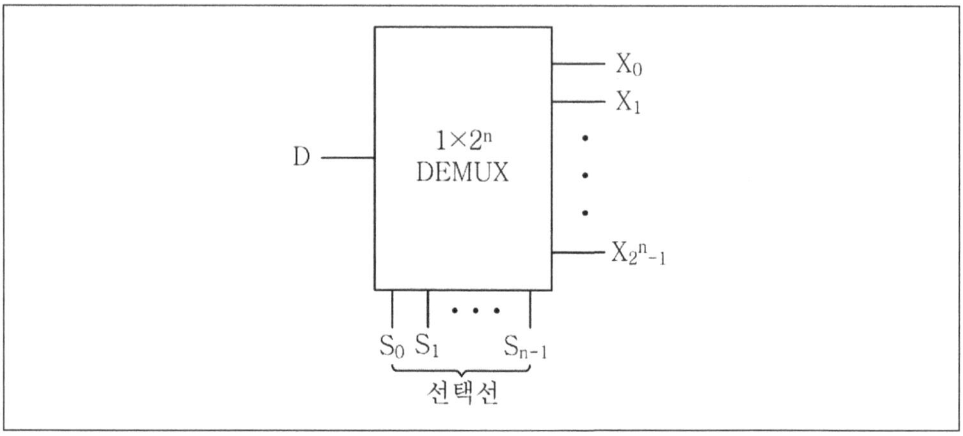

[그림 6-37] 1×2^n 디멀티플렉서의 블록도

기본적인 1-to-4 디멀티플렉서를 그림 6-38에 나타내었다. 1개의 입력선과 4개의 출력선으로 구성되어 있으므로 2개의 데이터 선택을 갖게 된다.

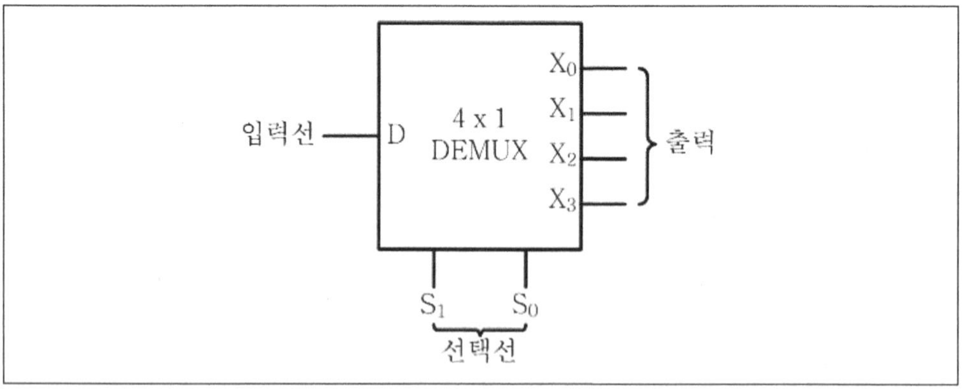

[그림 6-38] 1×4 디멀티플렉서

그림 6-38에서 데이터 선택단자에 의해 다음과 같이 출력선이 선택되어 입력 데이터가 선택된 출력단자로만 출력된다. 즉, 데이터 선택단자가 다음과 같을 때

S_1=0, S_0=0 이면 출력선 X_0가 선택되어 입력 데이터 D가 출력되며, S_1=0, S_0=1 이면 출력선 X_1이 선택되어 입력 데이터 D가 출력되고, S_1=1, S_0=0 이면 출력선 X_2가 선택되어 입력 데이터 D가 출력되며, S_1=1, S_0=1 이면 출력선 X_3가 선택되어 입력 데이터 D가 출력된다.

이와 같은 동작을 표로 나타내면 표 6-16과 같다.

[표 6-16] 선택선에 의한 출력단자 선택

데이터 선택 단자		데이터 입력	출 력
S_1	S_0		$X(X_0 \sim X_3)$
0	0	D	$S_1'S_0'D$
0	1	D	$S_1'S_0D$
1	0	D	$S_1S_0'D$
1	1	D	S_1S_0D

따라서 표 6-16과 같이 데이터 선택단자에 의해 선택된 각각의 출력단자(X_0, X_1, X_2, X_3)가 입력 데이터 D와 같을 논리식을 각각 구하면 다음과 같다.

$$X_0 = S_1'S_0'D$$
$$X_1 = S_1'S_0D$$
$$X_2 = S_1S_0'D$$
$$X_3 = S_1S_0D$$

따라서 위의 논리식에 의해서 구성된 논리 회로도는 그림 6-39와 같다.

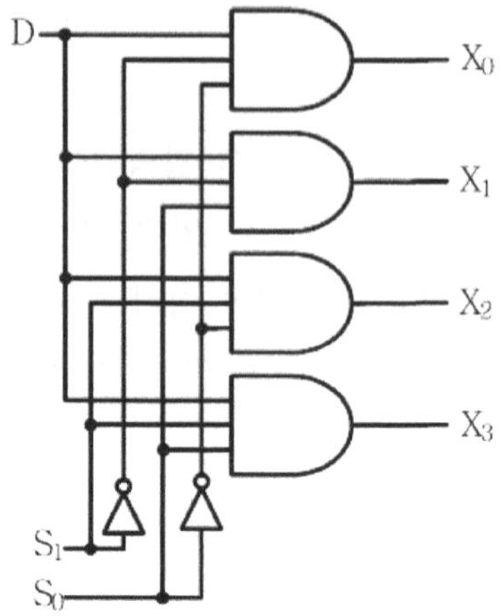

[그림 6-39] 1×4 디멀티플렉서 논리 회로도

6-8 프로그램 논리장치

프로그램 논리 장치(PLD : Programmable Logic Device)는 다수의 소규모나 중규모 집적 회로 칩 대신 소수의 대규모 집적 회로(LSI) 칩으로 동일한 기능을 할 수 있도록 해 준다.

프로그램 논리 장치들은 내부적으로 규칙적인 회로로 구성되어 있어서, 사용자는 자신의 응용 분야에 맞도록 프로그램을 하여 사용할 수 있다. 프로그램 논리 장치를 이용하여 논리회로를 설계하면 소규모나 중규모 집적 회로를 사용하는 것과 비교할 때, 물리적인 크기를 줄일 수 있고 속도도 빠르게 될 것이며 비용도 줄일 수 있다. 그 외에도 중요한 것으로 설계 작업도 쉬워진다는 점도 있다.

즉, 여러 설계 자동화 분야의 소프트웨어 도구를 이용하여, 프로그래밍 언어로 프로그램을 작성하는 형태의 작업을 하게 되고, 따라서, 설계상의 결함을 찾았을 때 쉽게 변경할 수 있다.

프로그램 논리 장치는 표 6-17에서 보는 바와 같이 세 가지가 있지만 AND 배열과 OR 배열로 구성되어 있는 점은 같다.

표 6-17에서 나와 있듯이 ROM(Read Only Memory)은 AND 배열의 입력측은 이미 고정되어 있어서 사용자가 결정할 수 없지만 OR 배열의 입력측은 여러 AND 게이트의 출력들 중 사용자가 선택하여 연결할 수 있다.

PLA(Programmable Logic Array)는 AND 게이트와 OR 게이트의의 입력 부분을 사용자가 연결할 수 있도록 하여 AND 게이트의 수를 줄일 수 있도록 해준다.

PAL(Programmable AND-Array Logic)은 최근에 가장 많이 사용되는 프로그램 논리 장치로, ROM과는 반대로 OR 배열은 고정되어 있고, AND 배열의 입력 측만 프로그램 가능하게 되어 있다. 따라서 AND 게이트 출력이 여러 군데에서 사용될 수 없지만, OR 배열측이 고정되어 있으므로 제조하기 쉬운 장점이 있다.

[표 6-17] 프로그램 논리 장치의 종류

PLD의 종류	AND 배열	OR 배열
ROM(Rcad Only Memory)	고정	프로그램 가능
PLA(Programmable Logic Array)	프로그램 가능	프로그램 가능
PAL(Programmable AND-Array Logic)	프로그램 가능	고정

위의 장치 외에도 내부적인 규칙성을 갖고 있고 자동화 도구를 이용하여 규칙적으로 배열된 게이트들의 연결 형태를 결정함으로써 대규모 집적 회로 단위의 설계를 할 수 있는 게이트 배열(Gate array)도 프로그램 논리 장치의 하나라고 할 수 있다.

6-8-1 ROM

기억 회로는 n개 입력 변수에 2^n개의 출력을 갖는 디코더와 OR 게이트로 구성된다. 디코더의 출력의 최소항들 중에 필요한 입력들을 선택하여 OR 게이트에 연결하는 과정을 ROM(Read Only Memory)의 프로그래밍이라 한다.

그리고 ROM은 선택된 2진 정보를 집합하여 저장하는 기억 장소로서, 전원에 관계없이 정보가 보존된다.

ROM은 다음 그림 6-40과 같이 n개의 입력선과 m개의 출력선으로 구성된다.

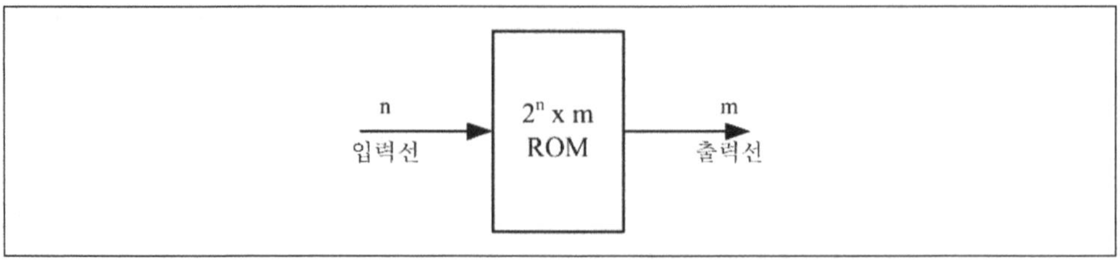

[그림 6-40] ROM의 블록도

여기서 입력선의 각 비트의 조합은 번지(Address)라고 하며, 여러 개의 최소항(Minterm) 중에 한 개를 표현하는 데 이용한다. 출력선에서 나오는 비트의 조합을 워드(word)라 한다. n개의 입력선이 있으면 2^n개의 주소가 있고, 각각의 주소에는 m비트의 조합이 기억되게 된다.

예를 들어 그림 6-41에 나타낸 회로도와 같이 256개의 기억 장소(Cell)를 갖는 ROM은 4비트로 된 64개의 워드(64×4 ROM)로 구성됨을 알 수 있다. 여기서 ROM은 4개의 출력선과 2^6 = 64개의 워드를 지정하기 위한 6개의 입력선을 갖는다. 그래서 ROM 내에 저장되는 총 비트수는 64×4 = 256 비트이다.

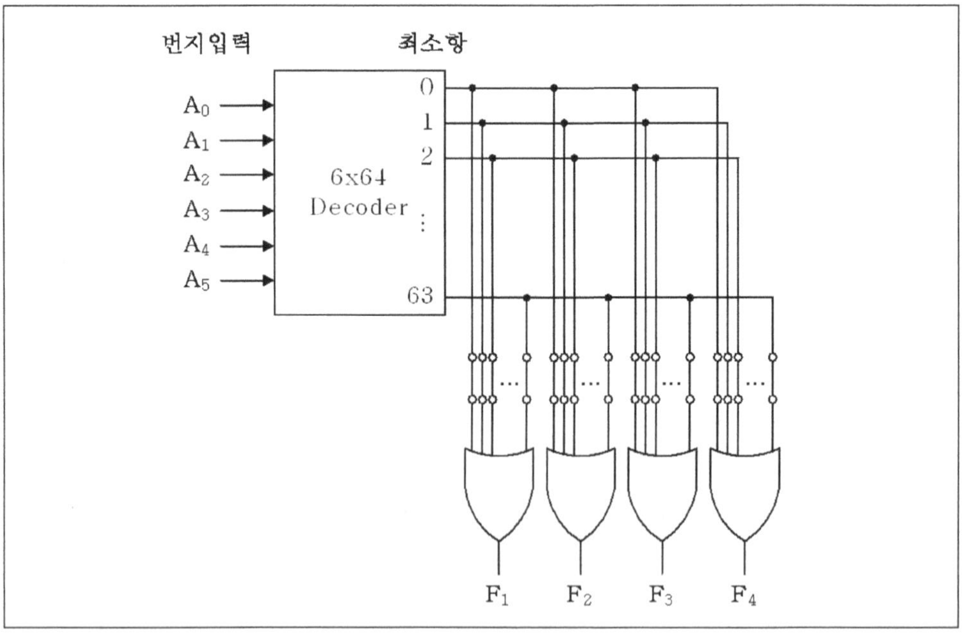

[그림 6-41] 64×4 ROM의 블록도

ROM의 논리도는 n 입력 변수들의 최소항들 중에 함수에 포함되지 않은 최소항들의 연결 고리를 끊어 버린다. 결론적으로 ROM은 끊어지지 않은 최소항들을 OR하여 만든 조합 논리 회로라 할 수 있다.

[예] 전가산기를 ROM으로 설계해 보시오.

전가산기 함수를 다시 쓰면 다음과 같다.

$$S(X, Y, Z) = \sum m(1, 2, 4, 7)$$
$$C(X, Y, Z) = \sum m(3, 5, 6, 7)$$

입력의 수가 3, 출력의 수가 2이므로 $2^3 \times 2$의 ROM이 필요하다. 해당 최소항을 각 출력에서 선택하여 OR하면 되므로 그림 6-42를 얻는다.

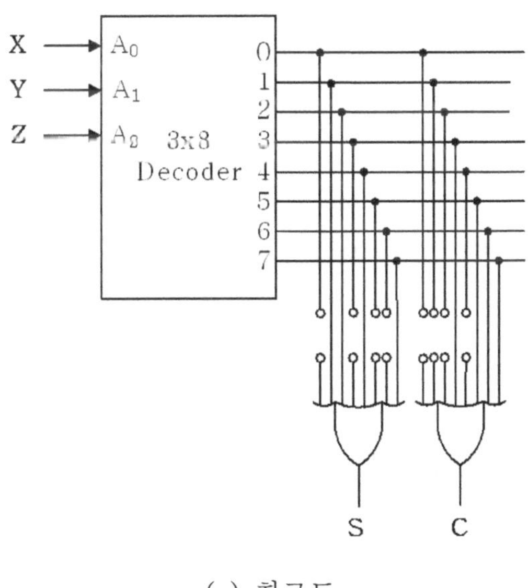

(a) 회로도

X	Y	Z	S	C
0	0	0	0	0
0	0	1	1	0
0	1	0	1	0
0	1	1	0	1
1	0	0	1	0
1	0	1	0	1
1	1	0	0	1
1	1	1	1	1

(b) 진리표

[그림 6-42] 8×2 ROM을 이용한 전가산기의 설계

그림 6-42에서도 알 수 있지만 ROM의 내부 연결은 진리표(그림 6-42 (b))를 그대로 옮겨 놓은 것에 지나지 않는다. 따라서 설계하고자 하는 함수의 진리표만 명확하면 ROM을 이용한 설계 과정은 단순한 작업이다.

ROM에 필요한 자료를 기억시키려면 사용자는 함수의 진리표를 만들어 제작자에게 넘겨주면 제작자는 사용자의 요구에 맞는 마스크(Mask)를 만들어 ROM의 연결 형태를 결정한다. 특히 제작하는 ROM의 개수가 많을 때는 이러한 마스크형의 ROM을 사용하는 경우가 많다.

반면에 사용자가 현장에서 직접 프로그래밍할 수 있는 유형의 ROM도 있다. 예를 들어, 대량 생산 이전의 시작품(prototype)을 만드는 경우에는 개수가 많지 않으므로 일일이 마스크를 뜨는 것은 낭비가 된다. PROM(Programmable ROM)이 이에 속하며, 그림 6-41의 링크가 휴즈(fuse)로 되어 있어서 과전류를 흘리는 등의 동작으로 연결을 차단할 수 있도록 되어 있다. PROM은 사용자가 한 번은 자료를 기억시킬 수 있지만, 만일 내용이 달라지게 되면 그 칩을 버려야 한다.

EPROM(Erasable PROM)은 사용자가 자외선을 비추는 다른 장치를 통하여 링크를 복원할 수 있도록 하여 재사용이 가능하게 한 PROM이다. 이 경우 칩에 들어 있는 내용의 일부를 지울 수는 없기 때문에 전체를 지우고, 다시 프로그래밍하는 과정을 밟게 된다. 물론 이러한 과정은 지원 도구에 의하여 쉽게 이루어진다. 자외선 삭제 장치로 칩 전체의 내용을 지울 때 수 분의 시간이 필요하다.

EEPROM(Electrically Erasable PROM)은 EPROM이 자외선 삭제기와 같은 장치를 필요로 하고, 한 부분을 수정할 때에도 모두 삭제해야 하는 단점을 개선하여, 전자회로적으로 바이트별로 수정을 할 수 있도록 한 ROM이다. 그러나 무한정 수정을 할 수 없는 단점이 있다.

위의 여러 가지 ROM의 유형, 제조 기술, 읽기 시간, 쓰기 시간 등에 관한 것을 표 6-18 정리하였다.

[표 6-18] ROM의 종류와 특성

분 류	제조 기술	읽기 시간	쓰기 시간	비 고
마스크 ROM	NMOS, CMOS	25~500ns	-	저전력
마스크 ROM	바이폴라	<100ns	-	고전력, 저밀도
PROM	바이폴라	<100ns	5분	고전력
EPROM	NMOS, CMOS	25~500ns	5분	재사용 가능, 저전력
EEPROM	NMOS	50~500ns	10ms/바이트	쓰기 횟수에 한계 있음

EPROM과 EEPROM의 중간쯤 되는 성질을 가진 플래시 기억 장치(Flash memory)가 특히 최근에 각광을 받고 있다. 플래시 기억 장치는 1980년도 중반 무렵에 소개되었으며, 전자 회로적으로 삭제한다는 점은 EEPROM과 같으나 바이트별로 수정할 수는 없고, 수백 또는 수천 바이트 정도의 블록(Block) 단위로 삭제하여 프로그래밍을 한다는 점은 EPROM과 유사하다.

물론 칩 전체를 오프라인(Off-line) 장치로 지워야 하는 EPROM보다는 훨씬 사용하기 용이한 장점은 있다. 또 칩에 넣을 수 있는 하드웨어 성분의 밀도 면에서 EPROM과 EEPROM의 중간쯤 되는 값을 갖는다. 이 세 가지 PROM은 공통적으로 읽기보다 쓰기에 시간이 많이 걸린다. 또 전원이 차단되어도 내용이 지워지지 않는 특성이 있으므로 특히 휴대용 시스템을 제작할 때 장점이 있다.

6-8-2 PLA

ROM은 그 구조상 모든 최소항들을 미리 준비하고 있는 것이므로 구현하고자 하는 함수에 따라 불필요한 AND 게이트가 들어 있는 셈이 된다. 전가산기를 설계하는 경우, 최소항 m_0를 만든 디코더 내의 AND 게이트는 불필요한 것이다.

만일 ROM의 디코더 대신 사용자가 임의로 연결하여 사용할 수 있는 AND 게이트 배열 을 사용하면 실제 필요한 AND 게이트의 수는 디코더보다 적을 것이다. ROM 내의 디코더는 출력의 사용 형태에 의해서가 아니다. 입력의 개수에 따라 그 복잡도가 정의된다. 더구나 무관 조건이 있는 경우에는 AND 게이트를 더 줄일 수 있다. 또한 원 함수식을 간소화 과정을 통하여 간단히 하게 되면 그 효과는 더 말할 것도 없다.

PLA(Program Logic Array)는 AND 배열 부분을 사용자가 프로그래밍 과정을 통해 임의로 연결하게 하여, 하드웨어 요구량을 ROM보다 작게 할 수 있도록 한 장치이다. 따라서 특히 필요한 게이트 수를 줄일 필요가 있는 응용 분야, 예를 들어 프로세서 내부의 제어 장치(Control unit)의 설계에 이용될 수 있다.

그림 6-43은 PLA의 블록도를 나타낸 것이다. PLA는 n개의 입력, m개의 출력, k개의 곱 항(AND 게이트) 그리고 m개의 합 항(OR 게이트)들로 구성된다.

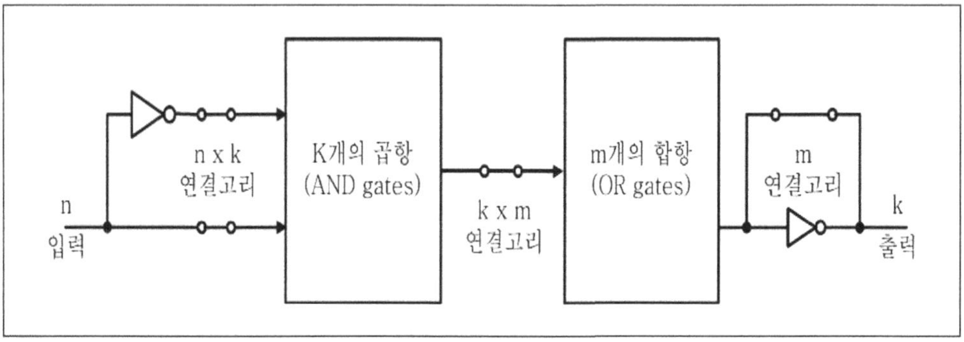

[그림 6-43] PLA의 블록도

그림 6-44는 PLA의 내부 구조를 그린 것이다. AND 게이트 입력, OR 게이트 입력 등 두 군데에 링크(×표시)가 있는 것을 확인할 수 있다.

PLA의 규격은 입력의 수×AND 게이트의 수×OR 게이트의 수, 즉 세 수치에 의하여 정의된다. 그림 6-44는 4×6×3의 규격을 갖는다.

어떤 PLA들은 출력 부분에도 링크가 있어서 역(Complement)의 형태로도 출력이 되도록 하는 것도 있다. 따라서 AND-OR 형태의 식도 구현할 수 있지만, AND-OR-INVERT(또는 AND-NOR) 형태의 식도 설계할 수 있게 한다.

PLA의 종류에 따라서는 출력의 일부가 다시 입력측으로 들어갈 수 있도록 만들어진 것들도 있다. 이러한 PLA에서는 다단계 회로(Multi-level circuit)도 설계할 수 있다.

PLA의 링크는 ROM과 마찬가지로 마스크 프로그램이 가능한 것도 있고, 퓨즈 형태로 되어 있어서 사용자가 현장에서 프로그램 할 수 있는 FPLA(Field Programmable PLA)도 있다.

PLA를 사용하여 회로 설계를 하려면 식의 형태를 간소화시켜서 사용하려고 하는 PLA의 규격에 맞추어야 한다. 물론 이 경우 카르노 맵 등의 논리 간소화 방법을 사용해야 하지만, 이 경우 간소화의 목표는 최선의 형태가 아니라 주어진 PLA의 규격에 맞도록 하는 것이다.

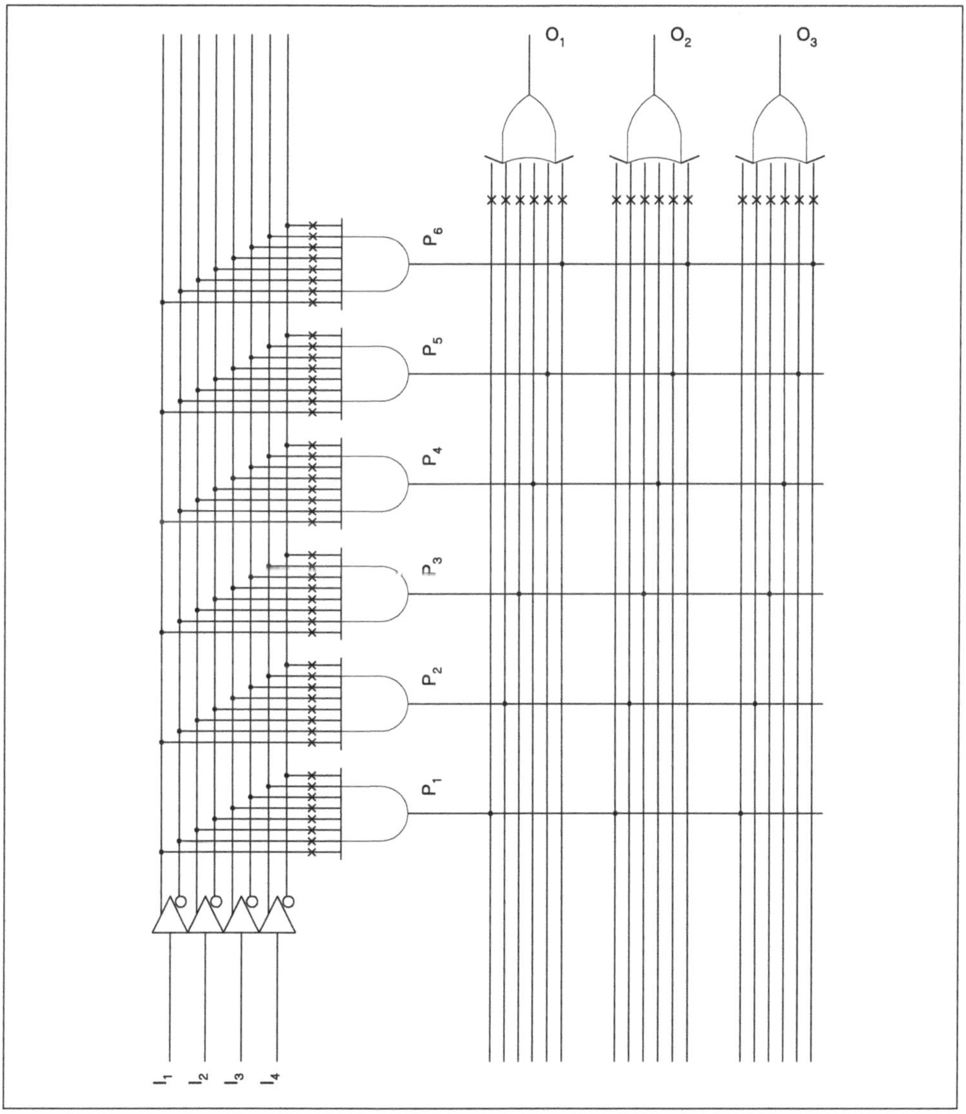

[그림 6-44] PLA의 구조

다음의 [예]에서 진리표로 주어진 함수를 PLA로 설계해 보자.

[예] 다음 그림 6-45의 (a)에 진리표로 주어진 함수를 3×3×2 PLA로 설계하시오.

그림 6-45 (a)의 진리표를 보면 모두 4개의 최소항이 필요함을 알 수 있다. 그런데 주어진 PLA의 규격상 AND 항이 3개만 허용되므로 하나의 항을 줄이지 않으면 안 된다. 그림 6-45 (b)의 카르노 맵으로 간소화를 행하면 쉽게 하나의 항은 줄일 수 있다. 즉, 다음의 식으로 F_1, F_2를 구현할 수 있다.

$$F_1 = AB' + AC$$
$$F_2 = AC + BC$$

위에서 AC 항은 공통으로 사용할 수 있는 항이므로 전체적으로 3개의 AND 게이트만으로 설계할 수 있는 식이 된 것이다.

그림 6-45의 (c)는 PLA 구조를 일일이 그리지 않고 연결 상태만을 나타낼 수 있는 PLA 프로그램표이다. 이 프로그램 표에서 1은 바로 연결됨을 의미하고, 0은 역의 형태로 연결됨을 나타내고 그리고 밑줄(_)은 연결이 필요하지 않음을 나타낸다.

A	B	C	F_1	F_2
0	0	0	0	0
0	0	1	0	0
0	1	0	0	0
0	1	1	0	1
1	0	0	1	0
1	0	1	1	1
1	1	0	0	0
1	1	1	1	1

(a) 진리표

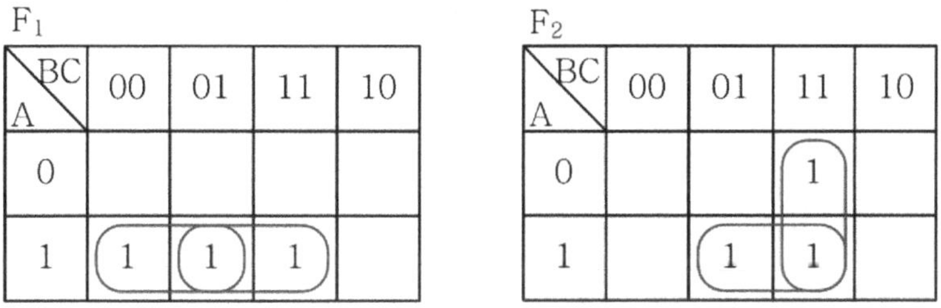

(b) 카르노 맵

	AND 항	입력			출력	
		A	B	C	F_1	F_2
AB	1	1	0	_	1	_
AC	2	1	_	1	1	1
BC	3	_	1	1	_	1

(c) PLA 프로그램표

[그림 6-45] PLA를 이용한 설계

그림 6-45 (c)의 표는 자동화 도구에서 입력 수단으로 사용되는 형태와 유사하다. 설계된 회로도를 그림 6-46에 나타내었다.

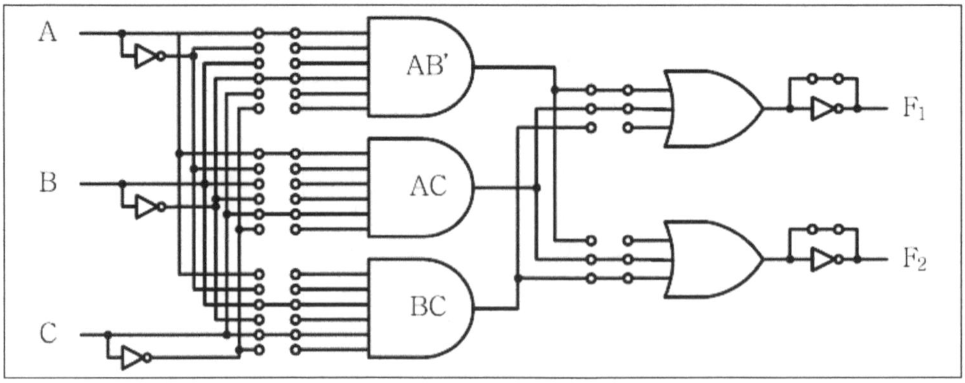

[그림 6-46] 그림 6-34의 회로도

그림 6-46은 그림6-47과 같이 간략화된 형태로 표현하는 경우도 있다.

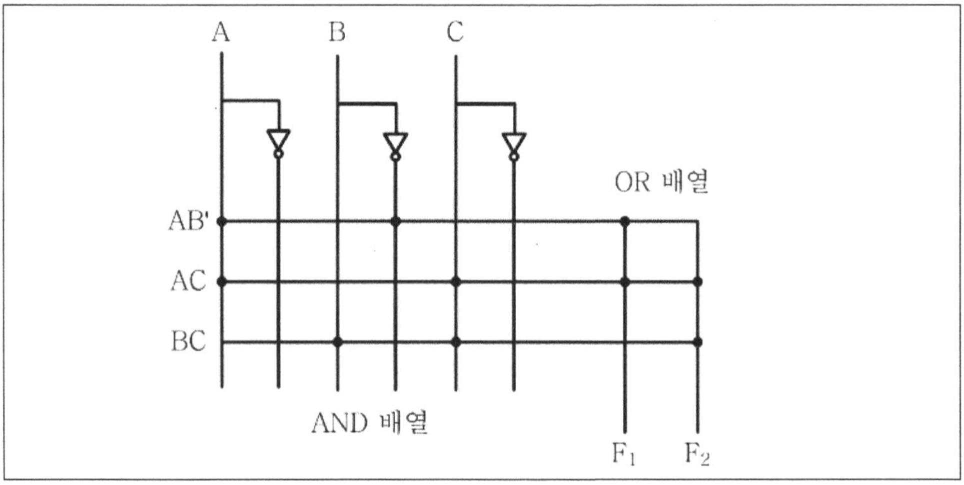

[그림 6-47] 간략화된 PLA 구조도

6-8-3 PAL

PAL은 1970년도 후반에 처음 소개되었으며, 현재 널리 사용되고 있는 중요한 프로그램 논리 장치이다. AND 배열은 프로그램 가능하지만, OR배열은 정해진 개수의 AND 출력(2~16개)들이 고정적으로 연결되도록 되어 있다.

이 AND 게이트 출력들은 다른 OR 게이트에서는 사용할 수 없다.

그림 6-48에서 이러한 구조를 확인할 수 있다. PAL은 이러한 구조적 특징 때문에 일반적인 설계 방법이라 볼 수 있는 PLA보다 하드웨어적으로 단순하며, 비용이 적게 든다.

또 프로그래밍 과정이 비교적 쉬운 장점도 있다.

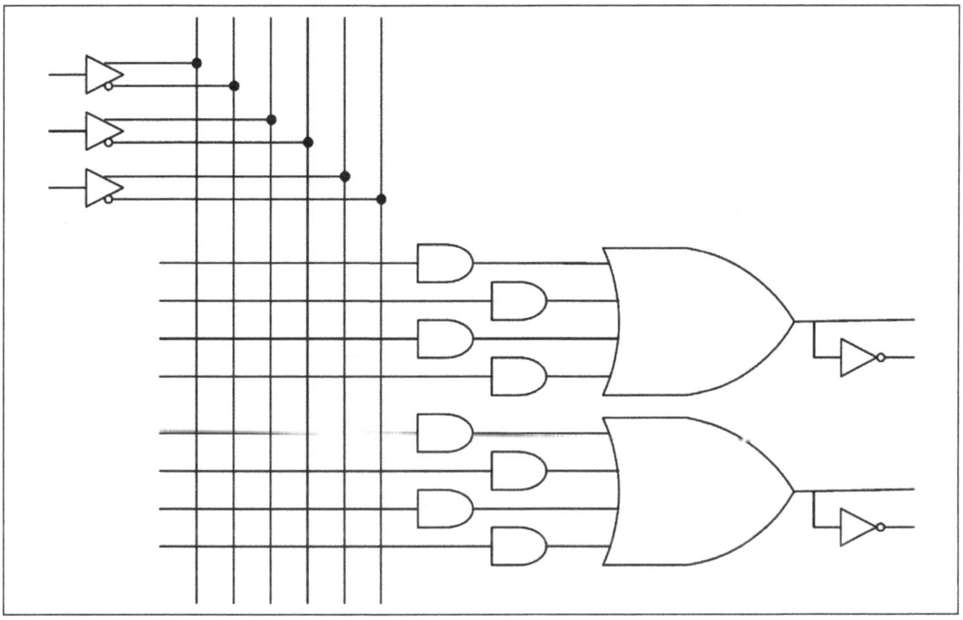

[그림 6-48] PAL의 구조

그림 6-48에서 두 가지 형태의 출력을 얻을 수 있는 PAL의 한 형태를 보였다. 종류에 따라서 출력 형태는 AND-OR 또는 AND-NOR의 형태 중에서 하나만을 가지는 것도 있다.

PAL의 규격은 입력의 수와 출력의 수 및 OR 게이트의 입력의 수로 주어진다.

그림 6-48의 PAL은 입력의 수 3, 출력의 수 2, OR 게이트 입력의 수는 4이다.

PAL은 OR 게이트 입력의 수가 한정되어 있으므로 PLA보다 융통성이 떨어지는 단점이 있다. 즉, 큰 수의 OR 입력이 필요한 함수는 구현하기 어렵다. 만일 입력과 출력의 수에 여유가 있다면 그 출력을 다시는 출력 중의 일부를 다시 입력으로 들어가게 하는 내부적인 연결을 갖는 것들도 있다. 다음의 예로 이를 설명하겠다.

[예] 다음에 주어진 4출력 함수를 입력 수 5, 출력 수 4, OR 게이트 입력이 3의 규격을 가진 PAL(그림 6-49)을 사용하여 설계할 수 있음을 보이시오.

$$F_1(A, B, C, D) = \sum m(2, 12, 13)$$

$$F_2(A, B, C, D) = \sum m(7, 8, 9, 10, 11, 12, 13, 14, 15)$$

$$F_3(A, B, C, D) = \sum m(0, 2, 3, 4, 5, 6, 7, 8, 10, 11, 15)$$

$$F_4(A, B, C, D) = \sum m(1, 2, 8, 12, 13)$$

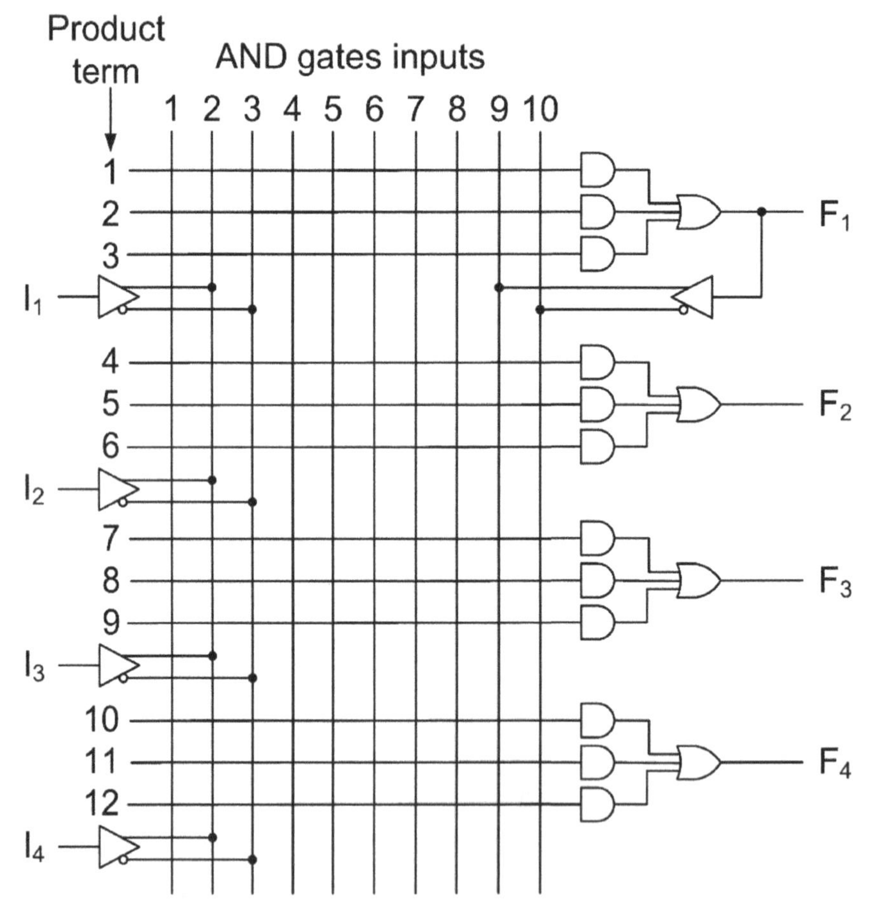

[그림 6-49] 입력 수 5, 출력 수 4, OR 게이트 입력이 3의 규격을 가진 PAL

위 함수들을 그림 6-50과 같이 각각 카르노 맵으로 간소화시키면 다음의 식을 얻는다.

$$F_1 = ABC' + A'B'CD'$$

$$F_2 = A + BCD$$

$$F_3 = A'B + CD + B'D'$$

$$F_4 = ABC' + A'B'CD' + AC'D' + A'B'C'D$$

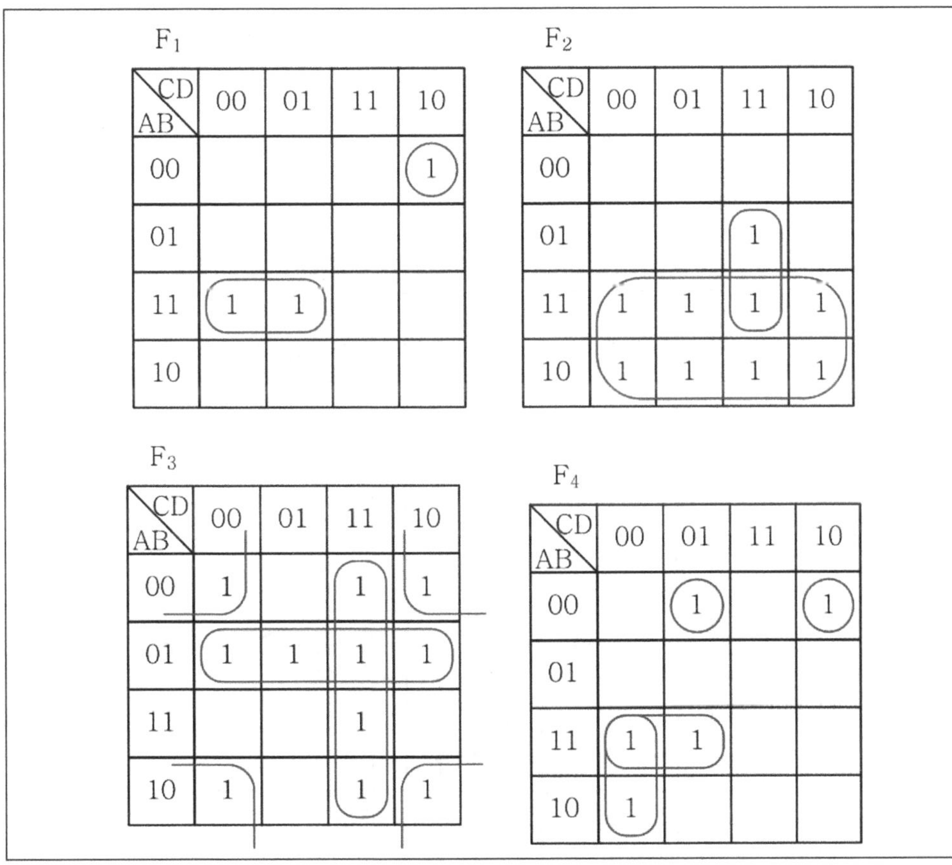

[그림 6-50] [예]의 카르노 맵

그런데 위 네 함수 중 에러 F_4는 OR 게이트 입력이 4개 필요하므로 그대로는 PAL의 규격에 맞지 않는다. 그래서 F_4를 다음과 같이 변형한다.

F_4 = F_1+AC'D'+A'B'C'D

즉, 출력중에서 F_1을 다시 압력으로 사용하여 F_4를 만든다. 이 때 F_4는 AND항이 3개뿐이므로 PAL의 규격을 만족한다.

주어진 PAL의 입력의 수가 5이므로 F_1을 A, B, C, D 외의 하나의 입력으로 할 수 있다. 따라서 주어진 함수는 가정된 PAL로 설계할 수 있다. 설계된 회로도를 그림 6-51에 나타내었다.

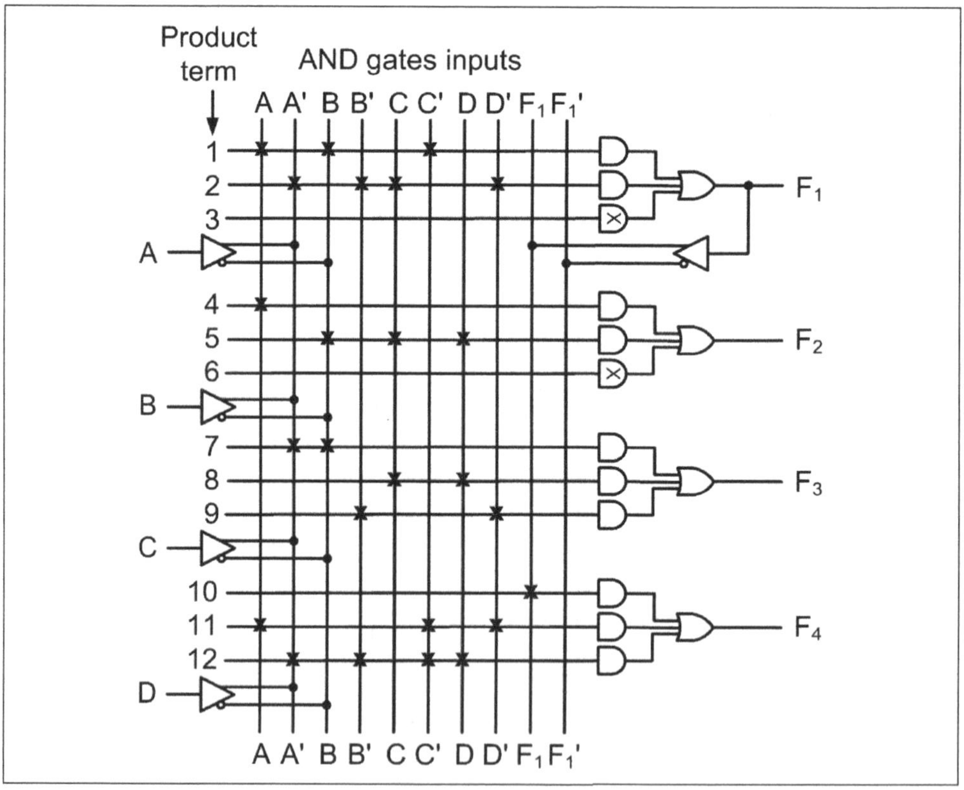

[그림 6-51] 회로도

연습문제

1. 조합회로는 4개의 입력과 1개의 출력을 가진다. 출력은 모든 입력이 1이거나, 모든 입력이 0이거나, 홀수개의 입력만 1일 때 1이 된다.

   (1) 최소항의 합으로 표현되는 출력함수를 구하시오.
   (2) 곱의 합으로 표현되는 출력함수를 구하시오.
   (3) 논리도를 그리시오.

2. 각각 2개의 비트로 구성된 두 2진수를 곱해 보자. 이때, 두 2진수는 a1, a0와 b1, b0로 표시되며 첨자 0응 최하의 비트를 표시한다. 다음에 답하시오.

   (1) 필요한 출력선의 수를 결정하시오.
   (2) 각 출력에 대한 단순화된 부울 함수를 구하시오.

3. 다음 그림에서 HA의 (1) 합 출력(S), (2) 자리올림 출력(C)을 적으시오

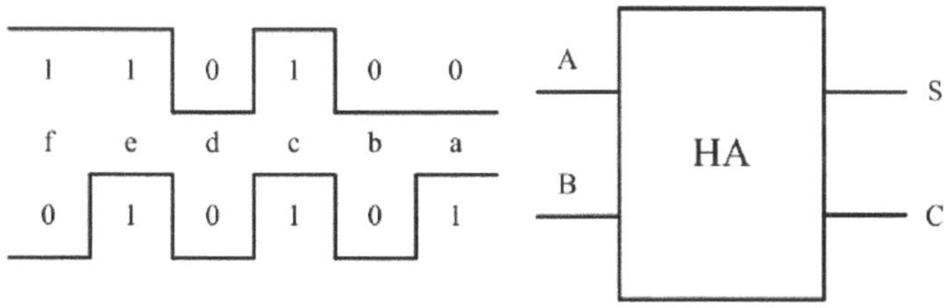

4. 다음 그림에서 FA의 (1) 합 출력(S), (2) 자리올림 출력(Co)을 적으시오

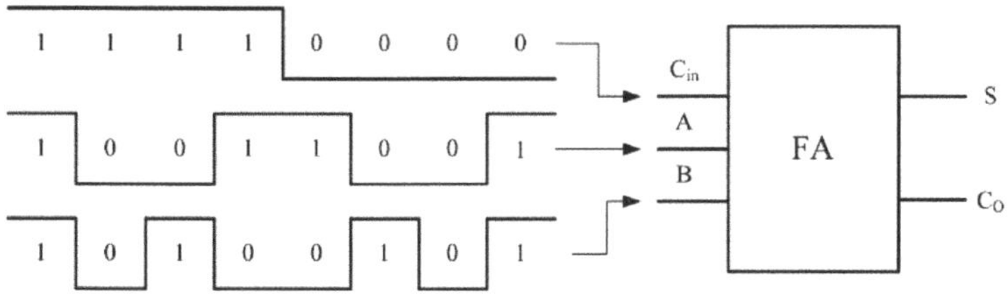

5. XOR과 NAND 케이트만을 사용하여 전가산기를 설계하시오.

6. 4비트 전가산기 MSI 회로를 사용하여 Excess-3 코드를 BCD 코드로 바꾸는 코드 전가산기를 설계하시오.

7. 4개의 MSI 회로를 사용하여 2개의 16비트 2진수를 더하는 2진 병렬 가산기를 구성하고, MSI 회로들 사이의 모든 캐리에 기호를 붙이시오.

8. BCD 가산기에는 어느 정도의 리던던시(redundancy) 입력이 있는지 답하시오.

9. BCD 10진 디코더와 4개의 OR 게이트를 써서 BCD를 3층 코드로 변환하는 코드 변환기를 설계하시오.

10. 조합 회로가 다음 함수들에 의해 정의될 때 디코더와 외부 게이트들을 사용하여 회로를 설계하시오.

$$F1 = X'Y' + XYZ'$$

$$F2 = X' + Y$$

$$F3 = XY + X'Y'$$

11. NOR 게이트들만 사용하여 2×4 디코더/디멀티플렉서 논리도를 그리시오.

12. 4×2 우선순위 인코더를 설계하시오. 이때 출력 E는 적어도 하나의 입력이 1이라는 것을 지시한다.

13. 멀티플렉서들로 전가산기를 구성하시오.

14. 다음을 수행하는데 필요한 ROM의 크기를 구하시오.

(1) 뺄셈과 덧셈을 선택하는 데 사용되는 하나의 제어 입력을 갖는 BCD 가산기/감산기

(2) 두 4 비트수를 곱하는 2진 승산기

(3) 공통으로 선택선들을 사용하는 두 단위로 된 4×1 멀티플렉서

15. 3 비트수를 제곱하는 조합 회로에 대한 PLA 프로그램 표를 유도하고, 곱의 항의 수를 최소화시키시오.

제7장 플립플롭

논리회로는 크게 두 종류로 분류할 수 있다. 하나는 지금까지 다루어온 조합논리회로로서 출력신호는 현재의 입력신호에만 의하여 결정된다. 또 다른 하나는 논리회로 중 매우 중요한 또 다른 종류인 순서논리회로로서 순서 논리 회로(Sequential logic circuit)는 현재의 입력 신호뿐만 아니라 일정 시간이 지난 후에 출력 신호의 일부가 입력으로 피드백(Feedback)되어 출력 신호에 영향을 주는 회로이다.

조합논리회로의 기본 구성단위는 논리게이트이고, 순서논리회로의 기본 구성단위는 플립플롭이라 불리는 기억소자이다.

이장에서는 여러 종류의 플립플롭을 설명하고자 한다. 실제로 사용할 수 있는 플립플롭은 NAND 게이트와 같은 논리게이트를 조합하여 구성할 수도 있고, 완성된 IC로 만들어진 것을 구입할 수도 있다. 플립플롭을 조합하녑 기억, 계시, 계수 및 순서제어를 위한 논리회로를 구성할 수 있다.

7-1 플립플롭의 동작과 종류

플립플롭(F/F : Filp-Flop)은 2진 부호 0 또는 1을 기억하는 최소 기억 소자이다. 플립플롭은 입력 신호를 변경하지 않는다면 일단 기억된 정보는 계속 유지된다.

입력 신호 외에 출력에 영향을 주는 클록(Clock) 펄스의 유무에 따라 비동기식 플립플롭(Asynchronous F/F)과 동기식 플립플롭(Synchronous F/F)으로 구분할 수 있다.

7-1-1 기본적 플립플롭

S(set)와 R(reset)의 두 입력과 Q와 Q' 의 출력을 갖는 R-S 플립플롭은 다음 그림 7-1과 같이 표현할 수 있다. R-S 플립플롭은 두 개의 NOR 게이트, 두 개의 NAND 게이트 형태로 각각 표현할 수 있다.

이 회로는 클록 펄스를 이용하지 않고 입력 신호에 따라 출력 신호가 변화하기 때문에 비동기식 플립플롭이라 한다.

R-S 플립플롭은 각 게이트의 출력이 서로 상대방의 입력에 접속되어 있다. 따라서 한 게이트 출력은 다른 게이트 입력으로 피드백 됨을 알 수 있다.

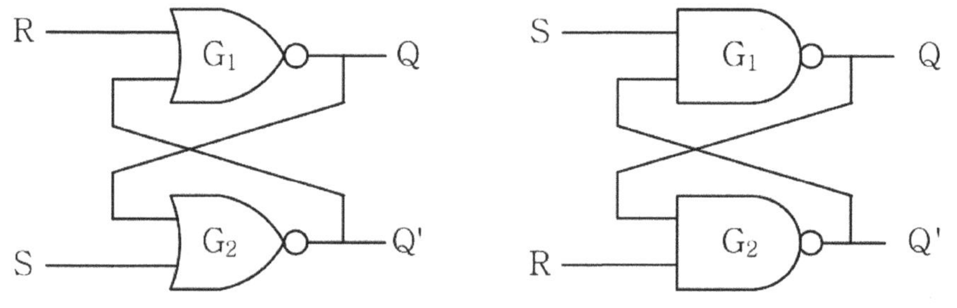

(a) NOR 게이트 형 (b) NAND 게이트 형

[그림 7-1] R-S 플립플롭

[표 7-1] R-S 플립플롭 진리표

S	R	Q	Q'	
1	0	1	0	
0	0	1	0	(S=1, R=0 이후)
0	1	0	1	
0	0	0	1	(S=0, R=1 이후)
1	1	0	0	

(a) NOR 게이트형

S	R	Q	Q'	
1	0	0	1	
1	1	0	1	(S=1, R=0 이후)
0	1	1	0	
1	1	1	0	(S=0, R=1 이후)
0	0	1	1	

(b) NAND 게이트형

그림 7-1(a)에 있는 플립플롭 회로의 동작원리를 알아보면 NOR 게이트는 입력신호 중에서 어느 하나가 1이면 출력신호는 0이 된다.

표 7-1의 R-S 플립플롭 특성표에 있는 입력신호의 순서에 따라서 출력신호의 변화를 살펴보면 S=1, R=0이면 게이트 G_2는 S 입력이 1이므로 출력 Q'이 0이 된다. 그러면 게이트 G_1은 두개의 입력이 모두 0이 되어서 출력 Q가 1이 된다.

이러한 상태에서 S=0, R=0이 되면 게이트 G_1의 두 개의 입력 R과 Q'은 모두 0이므로 출력 Q'은 여전히 1이고, 게이트 G_2의 입력 중에서 Q가 1이므로 게이트 G_2의 출력 Q'은 0이 된다. 즉, 입력신호가 S=R=0이 되면 출력신호는 변하지 않는다.

다음에 S=0 , R=1로 입력신호가 바뀐 경우에는 게이트 G_1의 입력 R이 1이므로 출력 Q는 0이 되고, 게이트 G_2의 두 개의 입력은 모두 0이 되므로 출력 Q'이 1로 변하게 된다. S=0, R=0으로 다시 입력신호가 바뀌면 앞에서와 같이 출력신호는 변하지 않는다.

S=1, R=1이 되면 두개의 출력 Q와 Q'이 모두 0이 되어 이것은 Q와 Q'이 서로 보수(complement)가 되어야 한다는 사실에 위반되므로 이러한 입력신호는 피해야 한다.

또한 그림 7-1 (b)에 있는 NAND 게이트로 구성된 플립플롭 회로의 동작원리를 알아보면 NAND 게이트는 입력신호 중에서 어느 하나가 0이면 출력신호가 1로 변하게 되는 특성이 있으므로 앞에서와 같이 진리표에 있는 순서대로 동작 원리를 이해할 수 있을 것이다.

다음 그림 7-2는 R-S 플립플롭의 블록도이다.

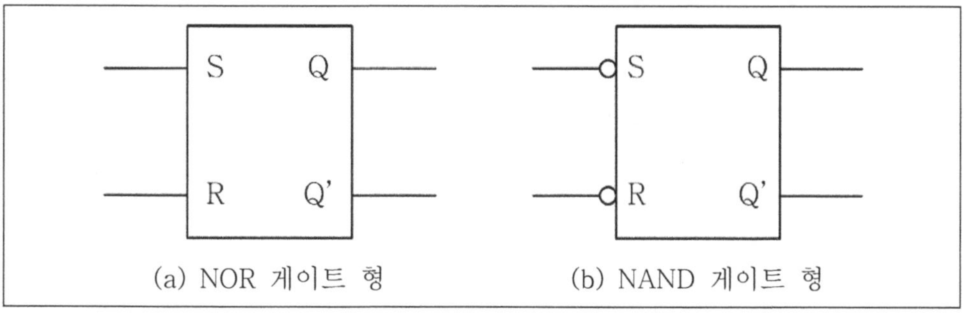

[그림 7-2] R-S 플립플롭의 블록도

다음 그림 7-3은 R-S 플립플롭의 파형도이다.

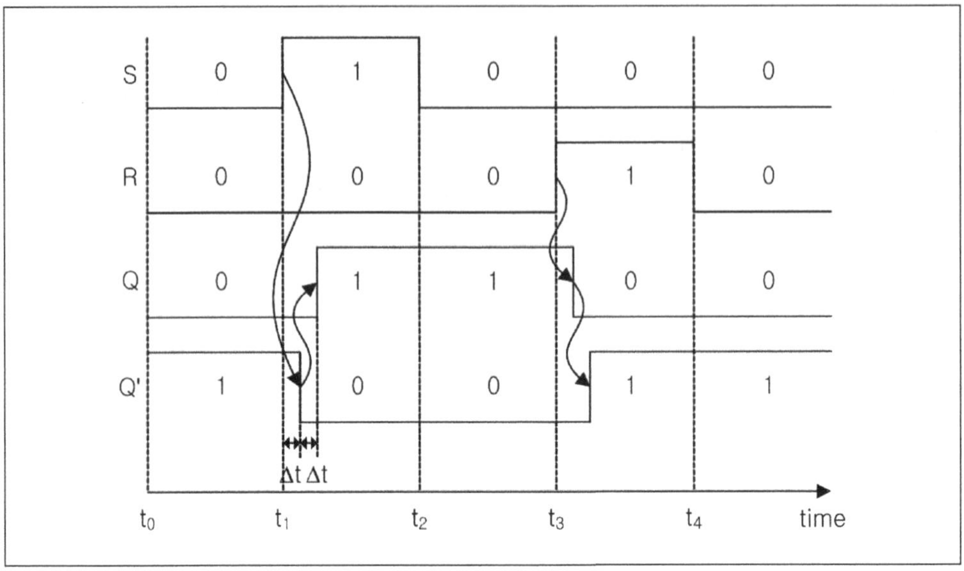

[그림 7-3] R-S NOR 게이트형 플립플롭 파형도

7-1-2 동기식 R-S 플립플롭

동기식 R-S 플립플롭은 그림 7-4 (a)에 나타낸 것과 같이 기본적인 R-S NOR 게이트형 플립플롭 앞단에 두 개의 AND 게이트를 연결하여 클록펄스와 함께 R과 S를 입력 신호로 한다. 여기서 클록 펄스는 각 부분들을 동기 시키기 위한 신호이다.

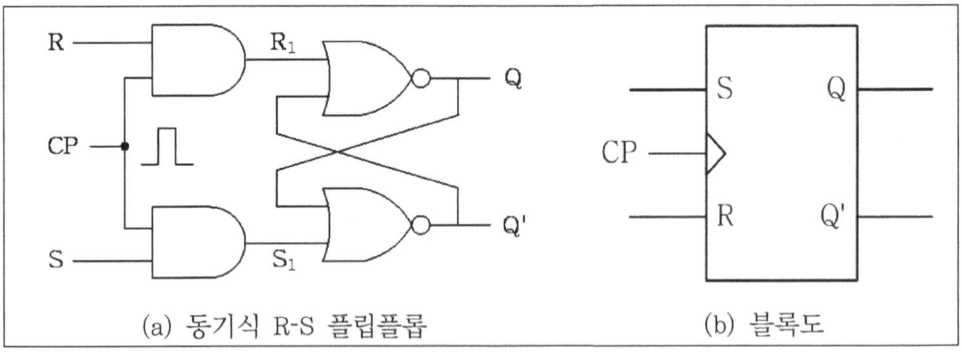

[그림 7-4] 동기식 R-S 플립플롭(NOR 게이트형)과 블록도

[표 7-2] 동기식 R-S 플립플롭 특성표

CP	Q	S	R	Q(t+ 1)
0	X	X	X	High impedence
1	0	0	0	0
1	0	0	1	0
1	0	1	0	1
1	0	1	1	불 안 정
1	1	0	0	1
1	1	0	1	0
1	1	1	0	1
1	1	1	1	불 안 정

특성표에서 플립플롭의 클록 펄스가 0인 경우 R, S 입력에 관계없이 R_1과 S_1이 0이 되므로 전기적으로 High impedance가 되어 동작 불능으로 간주된다. 그래서 클록 펄스가 1인 경우에만 기본적인 플립플롭처럼 동작함을 알 수 있다.

표 7-2의 특성표로부터 카르노 맵(그림 7-5)을 이용하여 특성 방정식을 구해보면 다음과 같다.

$$Q(t+1) = S + R'Q$$

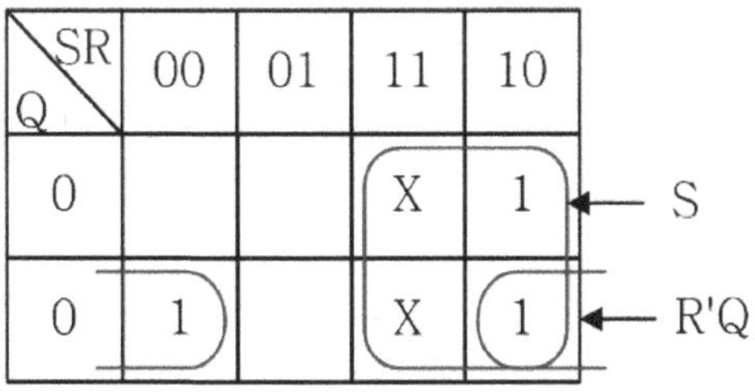

[그림 7-5] R-S 플립플롭의 카르노 맵

이 방정식은 현재 상태와 입력의 함수로서 다음 상태의 값을 나타낸다.

R-S 플립플롭의 문제점으로 S와 R이 모두 1일 때 출력 Q와 Q'이 모두 0으로 나타

나는 출력 불안정 상태가 된다는 점이다. 다음 그림 7-6은 동기식 R-S 플립플롭의 파형도이다.

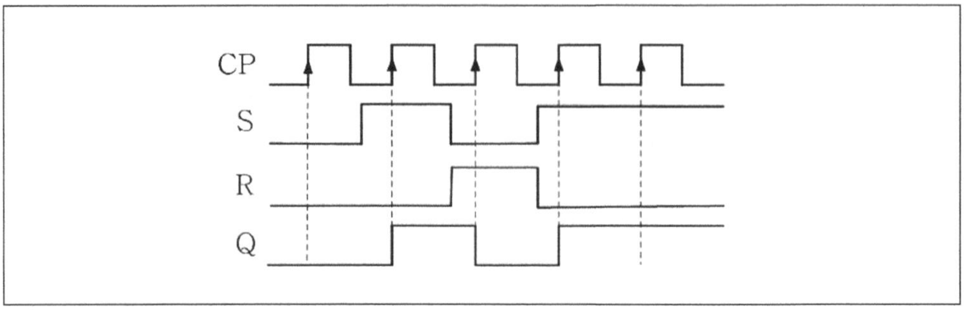

[그림 7-6] R-S 플립플롭 파형도

여기서 동기식 플립플롭은 클록 펄스에 따라 출력의 변화가 있음을 알 수 있다. 다음 그림 7-7은 NAND 게이트형 동기식 R-S 플립플롭이다.

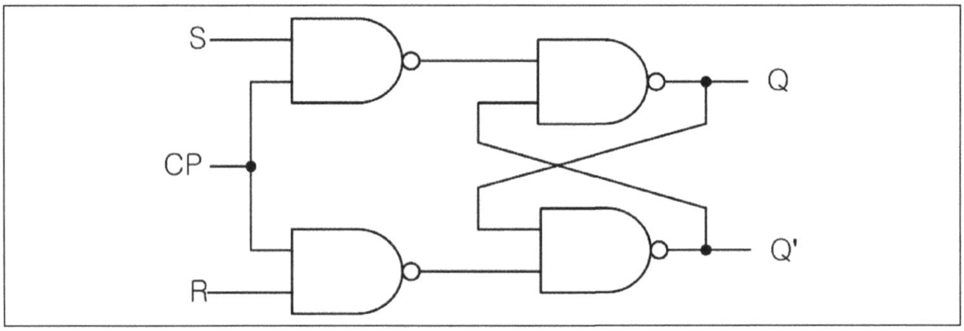

[그림 7-7] 동기식 R-S 플립플롭(NAND 게이트형) 회로도

7-1-3 D 플립플롭

D 플립플롭은 그림 7-7의 동기식 R-S 플립플롭을 다음 그림 7-8과 같이 변형한 것으로 입력 신호 D가 출력 신호 Q에 그대로 전달되는 특성을 갖고 있다.

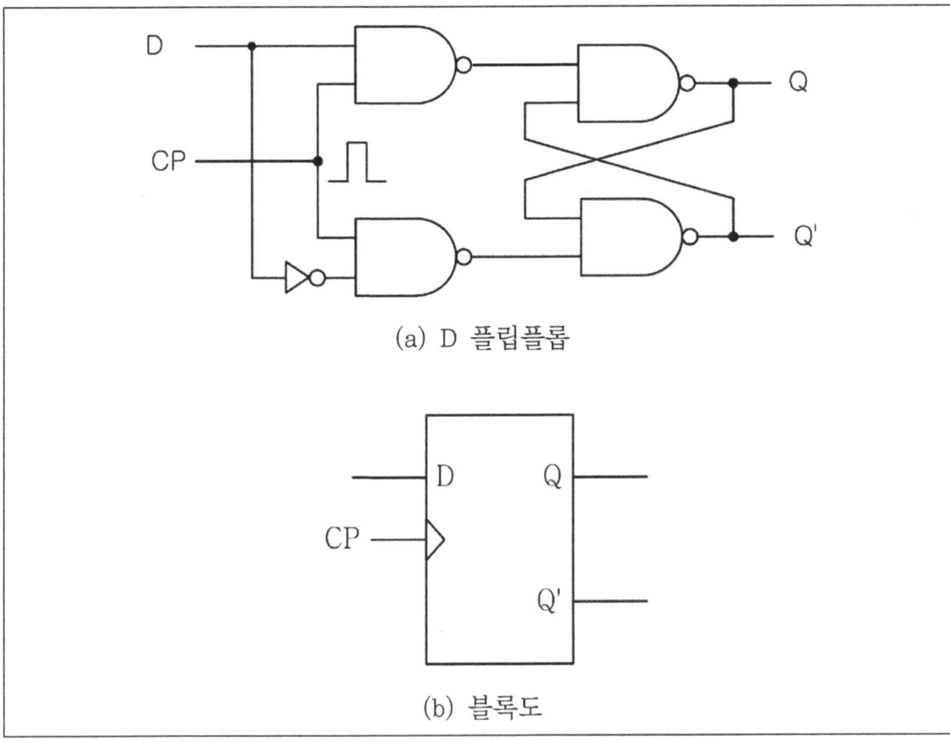

[그림 7-8] D 플립플롭(NAND 게이트형)과 블록도

D 플립플롭의 특성표는 표 7-3과 같다.

[표 7-3] D 플립플롭의 특성표

CP	Q	D	Q(t+1)
0	X	X	High impedence
1	0	0	0
1	0	1	1
1	1	0	0
1	1	1	1

클록 펄스가 0이면 전기적으로 High impedance가 되어 전체가 동작 불능이 된다.

D 플립플롭은 클록 펄스가 1인 상태에서 입력 D가 0이면 출력 Q는 0이 되며, D가 1이면 출력 Q는 1이 됨을 특성표에서 알 수 있다.

이 특성표로 얻은 특성 방정식은 다음과 같다.

Q(t+1) = D

다음 그림 7-9는 D 플립플롭의 파형도이다.

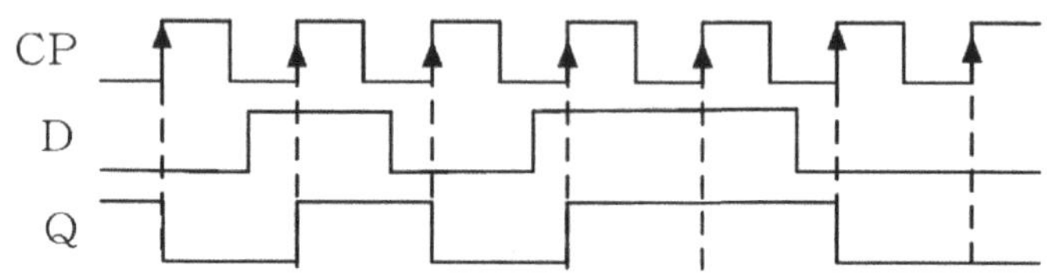

[그림 7-9] D 플립플롭의 파형도

7-1-4 J-K 플립플롭

R-S 플립플롭의 문제점인 두 입력 R과 S 모두 1일 때 출력 Q와 Q'이 모두 0이어서 허용할 수 없었던 문제를 개선한 플립플롭을 J-K 플립플롭이라 한다. 그림 7-10의 J-K 플립플롭은 J와 K 입력이 모두 1이면 Q'이 나타나도록 한 것이다.

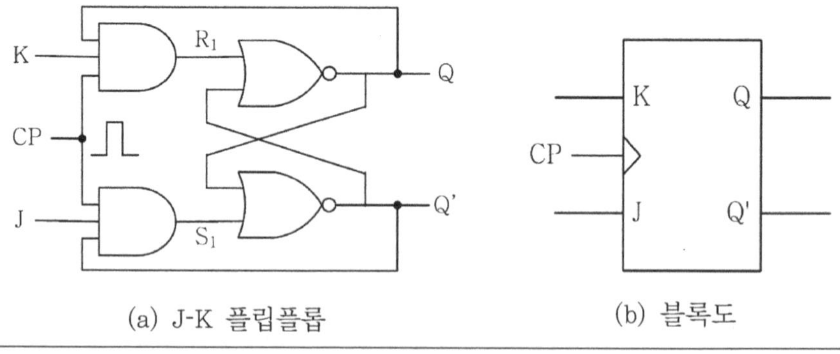

[그림 7-10] J-K 플립플롭과 블록도

J-K 플립플롭의 특성표는 표 7-4와 같다.

[표 7-4] J-K 플립플롭의 특성표

Q	J	K	Q(t+1)
0	0	0	0
0	0	1	0
0	1	0	1
0	1	1	1
1	0	0	1
1	0	1	0
1	1	0	1
1	1	1	0

다음 그림 7-11은 J-K 플립플롭의 파형도를 나타낸 것이다.

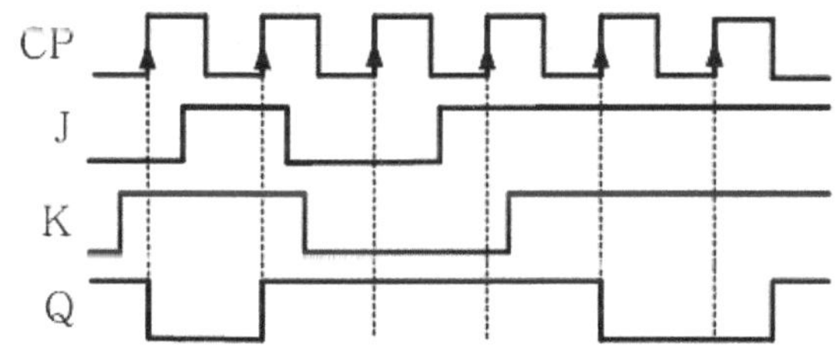

[그림 7-11] J-K 플립플롭의 파형도

그림 7-10의 J-K 플립플롭은 R-S 플립플롭을 변형시켰음을 알 수 있다.

동작 원리는 R-S 플립플롭과 거의 같으며 단, J와 K가 모두 1인 상태에서 클록 펄스가 주어지면 (R-S 플립플롭에서 출력 모두 Q와 Q'이 0이 발생하여 모순이었지만) J-K 플립플롭의 출력은 전상태 출력의 보수 Q'(t)가 발생한다.

표 7-4의 특성표로부터 카르노 맵(그림 7-12)을 이용하여 특성 방정식을 구해보면 다음과 같다.

$$Q(t+1) = JQ' + K'Q$$

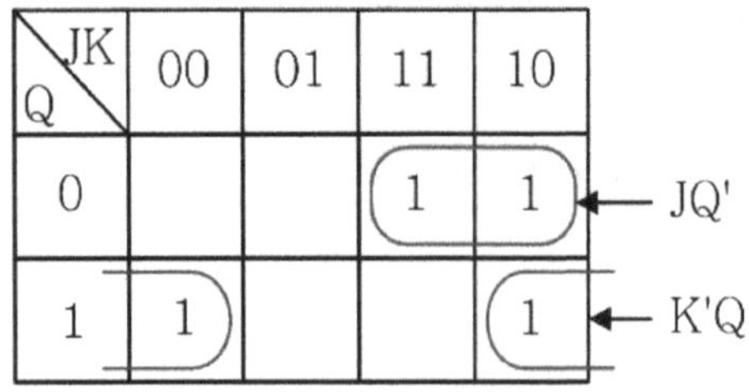

[그림 7-12] J-K 플립플롭의 카르노 맵

J-K 플립플롭은 플립플롭 중에서 가장 많이 사용되는 플립플롭이다. 그림 7-10의 플립플롭을 NAND 게이트형 플립플롭으로 표현하면 다음 그림 7-13 (a)와 같이 표현할 수 있다. 그림 7-13 (b)는 R-S 플립플롭을 사용하여 표현한 것이다.

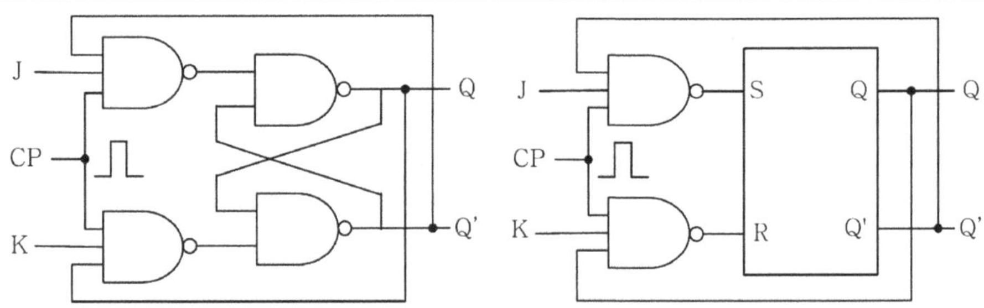

(a) NAND 게이트형 (b) R-S 플립플롭 사용

[그림 7-13] J-K 플립플롭

J-K 플립플롭의 피이드백 연결 때문에 일단(J=K=1일 때) 출력이 보수가 취해진 후에도, 클럭 펄스 CP가 계속 남아 있게 되면 다시 또 보수를 취하는 반복적이고 연속적인 출력의 변화를 야기할 것이다. 이 바람직하지 못한 결점이 되는 상태를 피하기 위해 클럭 펄스의 지속 시간은 신호가 플립플롭을 통과하는 전파 지연 시간보다 더 긴 지속 시간을 가져야 한다. 이것은 회로의 작동이 펄스의 폭에 달려 있기 때문에 매우 제한적인 요소이다. 이런 이유 때문에 J-K 플립플롭은 결코 그림 7-10 (a)와 같이 구성되지 않는다. 펄스 폭에 대한 제한은 다음 절에서 소개되는 주종(master-slave) 또는 에지 트리거(edge-triggered) 구조에 의해 제거하여 해결할 수 있다. 같은 이유가 T 플립플롭에도 적용된다.

7-1-5 T 플립플롭

J-K 플립플롭의 두 입력 J와 K를 하나로 묶어 T 입력으로 한 플립플롭을 T 플립플롭이라 한다. 그림 7-14에 T 플립플롭의 회로도와 블록도를 보이고 있다.

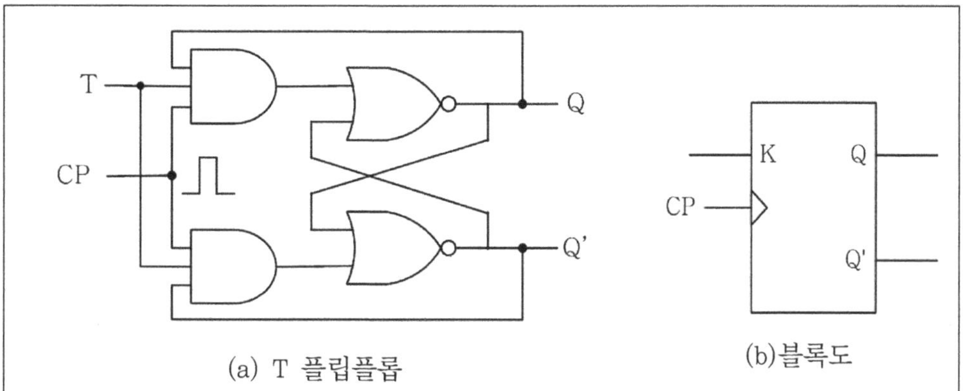

[그림 7-14] T 플립플롭과 블록도

T 플립플롭의 특성표는 표 7-5와 같다.

[표 7-5] T 플립플롭의 특성표

Q	T	Q(t+ 1)
0	0	0
0	1	1
1	0	1
1	1	0

이 특성표로 얻은 특성 방정식은 다음과 같다.

$$Q(t+1) = TQ' + T'Q$$

T 플립플롭은 J-K 플립플롭 두 입력을 하나로 묶었기 때문에 T 입력이 0이 아니면 1인 경우만 생각할 수 있다.

T 입력이 1인 상태에서 클록 펄스가 인가되면 출력은 전상태가 반전되어 Q'(t)가 되며, T 입력이 0이면 클록에 관계없이 출력은 전상태 Q(t)로 유지된다. 그래서 T 플립플롭은 토글(Toggle) 플립플롭이라 한다.

다음 그림 7-15는 T 플립플롭의 파형도를 표현한 것이다.

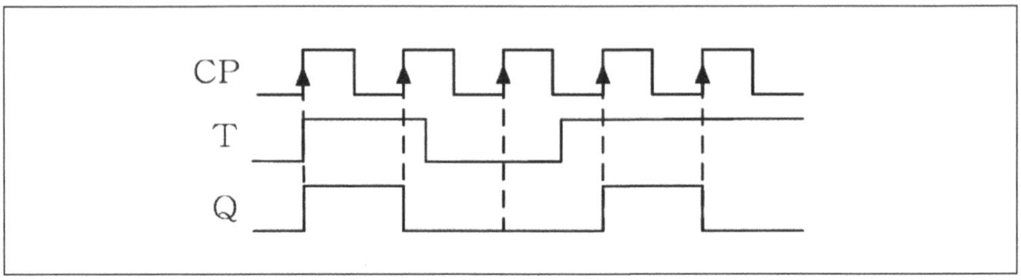

[그림 7-15] T 플립플롭의 파형도

7-2 클록과 트리거링

7-2-1 플립플롭의 트리거링

J-K 플립플롭에서 J=K=1일 때 클록이 1상태로 계속 머물러 있으면 상태가 여러 번 바뀔 수 있음을 확인한 바 있다. 이것은 J-K 플립플롭에 한정된 이야기는 아니다. 즉, 순서 논리 회로는 정의상 피드백이 존재하는 회로이기 때문에 클록이 1인 상태로 오래 머물러 있으면서 입력을 계속 받아들이면 예측하지 못하는 동작을 할 여지가 충분하다.

이 문제를 해결하는 방법에는 여러 가지가 있다.

우선 클록 폭을 아주 짧게 하는 방법도 생각할 수 있다. 즉, 클록이 1인 시간 간격을 J-K 플립플롭에서 출력이 정해질 때까지의 시간 정도로 짧게 하여, 출력이 다시 입력으로 올 때는 이미 클록이 0이 되어 있게 하는 것이다. 그러나 이 방법은 비용이 많이 드는 아날로그 회로가 필요하므로 좋은 방법이 아니다.

두 번째 방법은 일단 한 번 상태가 정해지면 다시 그 값이 피드백되어 입력으로 들어오는 것을 막는 방법이다. 이러한 형태를 갖는 플립플롭을 주종형(Master-Slave type)이라고 한다.

세 번째 방법은 에지 트리거링(Edge triggering)이다. 우선 트리거링이란 용어부터 정의할 필요가 있다. 트리거링이란 플립플롭의 입력을 받아들이는 조건을 정해주는 것을 의미한다. 에지 트리거링은 플립플롭의 내부 구조를 바꾸어 클록이 0에서 1로 변하거나 1에서 0으로 변할 때의 순간에만 입력을 받아들이게 하는 방법이다. 에지 트리거링에 비하여 우리가 지금까지 살펴보았던 플립플롭은 레벨 트리거링(Level triggering)을 한다고 할 수 있는데 그것은 클록이 1이면 계속해서 입력을 받아들였기 때문이다.

에지 트리거링도 그림 7-16에서 보는 바와 같이 정에지(Positive edge 또는 Leading edge) 트리거링과 부에지(Negative edge 또는 trailing edge) 트리거링의 두 가지가 있다.

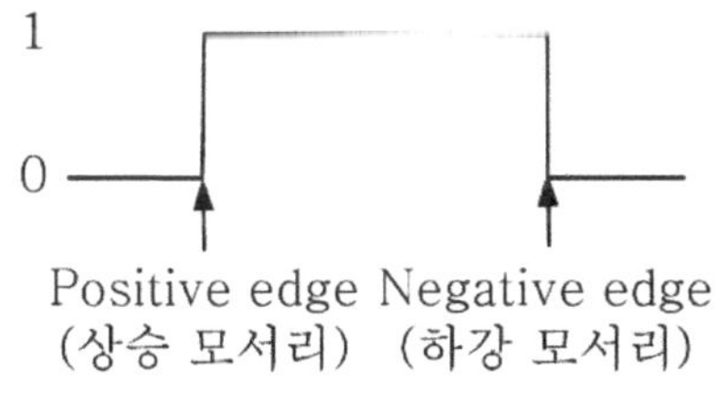

[그림 7-16] 에지 트리거링

일반적으로 동일한 1비트 기억 소자에 대하여, 트리거링 방법에 따라 에지 트리거링을 하면 플립플롭이라 하고, 레벨 트리거링을 하거나 클록을 아예 사용하지 않으면 래치라고 한다. 그러나, 앞서 말한 것처럼 총괄해서 플립플롭으로 부르기도 한다.

7-2-2 주종형 플립플롭

레벨 트리거링을 행하는 플립플롭에서의 문제를 해결하기 위하여 많이 사용하는 방법 중에 주종형 플립플롭이 있다.

그림 7-17은 R-S 래치를 기반으로 하여 구현된 J-K 주종형 플립플롭을 그린 것이다.

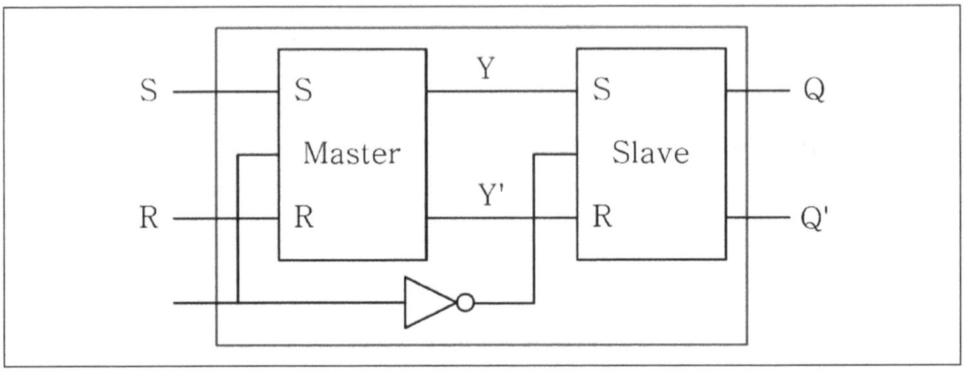

[그림 7-17] 주종형 J-K 플립플롭

그림 7-17에서 볼 수 있듯이 주종형 플립플롭은 주래치(Master latch)와 종래치(Slave latch)의 동일한 두 부분으로 구성되어 있다. 그러나, 클록은 반전되어 공급되고 있다. 즉, 클록이 1이 되면 주래치는 입력을 받아들이지만 종래치는 반전되어 들어오는 클록 때문에 R=S=0이므로 여전히 상태를 변환할 수 없다.

시간이 진행되어 클록이 0으로 떨어지면 반대로 주래치는 상태를 유지하게 되고, 종래치는 클록이 0이 되기 직전의 주래치의 상태를 받아들이게 된다. 클록이 0인 경우 종래치는 계속 입력을 받아들일 수는 있지만 주래치가 변화하지 못하기 때문에 종래치도 그 값을 유지할 수밖에 없다.

위의 사항을 타이밍 도표로 설명한 것이 그림 7-18이다.

주종형 플립플롭은 2개의 래치로써 비교적 간단히 레벨 트리거링의 문제를 완화시켜 준다. 즉, 그림 7-17에서 외부에서 보는 출력은 Q뿐이며, Q는 어떤 경우에라도 한 번만 정해진다. 한 클록 주기 동안 이것이 다시 피드백되어 입력으로 들어가 새로운 값으로 Q가 정해지지 않는다. 한 클록 주기 동안 한 번만 상태가 정의되도록 해 주기 때문에 주종형 플립플롭은 의미가 있다.

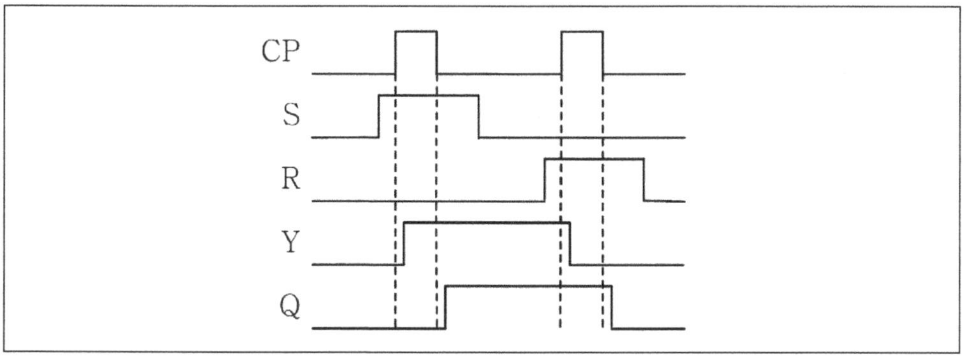

[그림 7-18] 주종형 JK 플립플롭의 파형도

주종형 플립플롭은 외견상 보기에 에지 트리거링인 것처럼 동작한다.

즉, 그림 7-18에서 Q는 클록이 1에서 0으로 변할 때 입력에 부응하는 상태로 바뀐다. 그러나, 실제로는 주종형 플립플롭은 에지 트리거링 방식은 아니다. 왜냐하면 클록이 1인 동안 주래치는 계속 입력을 받아들이고 있기 때문에 만일 클록이 길어 그 사이에 잡음 등 여러 형태의 잘못된 신호가 입력되면 주래치의 상태는 바뀌게 되고, 그 값이 종래치로 전달될 수도 있는 것이다. 따라서, 이러한 문제를 고려하면 순간적으로 상태가 바뀌는 에지 트리거링 방법이 더 나은 방법이라 할 수 있다.

7-2-3 에지 트리거링 플립플롭

에지 트리거링은 순간적인 클록 신호의 변환 때에 입력을 받아들인다.

이를 위하여 입력은 클록 신호의 변환 일정 시간 이전에 이미 안정된 값이 되어 있어야 한다. 이를 위해 필요한 시간을 설정 시간(Setup time)이라 한다.

또 입력 자료는 클록 변환 이후 일정 시간은 유지가 되어야 올바른 동작을 계속할 수 있다. 이를 위해 필요한 시간을 유지 시간(Hold tome)이라 한다.

내부적으로 주종형 플립플롭은 에지 트리거링은 하지 않지만, 결과로 볼 때는 에지 트리거링이라 할 수 있다. 가정하였을 때 주종형 플립플롭의 설정 시간은 그림 7-17에서 말한다면 AND 게이트와 R-S 래치의 지연 시간의 합이다. 즉, 그전까지는 올바른 J, K 값이 들어와 있어야 한다. 반면 유지 시간은 음의 값이다. 왜냐하면 클록이 0이 되기 전에 바뀌어도 Q는 주래치에 있는 값에 의하여 정해지므로 동작에 영향이 없기 때문이다.

에지 트리거링을 하는 플립플롭은 주종형 보다 더 복잡하다. 그림 7-19는 에지 트리거링형의 D 플립플롭의 내부 구조를 그린 것인데, 3개의 래치로 구성되어 있음을 알 수 있다.

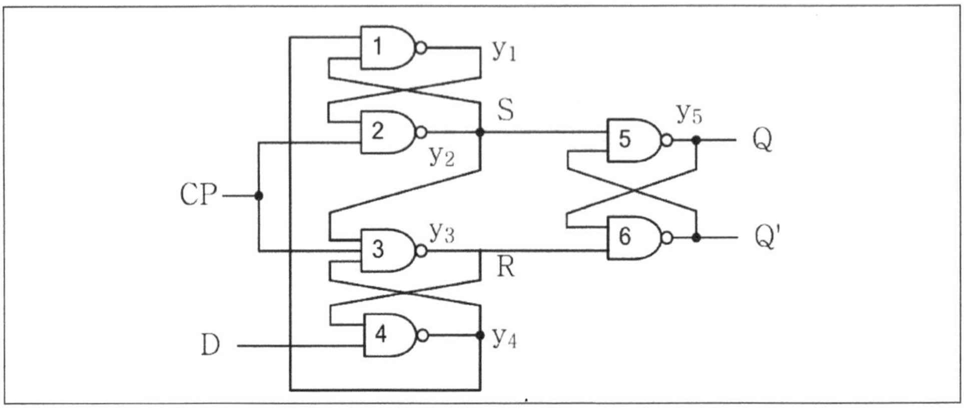

[그림 7-19] 에지 트리거링 D 플립플롭의 구성

그림 7-19의 회로의 동작을 다음의 몇 단계로 나누어 살펴보기로 한다.

1. CP=0인 상태 : $y_2=y_3=1$이어서 오른쪽 R-S 래치는 S=1, R=1이므로 현재 상태를 유지한다. 그런데 y_4=D'이고, y_1=D인 상태로 있다.
2. CP가 1로 변했을 때 : CP=1이 되면 y_4=D', y_1=D이므로 y_2=D', y_3=D로 바뀐다. 따라서, 오른쪽의 R-S 래치는 S=D', R=D가 되는데, D에 따라 다음 상태가 결정된다. 즉, Y_5=D이다.
3. CP=1인 상태를 유지할 때 : D 값이 유지되고 있다면 여전히 y_4=D', y_1=D의 상태가 유지되며 S=D', R=D가 되어 상태의 변화가 없다.

만일 D 값이 바뀐다고 가정하자. y_4는 1로 바뀐다. 그런데 y_1, y_2, y_3에는 모두 영향을 주지 않음을 알 수 있고, 이 플립플롭은 현재 상태를 유지하게 될 것이다.

1, 2, 3의 내용을 요약할 때 이 플립플롭은 클록 신호가 0에서 1로 변환될 때만 상태를 변환하며, 그 외의 경우에는 상태를 유지함을 알 수 있다. 즉, 정에지 트리거링

을 하고 있다.

그림 7-19의 에지 트리거링 D 플립플롭의 설정 시간은 4번 게이트와 1번 게이트의 전달 지연 시간의 합과 같다. 왜냐하면 클록이 0에서 1로 변환하기 전에 적어도 y_4와 y_1의 값은 안정된, 올바른 값을 갖고 있어야 하기 때문이다.

또 유지 시간은 게이트 3의 전달 지연 시간과 같다. 클록이 1인 상태에서 D 값이 바뀌는 경우라도 y_3 값이 정해져 있으면 y_4 값은 1이 되고, 변화의 여지는 없어진다.

7-2-4 직접 입력

일반적으로 IC패키지에서 이용할 수 있는 플립플롭에는비주기적으로 플립플롭을 세트하거나 클리어할 수 있는 특별 입력이 제공된다. 이들 입력을 보통 직접 프리세트(direct preset)와 직접 클리어(direct clear)라고 부른다. 이들은 클록 펄스 없이 입력 신호의 양의 값(또는 음의 값)에 관해 플립플롭에 영향을 준다. 이들 입력은 그들의 클록 동작 전에 모든 플립플롭에 초기 상태를 주는 데에 유용하게 사용된다. 예를 들어 디지털 시스템에서 전원을 켠 후에, 플립플롭의 상태는 불안정 상태이나. 클리어 스위치는 모든 플립플롭을 초기의 클리어 상태로 만들며, 스타아트 스위치는 시스템의 클록 작동을 시작하게 한다. 클리어 스위치는 비주기적으로 모든 플립플롭을 펄스의 필요 없이 클리어한다.

에지 트리거링을 하는 직접 클리어 입력을 가진 주종 플립플롭의 블록도가 그림 7-20에 나타나 있다. 그림 7-20 (b)에서 CP입력에 조그마한 삼각형에 원을 하나 갖고 있는데, 이것은 출력의 변화가 펄스의 하강 모서리에서 일어난다는 것을 가리킨다. 이 원이 없으면 상승 모서리에서 상태 변화가 일어나는 것을 뜻한다. 직절 클리어 입력도 정상적인 경우에는 이 입력이 1을 유지해야 한다는 것을 나타내는 조그마한 원을 갖고 있다. 만일 클리어 입력이 0을 유지하고 있으면 플립플롭은 다른 입력이나 클록 펄스에 관계없이 클리어 상태를 유지한다.

그림 7-20 (c)의 기능표는 회로의 작동을 나타낸다. X 표들은 직접 클리어가 0 이면 다른 모든 입력들을 디제이블 시킨다는 것을 나타내는 무관 조건이다. 이 클리어 입력이 1일 때에만 클럭 펄스 하강 모서리 변이가 출력에 영향을 미친다. 만일 J=K=0이면 출력은 변화하지 않는다. 플립플롭은 J=K=1일 때 토글(toggle), 즉 현

재 값의 보수가 취해진다. 어떤 플립플롭은 비주기적으로 출력을 Q=1로 세트시키는 직접 프리세트 입력을 갖고 있다.

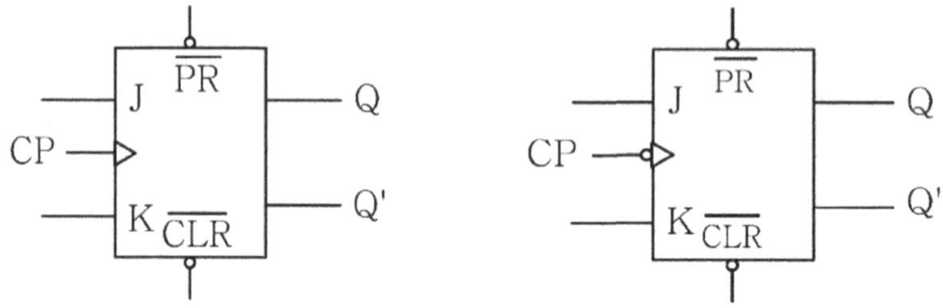

(a) 정에지 (b) 부에지

PR	CLR	CP	J	K	Q
0	1	×	×	×	1
1	0	×	×	×	0
1	1	↓	0	0	변환 없음
1	1	↓	0	1	0
1	1	↓	1	0	1
1	1	↓	1	1	반전

(c) 부에지 기능표

[그림 7-20] 직접 클리어를 가진 JK 플립플롭

연습문제

1. 4개의 NAND 게이트로 되는 클록부 R-S 플립플롭의 논리도를 그리시오.

2. 다음 그림에 표시하는 R-S 플립플롭의 입력신호에 대한 정규 출력(Q)을 나타내시오.

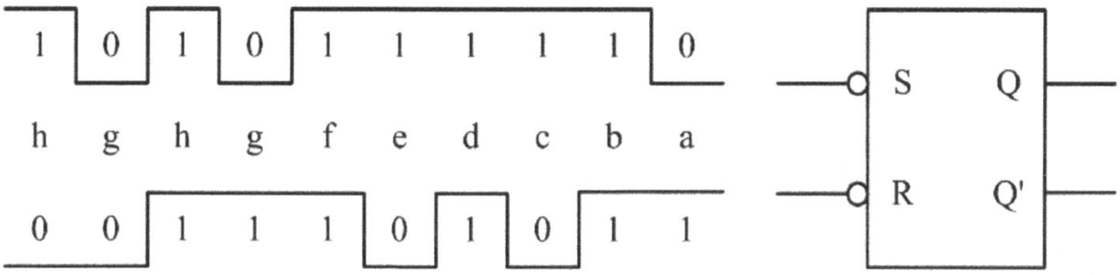

3. 다음 그림의 플립플롭에서 입력신호에 대한 정규 출력(Q)을 나타내시오.

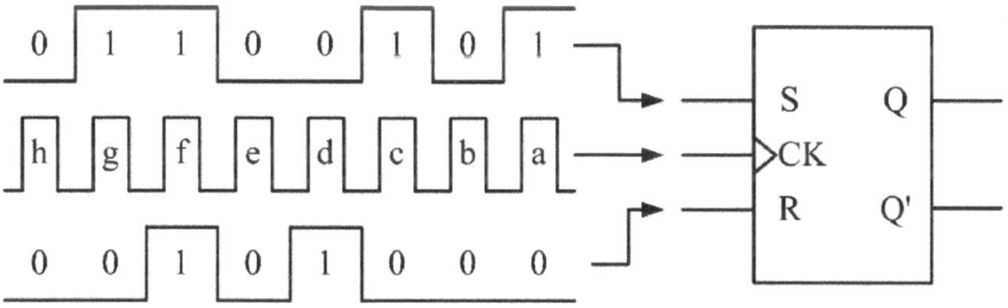

4. AND와 NOR 게이트로 된 클록부 D 플립플롭의 논리도를 그리시오.

5. 다음 그림의 D 플립플롭에서 입력신호에 대한 보수 출력(Q')을 나타내시오.

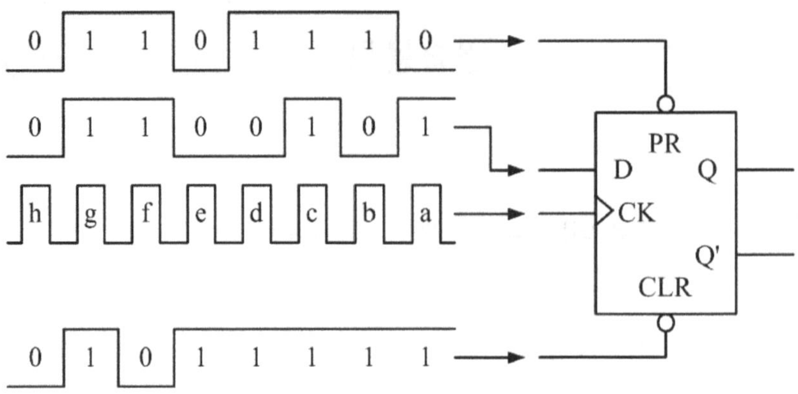

6. 주/종 D 플립플롭의 논리도를 NAND 게이트만을 사용하여 그리시오.

7. 다음 그림의 J-K 플립플롭에서 입력신호에 대한 정규 출력(Q)을 나타내시오.

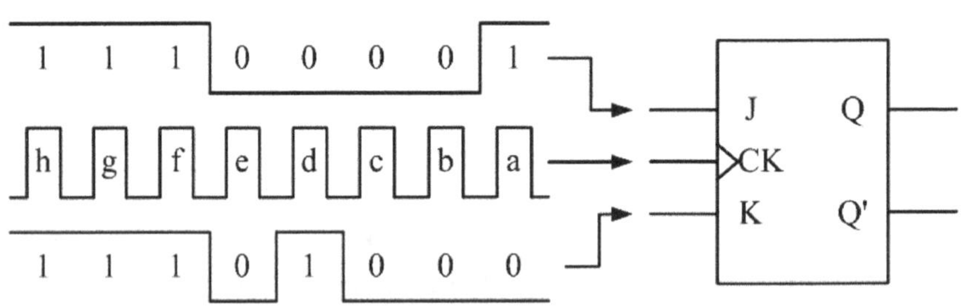

8. J-K′ 플립플롭, 즉 외부 입력 K′와 내부 입력 K사이에 인버터를 가진 JK 플립플롭을 고려하여 다음에 답하시오.

(1) 플립플롭 특성표를 구하시오.

(2) 특성 방정식을 구하시오.

(3) 두 외부입력을 묶어서 D 플립플롭이 됨을 보이시오.

제8장 순서 논리 회로

실제로 디지털 시스템은 조합 논리 회로만으로 되어 있지 않고, 조합 논리 회로에 기억 장치 요소를 첨가한 순서 논리 회로가 많이 이용되고 있다.

순서 논리 회로에는 플립플롭, 카운터, 레지스터 등이 있다. 순서 논리 회로(Sequential logic circuit)는 현재의 입력 신호뿐만 아니라 일정 시간이 지난 후에 출력 신호의 일부가 입력으로 피드백(Feedback)되어 출력 신호에 영향을 주는 회로이다. 순서 논리 회로의 블록도는 다음 그림 8-1과 같다.

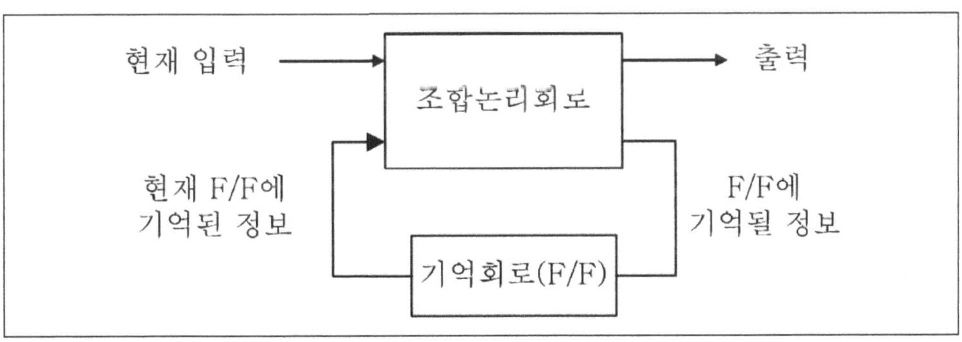

[그림 8-1] 순서논리회로 블록도

8-1 순서 논리 회로의 분석

순서 논리 회로의 작동은 입력, 출력과 플립플롭의 상태로부터 결정된다. 즉, 회로의 출력과 다음 상태는 입력과 현재 상태의 함수이다. 순서 논리 회로의 해석은 입력, 출력 그리고 내부 상태들의 시간 순차에 대한 표나 식을 구하여 이루어진다.

논리도가 플립플롭을 포함하고 있으면 순서 논리 회로로 인식된다. 플립플롭은 어떤 형의 것일 수도 있으며, 논리도는 조합 논리 회로(게이트들의 조합)를 포함할 수도 포함하지 않을 수도 있다.

8-1-1 상태표

클록부 순서 논리 회로의 예가 그림 8-2에 있다.

이 회로는 입력 변수 x, 출력 변수 y와 두 개의 R-S 플립플롭 A, B로 구성되어 있으며, 플립플롭은 네거티브 에지에서 변이한다. 따라서 현재 상태에서의 입력 신호는 클록 펄스가 끝난 후 다음 클록 펄스가 끝나기 직전까지 유효하다.

순서 논리 회로의 분석은 상태표(State table)에 의하여 수행될 수 있다. 그림 8-1의 회로에 대한 상태표가 표 8-1이다.

상태표는 현재 상태, 다음 상태와 출력의 3개 부분으로 구성된다.

현재 상태는 클록 펄스에 의하여 변이되기 전의 플립플롭의 상태를 나타내며, 다음 상태는 클록 펄스가 가해진 후의 플립플롭의 상태를 나타낸다. 또 출력은 현재 상태에서의 출력 변수의 값이다. 따라서 다음 상태와 출력 부분은 입력 변수가 가지는 두 경우인 x=0과 x=1에 대하여 각각 기술된다.

상태표의 작성은 현재 상태가 가질 수 있는 모든 경우로서 여기서는 4가지 경우를 행 단위로 기재하는 것으로부터 시작된다.

현재 상태가 00이고, x=0인 경우 모든 AND 게이트의 출력은 0이므로, 플립플롭의 상태는 변하지 않는다. 따라서 다음 상태는 00이다.

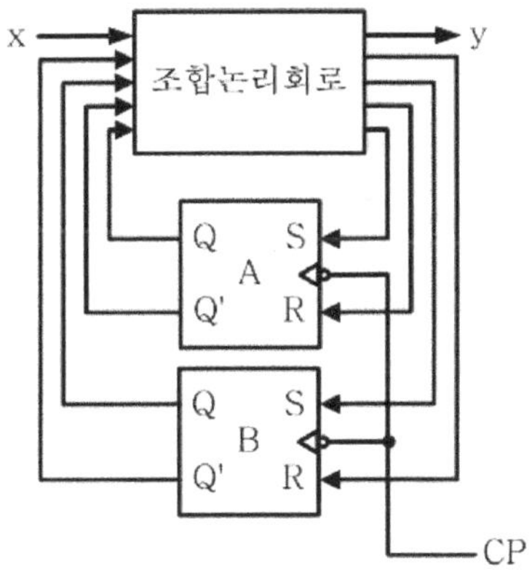

(a) 블록도

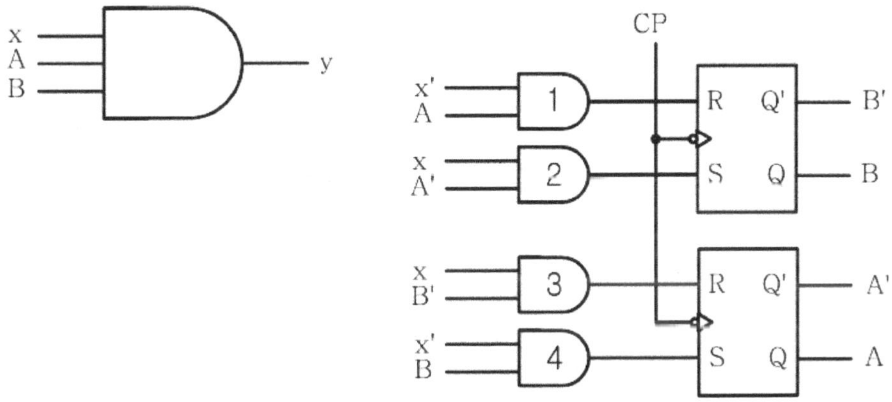

(b) 논리도

[그림 8-2] 클록 순서 논리 회로의 예

[표 8-1] 그림 8-1의 상태표

현재 상태	다음 상태		출력	
	x=0	x=1	x=0	x=1
AB	AB	AB	y	y
00	00	01	0	0
01	11	01	0	0
10	10	00	0	1
11	10	11	0	0

현재 상태가 00이고, x=1인 경우, 2번 게이트와 3번 게이트의 출력이 1이므로 플립플롭 A에는 SR=01이, B에는 SR=10이 각각 입력되어 다음 상태는 01이 된다.

같은 방법을 현재 상태 01, 10, 11에 각각 적용하면 다음 상태를 얻을 수 있으며, 출력 y는 y=xAB'이므로 x=1, A=1, B=0일 때만 1이 된다. 그러므로 현재 상태가 10이고 x=1인 경우만 y=1이 됨을 쉽게 알 수 있다.

8-1-2 상태도

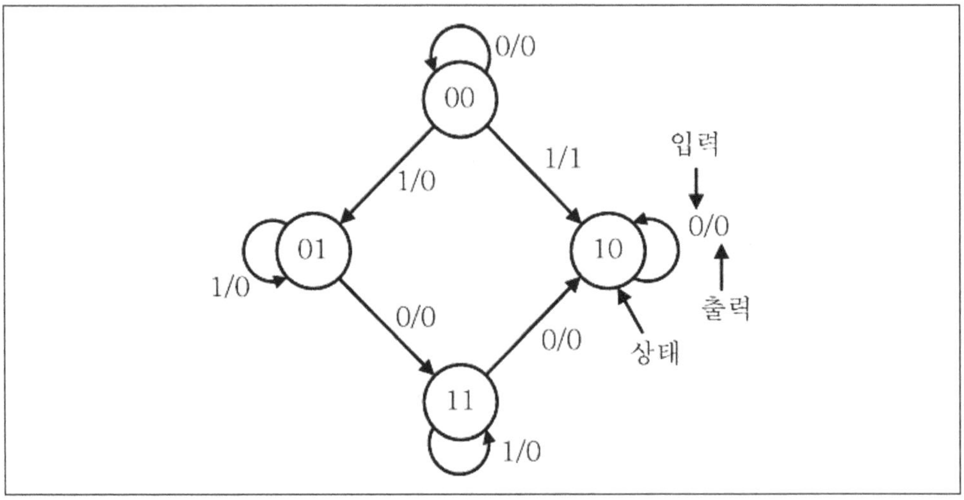

[그림 8-3] 그림 8-2의 상태도

상태표는 상태도(State diagram)라고 하는 그림으로 표현할 수 있다. 상태도에서 상태는 원으로 표시하고, 상태 사이의 변이는 원을 잇는 선으로 표시한다. 그림 8-2의 순서 논리 회로에 대한 상태도가 그림 8-2에 있다. 각 원의 내부에 있는 2진수는 상태를 나타내고 선 옆의 빗금(/)에 의해 분리된 두 2진수의 앞의 것은 입력값이고, 뒤의 것이 출력값이다.

예를 들어 상태 00에서 상태 01로 가는 선 옆의 1/0은 상태 00에서 입력 x=1이면, 출력 y=0이고, 다음 상태는 01이 된다는 것을 나타내고 있다.

이 상태도는 순서 논리 회로 설계의 초기 단계에서 많이 사용된다.

8-1-3 상태식

상태식(State equation)은 플립플롭의 상태 변이에 관한 조건을 명시하는 식으로 응용식(Application equation)이라고도 부른다. 식의 왼쪽은 플립플롭의 다음 상태를, 오른쪽은 다음 상태를 1로 만들기 위한 현재 상태 조건을 나타내는 부울 함수를 기재한다.

상태식은 상태표로부터 쉽게 유도할 수 있다. 예를 들어 플립플롭 A에 관한 상태식은 표 8-1로부터 다음과 같이 유도된다. 플립플롭 A의 다음 상태가 1이 되는 경우는 네 가지이다. 즉, x=0이고, AB=01, 10 또는 11의 경우와 x=1이고, AB=11일 때이므로 상태식은

$$A(t+1) = (A'B+AB'+AB)x' + ABx$$

가 된다.

오른쪽의 부울 함수식은 현재 상태에 관한 것으로 이 함수의 값이 1이면 클록 펄스의 발생 후 플립플롭 A가 1이 되며, 이 함수 값이 0이면 플립플롭 A의 다음 상태는 0이 된다. A(t+1)은 클록 펄스가 가해진 후의 플립플롭 A의 상태를 나타내는 시간 함수이다.

플립플롭 A에 관한 상태식은

$$A(t+1) = Bx' + (B+x')A$$
$$= Bx' + (B'x)'A$$

로 간소화되며, 그림 8-1에서 Bx'=S이고, B'x=R이므로

$$A(t+1) = S + R'A$$

가 된다. 이것은 SR 플립플롭의 특성 방정식과 같다.

같은 방법으로 플립플롭 B의 상태식은 다음과 같이 얻어진다.

$$\begin{aligned} B(t+1) &= (A'B'+A'B+AB)x + A'Bx' \\ &= A'x + (A'+x)B \\ &= A'x + (Ax')'B \\ &= S + R'B \end{aligned}$$

8-1-4 플립플롭의 입력 함수

순서 논리 회로의 논리도는 기억 소자와 게이트들로서 구성된다. 게이트들 간의 상호 연결은 조합 논리 회로를 형성하며 부울 함수로서 대수적으로 명세화 될 수 있다. 플립플롭이 다음 상태로 변이하기 위해서는 조합 논리 회로로부터 신호를 입력받아야 한다. 이 신호들은 조합 논리 회로의 입장에서는 출력이나 플립플롭의 측면에서는 입력이다. 순서 논리 회로의 작동을 분석하기 위하여 플립플롭의 입력을 부울 함수로 표현할 수 있는데 이 함수를 플립플롭의 입력 함수(Input function) 또는 입력 방정식(Input equation)이라고 한다.

예로써 다음 플립플롭 입력 함수를 생각해 보자.

$$\begin{aligned} JA &= BC'x + B'Cx' \\ KA &= B + y \end{aligned}$$

여기서 A는 플립플롭의 이름이고 J, K는 각각 입력 단자 이름이다. 즉, 플립플롭 A의 K 입력단자는 KA로 표현하였다. 각 식의 오른쪽은 플립플롭 입력 변수에 관한 부울 함수이다. 이 두 입력함수를 이용하여 작성한 논리도를 그림 8-4에 나타내었다.

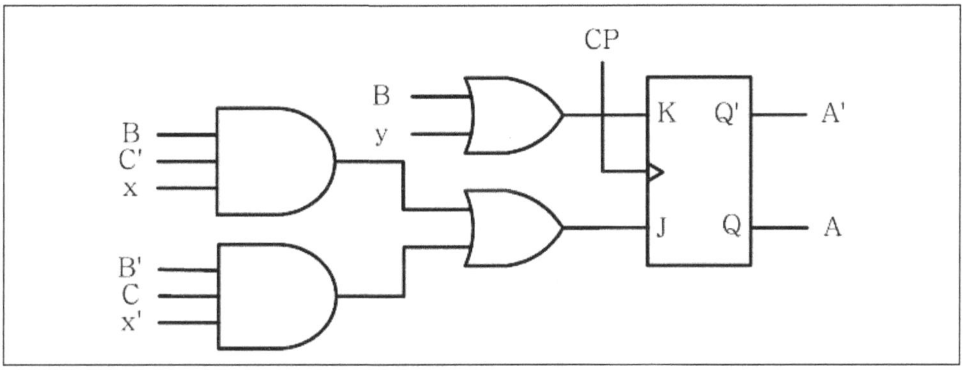

[그림 8-4] 순서 논리 회로의 논리도

이 예로부터 플립플롭의 입력 함수는 조합 논리 회로의 출력 함수임을 쉽게 알 수 있다.

그림 8-1의 순서 논리 회로를 4개의 플립플롭 입력 함수와 1개의 조합 논리 회로 출력 수로 표현하면 다음과 같다.

SA = Bx'	RA = B'x
SB = A'x	RB = Ax'
y = AB'x	

플립플롭 입력 함수는 순서 논리 회로의 논리도를 나타내는 간단한 대수적 표현이므로 편리하게 사용할 수 있다.

8-2 순서 논리회로 설계의 간소화

8-2-1 상태 간소화

회로의 설계 과정에서 고려해야 할 중요한 문제 중의 하나는 설계된 시스템이 제작

될 때 가격을 최소화해야 하는 문제를 고려해야 한다.

비용을 줄이는 뚜렷한 두 가지 요소는 게이트 수와 플립플롭 수를 줄이는 것이다.

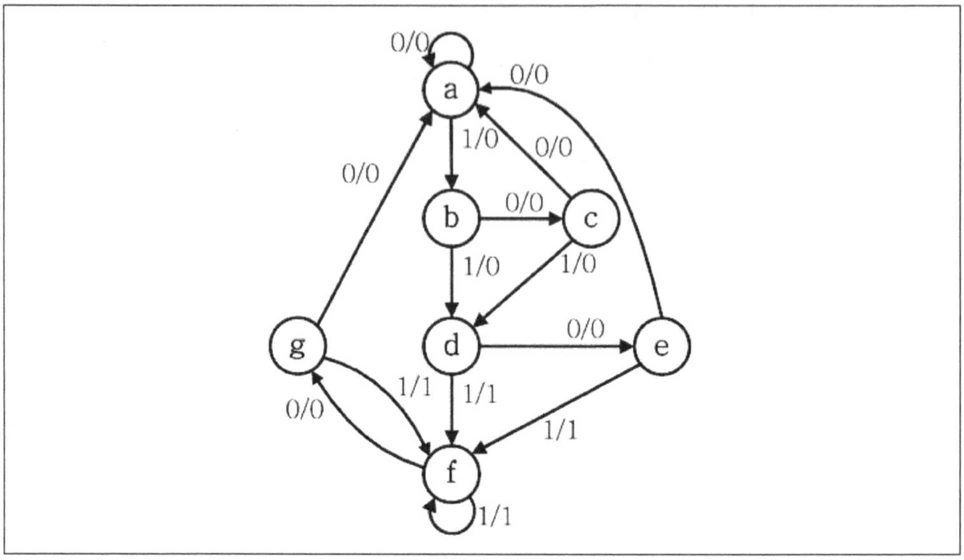

[그림 8-5] 상태도

이 두 요소가 가장 명백한 요소를 보이기 때문에 광범위하게 연구되어 왔다. 사실, 순서 논리 회로에서 플립플롭의 수를 줄이는 것을 상태간소화라 한다. 상태간소화 알고리즘은 외부 입출력 요구 조건을 변화시키지 않고 상태표에서 상태의 수를 줄이는 절차에 관련되어 있다. n개의 플립플롭은 2^n개의 상태를 만들기 때문에 상태의 수 감소는 플립플롭의 수를 줄일 수도 줄이지 않을 수도 있다. 플립플롭 수의 간소화에서 생기는 예기치 못하는 효과는 때때로 등가회로(플립플롭을 적게 가진)가 더 많은 조합 게이트를 필요로 할지도 모른다.

예로서 그림 8-5의 상태도에서 초기 상태 a에서 시작하는 입력 순차 01010110100을 생각하자. 0 또는 1의 각 입력에 대하여 0 또는 1인 출력을 만들어 내며, 회로를 다음 상태로 가도록 만든다. 상태도에서 다음과 같이 주어진 입력 순차에 대해 출력 순차와 상태 순차를 얻는다. 초기 상태 a인 회로에서 0인 입력은 0의 출력을 만들며 회로는 a상태로 남아 있는다. 현재 상태 a와 1의 입력에서 출력은 0이고 다음 상태는 b이다. 이 과정을 계속해서 다음과 같이 완전한 순차를 찾게 된다.

상태	a	a	b	c	d	e	f	f	g	f	g	a
입력	0	1	0	1	0	1	1	0	1	0	0	
출력	0	0	0	0	0	1	1	0	1	0	0	

각 열에는 현재 상태, 입력값, 출력값이 표시되어 있다. 다음 상태는 다음 난의 맨 위에 쓰여져 있다. 회로에 나타나는 입력 순차의 수는 유한하며 각 입력은 단 한가지 뿐인 출력 순차를 낳는다.

8-2-2 상태 간소화 알고리즘과 절차

이 예에 대한 상태 수를 줄이는 과정을 설명하기로 하자. 먼저 상태표가 필요한데, 여기서는 상태도보다 상태표를 쓰는 것이 더 편리하다. 이 회로의 상태표가 표 8-2에 있으며 그림 8-5의 상태도에서 직접 얻어진다.

[표 8-2] 상태표

현재 상태	다음 상태		출력	
	x=0	x=1	x=0	x=1
a	a	b	0	0
b	c	d	0	0
c	a	d	0	0
d	e	f	0	1
e	a	f	0	1
f	g	f	0	1
g	a	f	0	1

[표 8-3] 상태표의 간소화

현재 상태	다음 상태		출력	
	x=0	x=1	x=0	x=1
a	a	b	0	0
b	c	d	0	0
c	a	d	0	0
d	e	~~f~~d	0	1
e	a	~~f~~d	0	1
~~f~~	~~g~~e	f	0	1
~~g~~	a	f	0	1

완전하게 명시된 상태표의 상태 간소화에 관한 알고리즘을 증명 없이 쓰면 다음과 같다. "입력 집합의 각 구성원에 대해 어떤 두 상태가 똑같은 출력을 발생시키며 회로를 똑같은 상태 또는 동등한 상태로 만들면 두 상태는 동등하다고 말한다. 두 상태가 동등할 때, 그 중 하나는 입출력 관계의 변경 없이 제거할 수 있다."

이 알고리즘을 표 8-2에 적용한다. 상태표를 살펴보아 똑같은 다음 상태로 옮겨가며, 두 입력 조합에 대해 똑같은 출력을 갖는 2개의 현재 상태가 있나 조사해 본다. g와 e가 그러한 두 상태이다. 이들은 모두 다음 상태가 a와 f이며 출력은 x=0에 대해서 0, x=1에 대해서는 1을 갖고 있다. 그러므로 상태 g와 e는 등가이기 때문에 하나는 제거할 수 있다. 한 상태를 제거하는 절차와 그의 등가상태로 대치되는 절차가 표 8-3에 설명되어 있다. 현재 상태 g행에 빗금이 쳐지고 상태 g를 다음 상태 난에서 만날 때마다 상태 e로 대체한다.

다음에 현재 상태 f를 보면 다음 상태 e와 f를 가지며, 출력은 x=0 일 때 0, x=1일 때 1이다. 이와 똑같은 다음 상태와 출력이 현재 상태 d의 행에도 나타남을 알 수 있다. 상태 f와 d는 등가상태이기 때문에 f는 d로 대체할 수 있다. 최종적으로 축소된 표가 표 8-4에 나타나 있다.

[표 8-4] 축소된 상태표

현재 상태	다음 상태		출력	
	x=0	x=1	x=0	x=1
a	a	b	0	0
b	c	d	0	0
c	a	d	0	0
d	e	d	0	1
e	a	d	0	1

축소된 표의 상태도는 다섯 형태로 구성되며 그림 8-6에 나타나 있다.

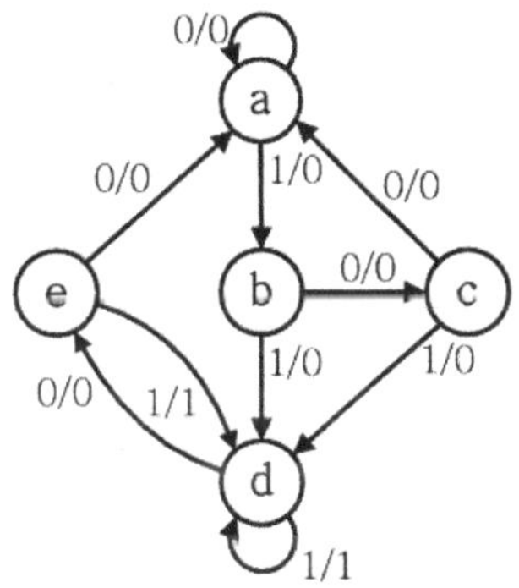

[그림 8-6] 간소화된 상태도

이 상태도는 원래의 입출력 사양을 모두 만족시키며 어떤 주어진 입력 순차에 관해 필요한 출력 순차를 만든다. 그림 8-6의 상태도에서 얻어진 다음 일람표는 전에 쓰인 입력 순차에 관한 것이다. 상태 순차가 다름에도 불구하고 똑같은 출력 순차가 만들어짐을 주의하라.

상태	a	a	b	c	d	e	d	d	e	d	e	a
입력	0	1	0	1	0	1	1	0	1	0	0	
출력	0	0	0	0	0	1	1	0	1	0	0	

사실, 이 순차는 g와 f를 e와 d로 바꾸면 그림 8-5로부터 얻는 것과 똑같다. 만일 외부의 입출력 관계에만 관심이 있다면 순서 논리 회로의 상태 수를 줄이는 것은 가능하다고 말할 수 있다. 외부 출력이 플립플롭에서 바로 나간다면 출력은 상태축소 알고리즘을 응용하기 전에 상태의 수와는 독립적이어야만 한다. 이 예의 순서 논리 회로는 8개 상태에서 5개 상태로 줄어들었다. 두 경우는 상태를 나타내는 데에 3개의 플립플롭이 필요하다. 왜냐하면, n개의 플립플롭은 2^n개의 상태를 표시할 수 있기 때문이다.

3개의 플립플롭으로 각 비트가 각 플립플롭의 상태를 나타내는 000에서 111까지의 2진수로 표시된 8개의 2진 상태를 구성할 수 있다. 표 8-2의 상태표가 사용되면 7상태에 2진 값이 할당되어야 하고 표 8-4의 상태표가 쓰이면 5 상태만이 2진 값을 할당받는다. 나머지 상태들은 쓰이지 않는다. 쓰이지 않는 상태들은 회로 설계 동안에 리던던시(Redundancy) 조건으로 처리된다. 리던던시 조건은 부울 함수를 더 간단하게 해 주기 때문에 5 상태를 가진 회로가 7 상태를 가진 회로보다 더 적은 양의 조합 줄이지 않는다. 일반적으로 상태표에서 상태 수의 간소화 적은 부품으로 된 회로를 구성하는 것처럼 보인다. 그러나 상태표에서 보다 적은 상태 수로 줄인 사실이 플립플롭이나 게이트의 수를 줄인다고 보증하는 것은 아니다.

8-2-3 상태할당

순서 논리 회로에서 조합회로 부분의 비용은 조합회로에 관해 알려진 단순한 방법을 사용해서 줄일 수 있다. 그러나 조합회로의 게이트의 최소화에서 생기는 상태할당(State assignment)이라 하는 또 다른 문제가 남아 있다. 상태할당은 플립플롭을 작동시키는 조합회로의 비용을 줄이는 방향으로 상태에 2진 값을 할당하는 방법에 관심을 갖는 것이다. 이것은 특히 순서 논리 회로를 외부 입출력 단자에서 볼 때 유용하다. 이러한 회로는 내부 상태의 순차를 따라서 작동할 것이다. 그러나 개별적인 상태를 지정하는 2진 값은 주어진 입력 순차에 대한 출력 순차를 만드는 한 상태 지정 2진 값의 여하에 전혀 영향을 받지 않는다. 이것은 출력이 플립플롭에서 직접 얻어지며 이 플립플롭들이 2진 순차로 명시된 회로에는 적용되지 않는다.

이용 가능한 2진 상태 지정 대안 책은 표 8-4에 명시된 순서 논리 회로와 관련하여 설명할 수 있다. 이 예에서는, 상태의 2진 값은 그의 순차가 적절한 입력-출력 관계를 유지하는 한 별로 문제가 되지 않는다는 것을 기억하자. 이런 이유 때문에 각 상태에 고유 번호가 할당되면 어떤 2진수를 할당해도 만족된다. 축소된 표의 다섯 상태에 대한 2진 할당이 가능한 세 가지 예가 표 8-5에 있다. 할당 1은 a 에서 e까지의 상태 순차에 연속적인 2진 값을 할당하였다. 나머지 두 할당은 임의적으로 선택되었다. 사실 이 회로에 대해 140가지의 다른 할당 방법이 있을 수 있다. 표 8-6은 표 8-5의 다섯 상태의 문자 기호를 할당 1로 대치한 상태표이다. 서로 다른 2진 할당은 상태표에 상태들에 대해 서로 다른 값을 나타낸 것이다. 반면에 입·출력 관계는 언제나 변함이 없다. 상태표의 2진 형태는 순서 논리 회로의 조합 회로 부분을 유도하는 데 쓰인다. 만들어지는 조합 회로의 복잡도는 채택된 2진 상태의 할당에 따라 달라진다.

여러 상황에서 특정한 2진 할당으로 이끌어 내는 여러 절차가 제시되었다. 가장 일반적인 기준은 선택된 할당이 플립플롭 입력을 위한 간단한 조합 회로로 나타나야한다. 그러나 아직은 최소 가격의 조합 회로를 보장하는 상태 할당 절차가 없다.

[표 8-5] 2진 상태 할당의 세 가지 예

상태	할당 1	할당 2	할당 3
a	001	000	000
b	010	010	100
c	011	011	010
d	100	110	101
e	101	111	001

[표 8-6] 2진 할당 1을 가진 축소된 상태표

현재 상태	다음 상태		출력	
	x=0	x=1	x=0	x=1
001	001	010	0	0
010	011	100	0	0
011	001	100	0	0
100	101	100	0	1
101	001	100	0	1

8-3 여기표

플립플롭의 특성표(Characteristic table)는 입력 신호에 따라 출력 신호의 변이를 나타내주는 4가지 플립플롭의 진리표를 의미한다. 그러나 특성표는 여기표(Excitation table)와 함께 순서 논리회로를 설계하는 데 매우 중요한 역할을 한다.

다음 표 8-7은 4가지 종류의 플립플롭의 특성표이다.

[표 8-7] 플립플롭의 특성표

S	R	Q(t+1)
0	0	Q(t)
0	1	0
1	0	1
1	1	?

(a) R-S 플립플롭

J	K	Q(t+1)
0	0	Q(t)
0	1	0
1	0	1
1	1	Q'(t)

(b) J-K 플립플롭

D	Q(t+1)
0	0
1	1

(c) D 플립플롭

T	Q(t+1)
0	Q(t)
1	Q'(t)

(d) T 플립플롭

플립플롭의 입력 신호와 상태 변화의 관계를 다음 표 8-8과 같이 만든 것을 여기표라 한다.

여기표에서 기호 ×는 0 또는 1이 되어도 되는 무관(don't care) 조건이다.

R-S 플립플롭에 대한 여기표를 표 8-8 (a)에 나타내었다. 현재 상태 Q(t)=0에서 다음 상태 Q(t+1)=0은 상태 변이가 없으므로 입력 신호 모두 S=R=0이 될 수 있으며, 또는 다음 상태 Q(t+1)=0은 입력 신호 S=0, R=1임을 알 수 있다. 이 두 가지 상황에 따라 입력 신호는 S=0, R=×로 표현한다.

[표 8-8] 플립플롭 여기표

Q(t)	Q(t+ 1)	S	R
0	0	0	×
0	1	1	0
1	0	0	1
1	1	×	0

(a) R-S 플립플롭

Q(t))	Q(t+ 1	J	K
0	0	0	×
0	1	1	×
1	0	×	1
1	1	×	0

(b) J-K 플립플롭

Q(t)	Q(t+ 1)	D
0	0	0
0	1	1
1	0	0
1	1	1

(c) D 플립플롭

Q(t))	Q(t+ 1	T
0	0	0
0	1	1
1	0	1
1	1	0

(d) T 플립플롭

그리고 현재 상태 Q(t)=1에서 다음 상태 Q(t+1)=1은 상태 변이가 없으므로 입력 신호 모두 S=0, R=0이 될 수 있으며, 또는 다음 상태 Q(t+1)=1은 입력 신호 S=1, R=0임을 알 수 있다. 이 두 상황에 따라 입력 신호는 S=×, R=0임을 알 수 있다. 이 두 상황에 따라 입력 신호는 S=×, R=0으로 표현한다.

J-K 플립플롭에 대한 여기표를 표 8-8 (b)에 나타내었다. 현재 상태 Q(t)=0에서 다음 상태 Q(t+1)=0은 상태변화가 없으므로 입력신호 J=K=0이 되고 또는 다음 상태 Q(t+1)=0은 상태변화가 없으므로 입력신호 모두 J=0, K=1 이 되고 또는 다음상태 Q(t+1)=0 은 입력 신호가 J=0, K=1임을 알 수 있다. 이 상황에 따라 플립플롭의 입력 신호는 J=0, K=×로 표현한다.

같은 방법으로 Q(t)=0에서 Q(t+1)=1은 출력이 반전(toggle)되었으므로 입력 신호 모두 J=K=1이고, 또는 Q(t+1)=1은 입력 신호 J=1, K=0이 되기 때문에 J=1, K=×로 여기표에 표시한다.

D 플립플롭에 대한 여기표를 표 8-8 (c)에 나타내었다. 다음 상태 Q(t+1)은 항상 현재 상태에 관계없이 D 입력과 같다. 따라서 Q(t+1)=0이면 D=0이 되고, Q(t+1)=1이면 D=1이 된다.

T 플립플롭에 대한 여기표를 표 8-8 (d)에 나타내었다. T=1 일 때 플립플롭은 보수 상태를 취하며, T=0 일 때 플립플롭의 상태는 변하지 않는다. 그러므로

$Q(t)=Q(t+1)$이면 $T=0$이고, $Q(t) \neq Q(t+1)$이면 $T=1$이 된다.

8-4 순서 논리회로 설계

순서 논리회로의 설계 과정을 설명하고, 실제의 예를 들어 순서 논리회로를 설계하기로 한다. 먼저 설계 과정을 다음과 같이 표현할 수 있다.

1. 회로의 작동 원리를 정의한다. 상태도나 타이밍도 등을 이용하여 기술할 수 있다.
2. 상태표를 작성한다.
3. 등가적인 상태를 찾아 상태 간소화를 한다.
4. 각 상태에 2진수 할당한다(상태 할당).
5. 필요한 플립플롭 종류 및 수를 결정한다.
6. 상태표로부터 여기표와 출력표를 만든다.
7. 카르노 맵 또는 기타 방법으로 출력 함수와 플립플롭의 입력 함수를 만든다.
8. 순서 논리회로를 구성한다.

다음 그림 8-7의 상태도의 예를 보고, 순서 논리회로 설계 과정을 순서대로 해보기로 한다.

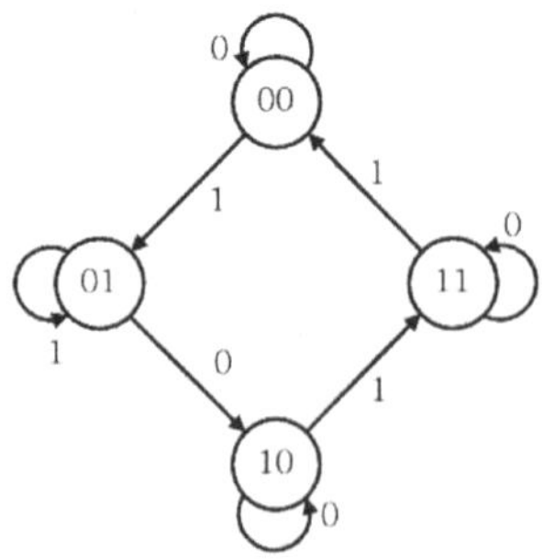

[그림 8-7] 상태도의 예

그림 8-7의 상태도로부터 상태표를 작성하면 표 8-9와 같다.

[표 8-9] 상태표

현재 상태 Q(t)		다음 상태 Q(t+1)			
		X=0		X=1	
A	B	A	B	A	B
0	0	0	0	0	1
0	1	1	0	0	1
1	0	1	0	1	1
1	1	1	1	0	0

상태도 또는 상태표에서 입력 변수 X만 있고 출력은 없음을 알 수 있다. 그리고 4개의 상태가 있으므로 2개의 플립플롭 A, B가 필요하다. 여기서는 J-K 플립플롭을 이용하여 순서 논리회로를 구성하고자 한다.

표 8-9의 상태표와 표 8-9 (b)의 J-K 플립플롭의 여기표를 이용하여 회로의 특성표를 만든 것이 표 8-10이 된다.

[표 8-10] 특성표

조합 회로의 입력			다음 상태 Q(t+1)		조합 회로의 출력			
현재 상태 Q(t)		입력			플립플롭 입력			
A	B	X	A	B	JA	KA	JB	KB
0	0	0	0	0	0	×	0	×
0	0	1	0	1	0	×	1	×
0	1	0	1	0	1	×	×	1
0	1	1	0	1	0	×	×	0
1	0	0	1	0	×	0	0	×
1	0	1	1	1	×	0	1	×
1	1	0	1	1	×	0	×	0
1	1	1	0	0	×	1	×	1

카르노 맵을 이용하여 J-K 플립플롭 입력 변수를 간소화한 과정을 다음 그림 8-8에 보여주고 있다.

A \ BX	00	01	11	10
0	0	0	0	1
1	X	X	X	X

(a) JA=BX'

A \ BX	00	01	11	10
0	X	X	X	X
1	0	0	1	0

(b) KA=BX

A \ BX	00	01	11	10
0	0	1	X	X
1	0	1	X	X

(c) JB=X

A \ BX	00	01	11	10
0	X	X	0	1
1	X	X	1	0

(d) KB=A′X′ + AX = A⊙X

[그림 8-8] 플립플롭의 입력 변수 간소화

그림 8-8의 카르노 맵으로부터 간소화된 플립플롭의 입력 함수는 다음과 같다.

JA = BX'	KA = BX
JB = X	KB = A⊙X

얻어진 입력 함수에 대해 순서 논리 회로를 설계하면 다음 그림 8-9와 같다.

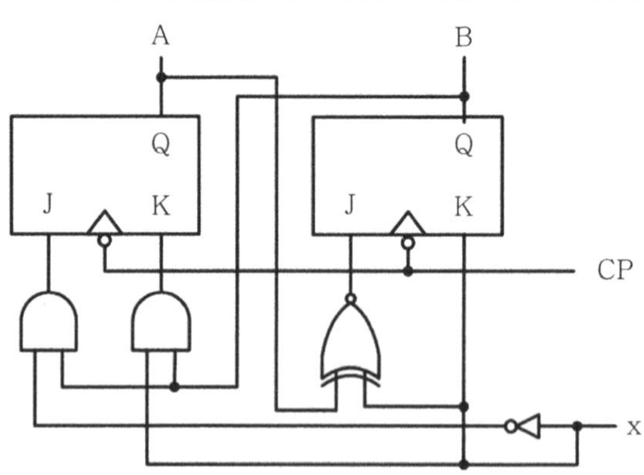

[그림 8-9] 순서 논리회로의 설계

[예] 다음 그림 8-10의 회로도로부터 상태표와 상태도를 유도하시오.

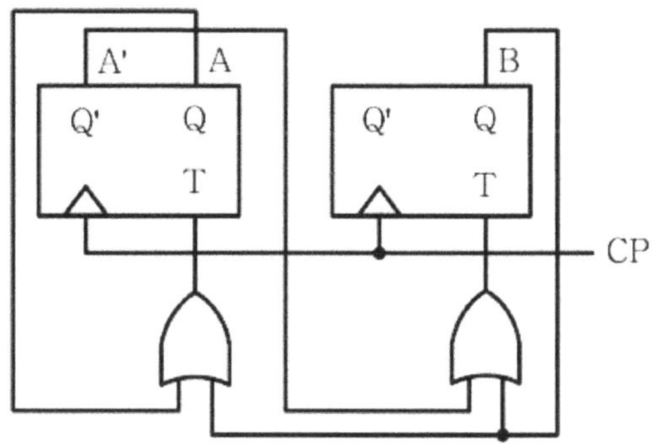

[그림 8-10] 순서 논리회로

상태식은 다음과 같다.

$$A(t+1) = (A+B) \cdot A' + (A+B)' \cdot A = A'B$$
$$B(t+1) = (A'B) \cdot B' + (A+B)' \cdot B = A'B'$$

상데표는 표 8-11과 같다.

[표 8-11] 상태표

현재 상태		다음 상태	
A	B	A	B
0	0	0	1
0	1	1	0
1	0	0	0
1	1	0	0

만일 00이 초기 상태이면 00→01→10→00 순으로 반복됨을 알 수 있다. 그것을 상태도로 표현하면 다음 그림 8-11과 같다.

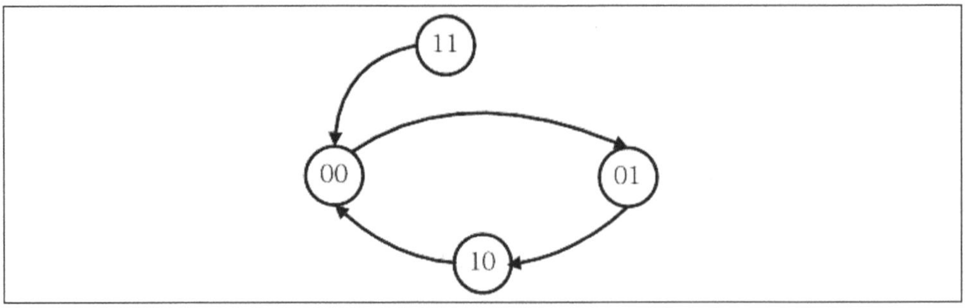

[그림 8-11] 상태도

8-5 카운터의 설계

입력 펄스의 적용에 따라 미리 정해진 상태의 순차를 밟아 가는 순서 논리 회로를 카운터(counter)라 부른다. 이때 입력 펄스는 카운트 펄스(count pulse)라 부르는 클럭 펄스이다. 이 클럭 펄스는 미리 정해진 시간 간격으로 또는 무작위(random)로 외부원에서 발생된다. 카운터 내에서는 상태의 순차가 2진 카운트거나 임의의 다른 상태 순차가 될 수 있다. 카운터는 디지털 논리를 갖고 있는 거의 모든 시스템에서 쓰인다. 이들은 사건의 발생 회수를 셈하는 데 쓰이며, 디지털 시스템에서 작동을 제어하는 타이밍 순차(timing sequence)를 발생시키는 데에도 유용하다. 다양한 순차의 카운터가 있을 수 있는데 연속적인 2진 순차의 카운터가 가장 간단하며 쉽게 얻을 수 있다. 2진 순차를 따르는 카운터를 2진 카운터(binary counter)라 부른다. n 비트 2진 카운터는 n개의 플립플롭으로 구성되며 0에서 2^n-1까지 셀 수 있다. 예로서 3비트 카운터의 상태도가 그림 8-12에 있다.

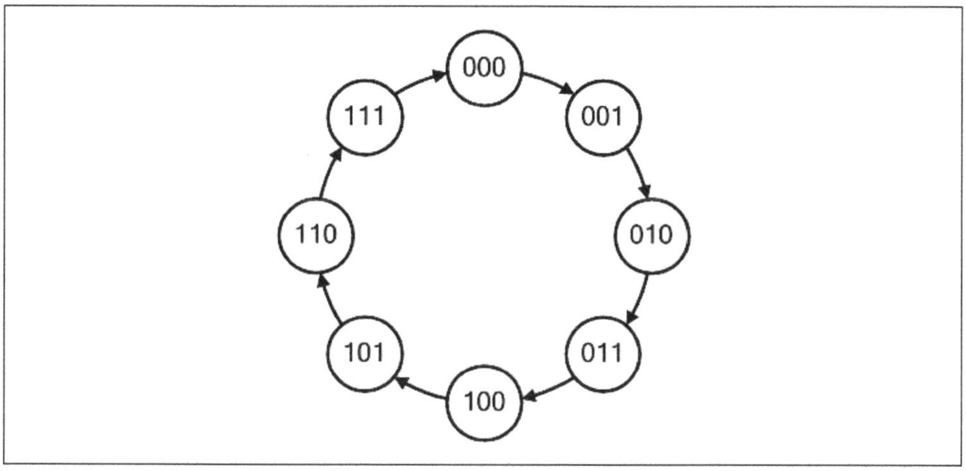

[그림 8-12] 3비트 2진 카운터의 상태도

원 안에 표시한 2진 상태를 보아 알 수 있듯이 플립플롭 출력은 111 후에 000으로 되돌아와 2진 카운트 순차를 계속 밟는다. 원 사이의 직선상에 다른 상태도에서처럼 입력 출력 값이 표시되어 있지 않다. 클록부 순시 논리 회로에서 상태 변이는 클록 펄스 발생 시에 일어나며 펄스가 일어나지 않으면 현재 상태를 유지한다는 것을 명심해야 한다. 이런 이유 때문에 클록 펄스 변수인 CP는 이 카운터에서는 상태도나 상태표에서 입력 변수로서 외부에 나타나지 않는다. 이런 관점에서 카운터의 상태도는 직선을 따라 표시하는 입력-출력 값을 나타낼 필요가 없다. 이 회로의 유일한 입력은 카운트 펄스이며 출력은 플립플롭의 현재 상태에 의해 바로 명시된다. 카운터의 다음 상태는 완전히 그의 현재 상태에 달려 있으며 상태 변이는 펄스 발생 때마다 일어난다. 이 성질 때문에 카운터는 카운트 순차 목록, 즉 카운터가 수행하는 2진 상태 순차의 일람표에 완전하게 명시 된다.

3비트 2진 카운터의 카운트 순차가 표 8-12에 주어져 있다.

[표 8-12] 3비트 2진 카운터에 관한 여기표

카운트순차			플립플롭 입력		
A_2	A_1	A_0	TA_2	TA_1	TA_0
0	0	0	0	0	1
0	0	1	0	1	1
0	1	0	0	0	1
0	1	1	1	1	1
1	0	0	0	0	1
1	0	1	0	1	1
1	1	0	0	0	1
1	1	1	1	1	1

순차에서의 그 다음 수는 회로의 다음 상태를 나타낸다. 카운트 순차는 마지막 값에 도달한 후에 계속 처음상태로 되어 반복한다. 즉, 111의 다음 상태는 000이다. 그러므로 카운트 순차는 회로 설계에 필요한 모든 정보를 제공한다. 순차를 보면 그 다음 수로서 다음 상태를 읽을 수 있기 때문에 별도의 난에 다음 상태를 따로 기입할 필요가 없다. 카운터의 설계는 여기표를 카운트 순차에서 직접 얻을 수 있다는 점을 제외하고는 8-4에서 제시된 것과 똑같은 절차를 따른다.

카운터의 기능에 대한 개념을 그림 8-13에 나타내었다.

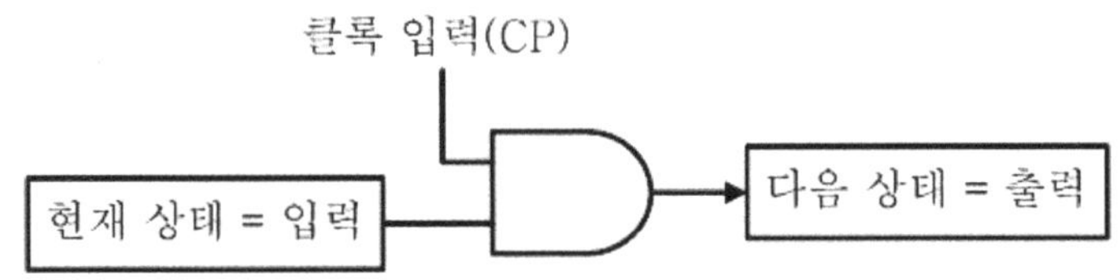

[그림 8-13] 카운터의 개념도

표 8-12는 3비트 2진 카운터에 관한 여기표이다. 세 플립플롭에 A_2, A_1 A_0의 변수가 주어진다. 2진 카운터는 T 플립플롭으로 구성하는 것이 가장 효과적이다. T 플립플롭의 입력에 대한 플립플롭 여기표 작성은 주어진 카운트 수(현재 상태)로부터 그 다음의 수(다음 상태)로의 상태 변수와 T 플립플롭 여기표[표 8-8(d)]를 써서 구한다.

보기로서 표 8-12의 플립플롭 입력 001 행을 생각해 보자. 현재 상태는 001이고, 다음 상태는 그 다음 카운트인 010이다. 이 두 카운트를 비교해 보면 A_2는 0에서 0으로 가기 때문에 플립플롭 A_2의 상태는 변하지 않으므로 A_2의 입력 TA_2는 0으로 된다. A_1은 0에서 1로 변이하므로 A_1의 입력 TA_1은 1로 표시되며 A_0도 1에서 0으로 가기 때문에 TA_0는 1로 되어야 한다. 이 관계를 그림으로 표시하면 그림 8-14와 같다.

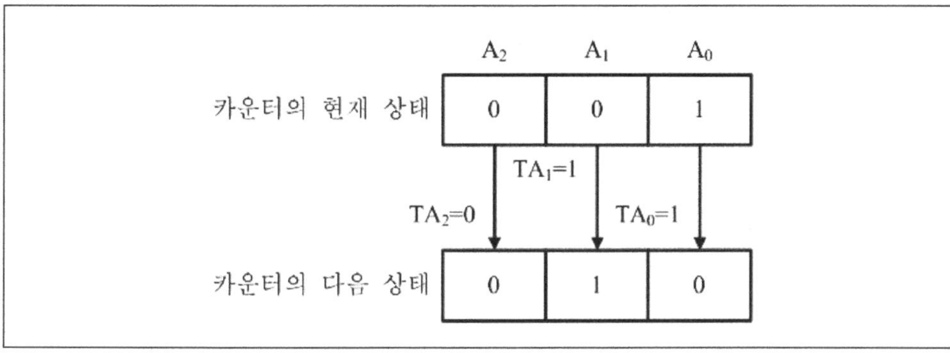

[그림 8-14] 3비트 카운터의 플립플롭 입력

현재 상태 111을 가진 마지막 행은 그다음 상태인 000과 비교한다. 모든 1이 0으로 변하기 때문에 세 플립플롭 모두 보수를 취해야 하므로 플립플롭의 입력 모두 $TA_2=TA_1=TA_0=1$이 된다.

여기표에서의 T 플립플롭의 입력 함수들을 맵 방법으로의 간소화 과정을 그림 8-15에 나타내었다. 각 맵의 아래에 기입된 부울 함수는 카운터의 조합 회로의 부분을 표시하게 된다. 이들 함수와 3개의 플립플롭을 써서 카운터의 논리도를 그리면 그림 8-16과 같다.

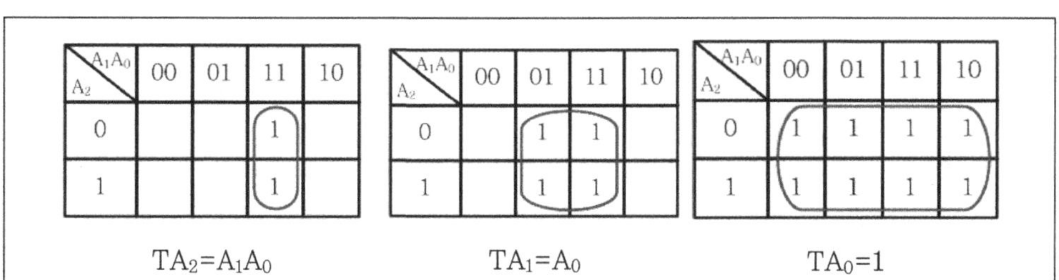

[그림 8-15] 3비트 2진 카운터의 맵

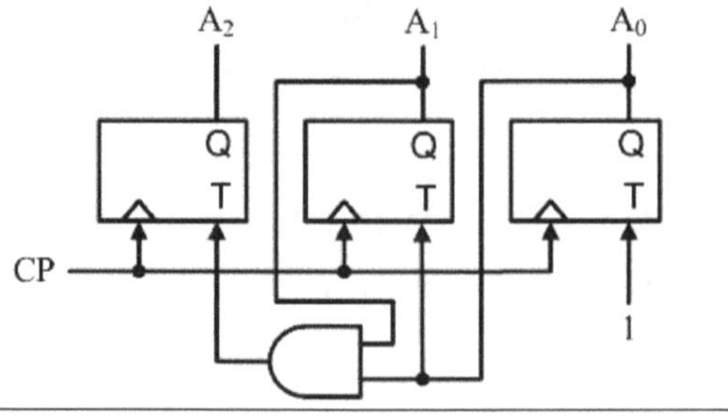

[그림 8-16] 3비트 2진 카운터의 논리도

[예] 표 8-13에 나열한 6개의 상태 순차를 가진 카운터를 설계하시오.

이 순차에서 플립플롭 A가 세 카운트마다 0에서 1사이를 교대하는 동안에 플립플롭 B와 C는 00, 01, 10을 반복한다. A, B, C에 관한 카운트 순차는 연속적인 2진수가 아니며 두 상태 011과 111이 쓰이지 않는다. 이 설계에서는 J-K 플립플롭을 사용한다. 여기표(표 8-13)에서 플립플롭 B와 C의 입력 KB와 KC는 1과 X만을 가지고 있다. 따라서 이 두 입력은 항상 1로 보아도 된다. 다른 플립플롭 입력 함수는 최소항 3과 7을 무관조건으로 사용해서 다음과 같이 간단히 할 수 있다(그림 8-17 참조).

JA = B	KA = B
JB = C	KB = 1
JC = B'	KC = 1

[표 8-13] [예]에 관한 여기표

카운트순차			플립플롭 입력					
A	B	C	JA	KA	JB	KB	JC	KC
0	0	0	0	X	0	X	1	X
0	0	1	0	X	1	X	X	1
0	1	0	1	X	X	1	0	X
1	0	0	X	0	0	X	1	X
1	0	1	X	0	1	X	X	1
1	1	0	X	1	X	1	0	X

A \ BC	00	01	11	10
0	0	0	X	1
1	X	X	X	X

JA=B

A \ BC	00	01	11	10
0	0	1	X	X
1	0	1	X	X

JB=C

A \ BC	00	01	11	10
0	1	X	X	0
1	1	X	X	0

JC=B'

A \ BC	00	01	11	10
0	X	X	X	1
1	0	0	X	X

KA=B

A \ BC	00	01	11	10
0	X	X	X	1
1	X	X	X	1

KB=1

A \ BC	00	01	11	10
0	X	1	X	X
1	X	1	X	1

KC=1

[그림 8-17] [예제]에 대한 플립플롭 입력 함수의 간소화

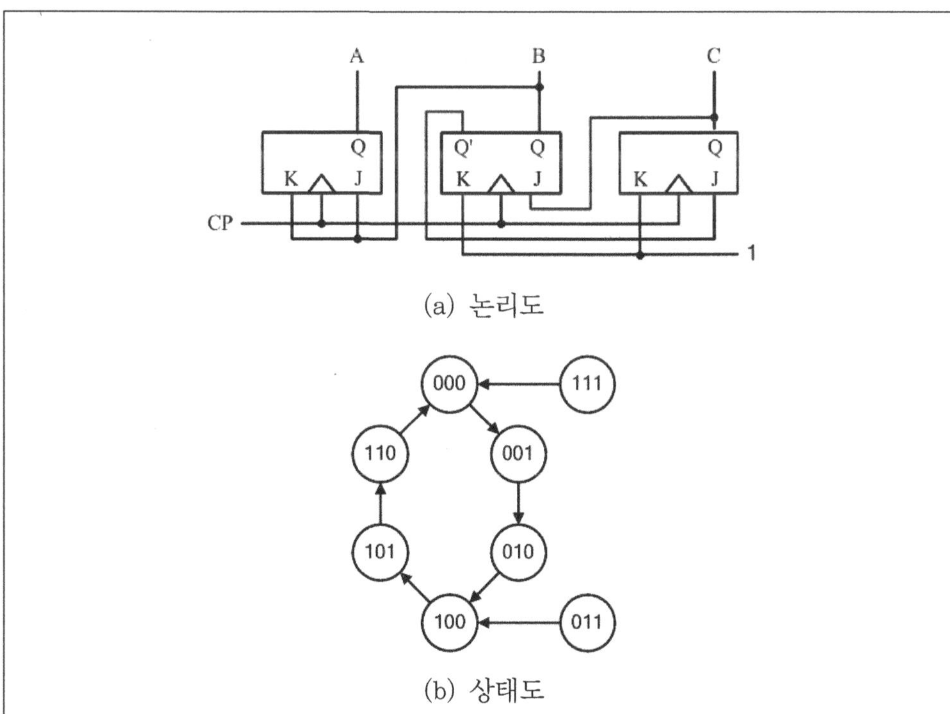

[그림 8-18] [예제]에 대한 논리도와 상태도

카운터의 논리도는 그림 8-18 (a)에 표시하였다. 2개의 쓰지 않는 상태가 있기 때문에 그들의 영향을 알아보기 위해 이 회로를 분석해 보아야 한다. 해석에서 얻어진 상태도가 그림 8-18 (b)에 그려져 있다. 회로가 무효 상태로 들어가기만 하면 그 다음 카운트 펄스에서는 유효 상태로 들어가서 정확하게 셈을 계속한다. 따라서 이 카운터는 자기 시동(self-starting)형이다. 자기 시동 카운터란 어떤 상태에서든지 시작할 수 있으나 결국에는 정상 카운트 순차에 들어가는 카운터를 말한다.

연습문제

1. 다음 그림의 전가산기는 두 외부입력 x, y와 D 플립플롭의 출력에서 나오는 세 번째 입력 z를 가지고 있다. 캐리 출력 C는 매 클록 펄스마다 플립플롭으로 전송된다. 외부출력 S는 x, y, z의 합이다. 이 순차회로의 상태표와 상태도 나타내시오.

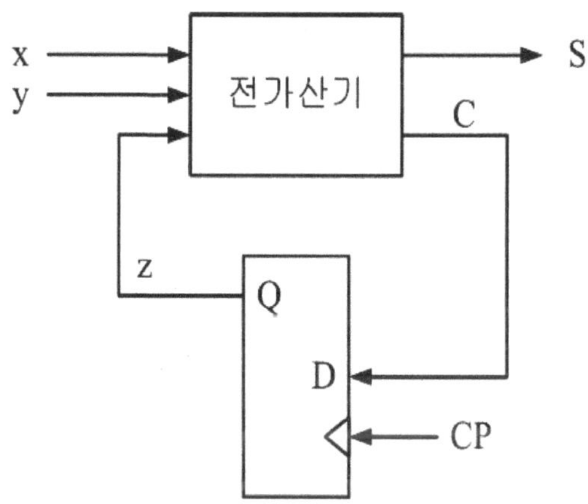

2. 순서 논리 회로가 4개의 플립플롭 A, B, C, D와 1개의 입력 x를 갖고 있다. 상태 방정식은 다음과 같다.

$$A(T+1) = (CD' + C'D)X + (CD + C'D')x'$$

$$B(T+1) = A$$

$$C(T+1) = B$$

$$D(T+1) = C$$

(1) 상태 ABCD=0001에서 시작해서 x=1일 때, 상태의 순차를 구하라.

(2) 상태 ABCD=0000에서 시작해서 x=0일 때, 상태의 순차를 구하라.

3. 순서 논리 회로가 2개의 플립플롭과 (A와B), 2개의 입력 (X와Y), 그리고 1개의 출력(Z)을 갖고 있다. 플립플롭 입력함수나 회로의 출력 함수는 다음과 같다.

JA = XB + Y'B'	KA = XY'B'
JB = XA'	KB = XY' + A
Z = XYA + X'Y'B	

(1) 상태 방정식 (2)상태표 (3)상태도 (4)논리도를 나타내시오

4. 다음 상태표에서 상태의 수를 줄이고, 축소된 상태표를 작성하시오.

현재상태	다음 상태		출 력	
	X=0	X=1	X=0	X=1
a	f	b	0	0
b	d	c	0	0
c	f	e	0	0
d	g	a	1	0
e	d	c	0	0
f	f	b	1	1
g	g	h	0	1
h	g	a	1	0

5. 1개의 입력과 1개의 출력을 가진 순차회로의 상태도가 다음 그림과 같다. 상태표를 나타내고 RS 플립플롭을 사용하여 순차회로를 설계하시오.

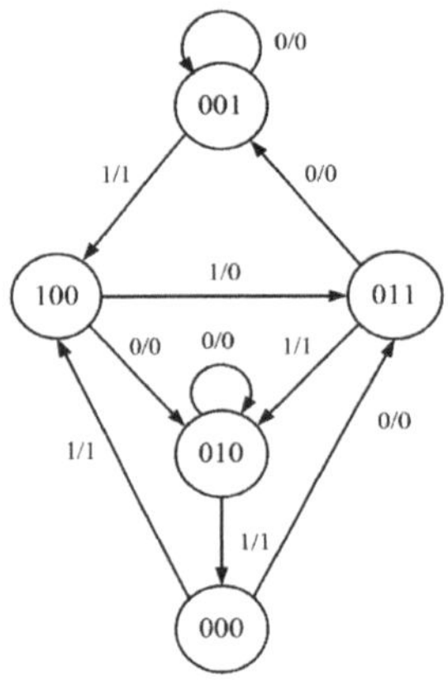

6. 다음 상태 방정식으로 표시되는 순서 논리 회로를 JK 플립플롭을 사용하여 설계하시오.

$$A(T+1) = XAB + YA'C + XY$$
$$B(T+1) = XAC + Y'BC'$$
$$C(T+1) = X'B + YAB'$$

7. "0, 1, 2, 3, 4, 5, 6"의 반복된 2진 순차를 가진 2진 카운터를 JK 플립플롭을 사용하여 설계하시오.

8. "0, 1, 2, 3, 4, 5"의 반복된 2진 순차를 가진 2진 카운터를 T 플립플롭을 사용하여 설계하시오.

9. "0, 1, 3, 2, 6, 4, 5, 7"의 반복된 2진 순차를 가진 2진 카운터를 RS 플립플롭을 사용하여 설계하시오.

10. "0, 4, 2, 1, 6"의 반복된 2진 순차를 가진 2진 카운터를 JK 플립플롭을 사용하여 설계하시오.

11. JK 플립플롭을 사용하여 동기식 BCD 카운터를 설계하시오.

제9장 레지스터와 카운터

9-1 레지스터

레지스터(Register)는 2진 정보를 저장하기 위해 흔히 사용되는 디지털 회로이다. 레지스터는 동작 방법에 따라 병렬 레지스터와 시프트 레지스터로 나눌 수 있다.

병렬 레지스터(Parallel register)는 2진 정보의 저장을 위해 사용되므로 저장 레지스터(Storage register)라고도 한다. 시프트 레지스터(Shift register)는 2진 정보의 저장뿐만 아니라 데이터 연산에도 사 용된다.

일반적으로 플립플롭은 펄스 지속시간(Pulse duration) 동안에 동작하므로 CLK=1일 때 레지스터는 인에이블(Enable)된다. 펄스 지속 시간에 동작하는 레지스터는 일반적으로 게이티드 래치(Gated latch)라 한다. 플립플롭이 디지털 순차 회로의 설계에 효율적으로 사용되기 위해서는 펄스 지속 시간 동안이 아니라 펄스 전이(Pulse transition)에서 동작되어야 한다. 즉, 레지스터를 구성하는 플립플롭은 펄스 전이에서 동작하는 주종 플립플롭(Master-Slave flip-flop)이나 에지 트리거드 플립플롭(edge-triggered flip-flop)의 형태로 구성되어야 한다. 따라서 펄스 지속 시간 동안에 동작하는 플립플롭을 래치(Latch)라 하고, 펄스 전이에서 동작하는 플립플롭을 레지스터(Register)라고 한다.

게이티드 래치(Gated latch)는 CLK=1일 때 인에이블되고 CLK=0일 때 디스에이블(Disable)되는 즉, 펄스 지속 시간 동안에 응답하는 플립플롭으로 구성된 레지스터이다. 그 용도는 외부로 정보를 전달할 때 쓰이는 일시적인 기억 장치로 사용된다. 게이티드 래치는 펄스 지속 시간에 응답하기 때문에 피드백을 갖는 순차 회로의 설계에는 사용하지 않는다.

레지스터(Register)는 언제라도 래치 대신에 사용될 수 있으나 래치는 레지스터 대신에 사용할 수 없다. 같은 클록 펄스 동안에 동작하는 다른 플립플롭에 래치의 출력이 입력되지 않도록 주의해서 설계해야 한다. 그리고 만약 래치를 레지스터로 사용하려면 IC 형태의 74X75는 4비트 래치이고 그림 9-1의 4비트 레지스터는 74X175 등이 있다.

9-1-1 병렬 레지스터

가장 간단한 병렬 레지스터(Parallel register)는 외부 게이트가 전혀 없이 단지 플립플롭만을 사용하여 병렬로 구성한 레지스터이다. 그림 9-1은 네 개의 D 플립플롭과 하나의 공통된 클록 펄스(CLK : clock pulse)를 가지고 있는 4 비트 레지스터를 나타내었다.

이 레지스터에서 클록 펄스는 동시에 네 개의 플립플롭 모두를 인에이블시켜 네 개의 입력에서 정보를 4비트 레지스터에 로드(Load)시킬 수 있다. 또한, 네 개의 출력으로 현재 레지스터에 저장되어 있는 정보를 알아낼 수 있다. 레지스터 안으로 새 정보를 전달해서 저장되는 것을 로드라고 하는데, 만약 이때 하나의 클록 펄스에 의해 레지스터 내의 모든 비트들이 동시에 전달된다면 이를 병렬 로드(Parallel load)라고 한다.

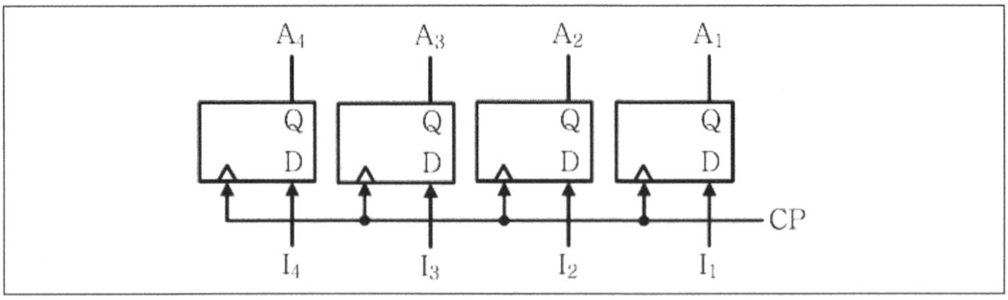

[그림 9-1] D 플립플롭을 이용한 4비트 레지스터

앞의 그림 9-1에서는 하나의 클록 펄스가 모든 D 플립플롭에 연결되어 있는 병렬 레지스터를 나타내었다. 이때, CLK=1이 되면 새 정보가 동시에 전달되어 병렬 로드된다. 레지스터의 내용을 변화 없이 유지하려면 CLK 단자로부터 클록 펄스가 입력되지 못하게 해야 한다. 다시 말하면 CLK=1이 될 때 입력 정보가 레지스터에 로드되고 클록 펄스가 0으로 남아 있으면 레지스터의 내용이 변화 없이 그대로 유지되는 것을 이용해서 레지스터에 새로운 정보가 로드되는 것을 제어하는 인에이블 신호를 클록 펄스 입력을 사용한다. 이때 레지스터의 출력 상태가 펄스의 상승 에지(Raising edge)에서 변화하는 것에 주의해야 한다.

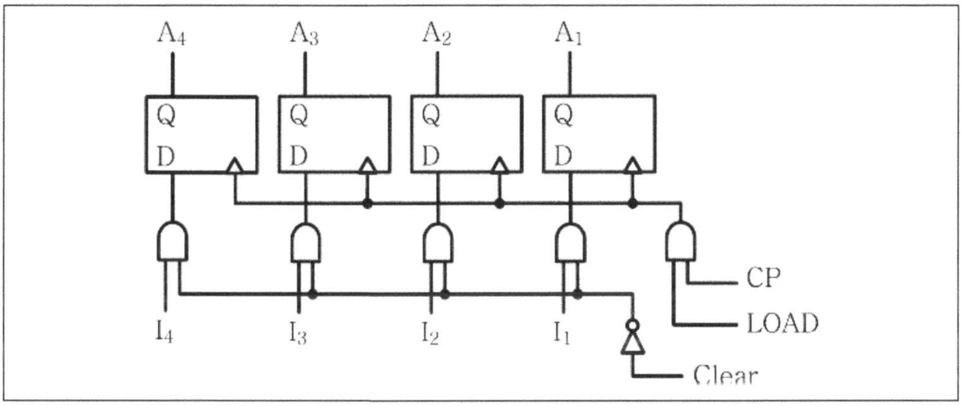

[그림 9-2] CLEAR와 LOAD를 가진 4비트 레지스터

그림 9-2는 상승 에지에서 전이되는 D 플립플롭을 이용한, 병렬 로드가 가능한 4비트 레지스터이다. 여기에서 모든 플립플롭에 공통으로 연결된 클록 펄스는 로드 신호와 AND 되어 새로운 2진 정보가 레지스터 안으로 로드되는 것을 제어한다. 각 클록 펄스에서 4비트 데이터 입력은 입력선 $I_1 \sim I_4$를 통해 레지스터로 들어가고 다음 클록 펄스 때까지 그대로 유지된다. 즉, CLK=0일 때는 그 상태로 유지한다. 로드 신호가 1이고 클록 펄스 입력이 0에서 1로 전이될 때, 입력선에 있는 현재의 2진 정보가 플립플롭으로 로드된다. 한편 CLEAR 신호는 레지스터의 내용을 0으로 소거하기 위해 존재한다. 즉, CLEAR 신호는 네 개의 입력 신호와 각각 AND되어 플립플롭의 입력 D로 입력되는데, CLEAR=1이면 레지스터의 내용은 소거된다.

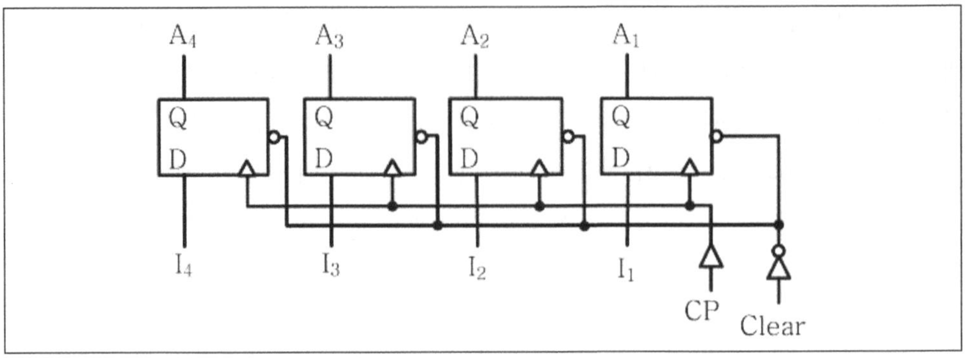

[그림 9-3] 비동기 클리어를 가진 4비트 레지스터

레지스터 소거(Register clear)는 플립플롭의 비동기 소거 입력(RESET)을 통해 이루어진다. 비동기 입력을 사용할 때 소거 동작은 클록과 무관하게 이루어진다. 그림 9-3의 CLEAR 신호는 레지스터를 비동기적으로 소거한다. 이 경우, 레지스터의 소거를 위해 CLEAR 입력은 1이 되어야 하고, 리셋을 끝내고 정상 동작을 다시 진행하려면 0으로 돌아가야 한다. 그림 9-3에서 입력선상의 데이터는 클록 펄스의 상승 에지에서 레지스터로 전달된다.

만약 4비트 레지스터가 로드 제어 입력을 갖는다면 그림 9-4에서처럼 JK 플립플롭을 사용해서 설계하여야 한다. 레지스터의 클록 펄스 입력 단자에는 동기화(Synchronize)된 클록 펄스가 직접 입력된다. CLEAR 입력은 인버터를 사용하지 않고, 부하(Load)를 줄이기 위해 버퍼 게이트(Buffer Gate)를 통하여 각 플립플롭의 RESET 입력 단자에 입력되게 한다. CLEAR 입력이 1일 때 클록 펄스에 관계없이 플립플롭들을 소거한다. CLEAR 입력은 레지스터를 동작시키기 전에 레지스터의 내용을 소거시키는 데에 필요하다. 레지스터가 동작하고 있을 때 CLEAR 입력은 꼭 0을 유지하고 있어야 한다. 로드 입력은 부하를 줄이기 위해 삽입된 버퍼와 일련의 AND 게이트를 통과하여 각 플립플롭의 입력 단자 J와 K에 입력된다. 클록 펄스는 계속 존재하지만, 입력선상의 데이터는 LOAD 입력이 1일 때만 다음 클록 펄스의 상승 에지에서 레지스터로 동시에 전달된다. LOAD 입력이 0이면 J와 K가 모두 0이므로 레지스터의 내용은 변하지 않고 그대로 유지된다.

만일 로드 입력에 관련된 버퍼 게이트가 인버터로 바뀐다면, 로드 입력이 0일 때에는 레지스터에 로드가 허용되고, 로드 입력이 1일 때 로드는 허용되지 않는다고 보아야 한다.

그림 9-4의 레지스터 로드 입력이 1이고 클리어 입력이 0일 때, 그리고 클록 펄스가 0에서 1로 변하는 순간에 입력 정보는 레지스터에 전달된다. 레지스터의 모든 비트들은 동시에 로드되므로, 이런 형태의 전달을 병렬 로드 전달(Parallel-load transfer)이라고 한다.

회로에서 플립플롭의 종류를 선택하는 일은 동기 회로의 구현 모드에 따라 좌우된다. 집적 회로를 설계할 때는 게이트 입력을 지닌 JK 플립플롭이 효율적이다. MSI 부품으로 회로를 구현할 때는 게이트 클록을 지닌 D 플립플롭을 사용한다.

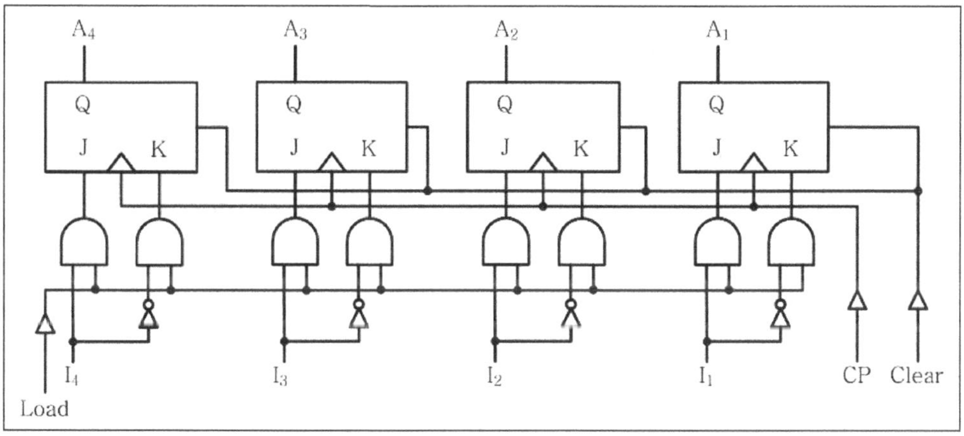

[그림 9-4] J-K 플립플롭을 이용한 4비트 레지스터

9-1-2 순차 논리 회로의 구현

레지스터는 여러 개의 플립플롭으로 구성되어 있어, 순차 논리 회로의 일부로서 레지스터를 사용한다면 순차 논리 회로의 설계가 편리하게 이루어질 수 있을 것이다. 그림 9-5에 레지스터를 사용하는 순차 논리 회로의 블록도가 있다.

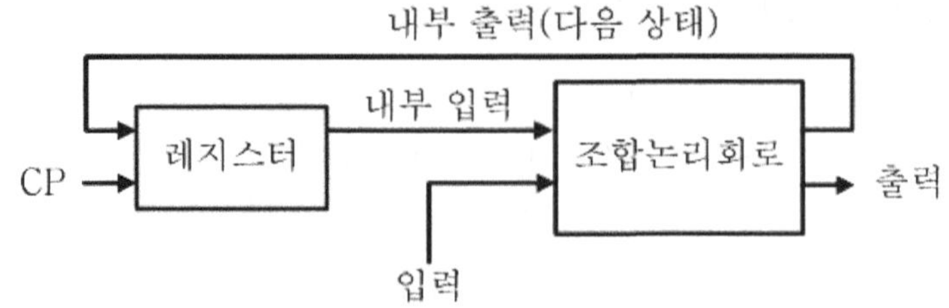

[그림 9-5] 순차 논리 회로의 블록도

조합 논리 회로의 내부 출력을 레지스터의 다음 상태값을 결정하며, 이 값들은 다음 클록 펄스 때 레지스터에 로드된다. 따라서 레지스터를 사용하면 순차 논리 회로를 설계할 때 레지스터에 연결시킬 조합 논리 회로만 설계하면 된다.

[예 1] 그림 9-6(a)의 상태표를 이용하여 순차 논리 회로를 설계하시오.

상태표는 2개의 플립플롭(A_1과 A_2)과 하나의 입력 x, 하나의 출력 y를 규정하고 있다. 플립플롭의 다음 상태 $A_1(t+1)$과 $A_2(t+1)$, 그리고 출력 y에 대한 함수식은 상태표로부터 바로 얻어진다.

$$A_1(t+1) = \sum m(4,\ 6)$$
$$A_2(t+1) = \sum m(1,\ 2,\ 5,\ 6)$$
$$y = \sum m(3,\ 7)$$

위의 함수식들을 간소화시키면

$$A_1(t+1) = A_1x'$$
$$A_2(t+1) = A_2 \oplus x$$
$$y = A_2x$$

가 되어 논리도를 작성하면 그림 9-6 (b)가 된다.

현재 상태		입　　력	다음 상태		출　　력
A_1	A_2	x	A_1	A_2	y
0	0	0	0	0	0
0	0	1	0	1	0
0	1	0	0	1	0
0	1	1	0	0	1
1	0	0	1	0	0
1	0	1	0	1	0
1	1	0	1	1	0
1	1	1	0	0	1

(a) 상태표

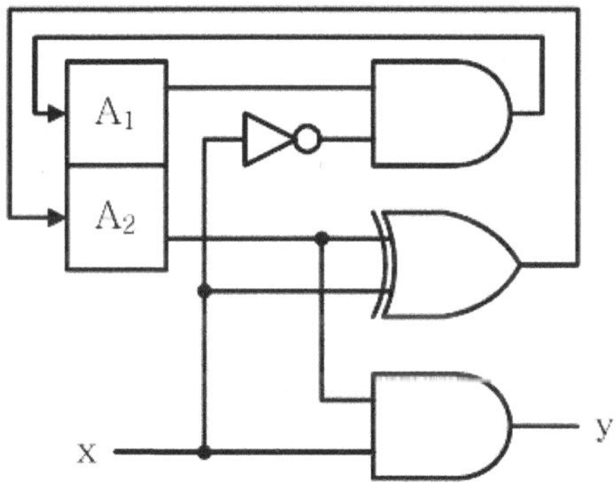

(b) 논리도

[그림 9-6] [예 1]의 상태표와 논리도

[예 2] [예 1]을 ROM과 레지스터를 이용하여 설계하시오.

ROM은 조합 논리 회로를 설계하는데 사용하고 레지스터는 플립플롭의 역할을 하도록 설계하면 된다. ROM의 입력 단자의 수는 외부 입력 수와 플립플롭의 수의 합과 같고, 출력 단자의 수는 플립플롭의 수와 외부 출력 수의 합과 같다. 따라서 이 문제를 해결하기 위해서는 3개의 입력 단자와 3개의 출력 단자를 가지는 8×3 ROM을 사용하면 된다.

ROM의 내용과 논리도는 그림 9-7에 있다.

번지			출력		
1	2	3	1	2	3
0	0	0	0	0	0
0	0	1	0	0	1
0	1	0	0	1	0
0	1	1	0	0	1
1	0	0	1	0	0
1	0	1	0	1	0
1	1	0	1	1	0
1	1	1	0	0	1

(a) ROM의 진리표

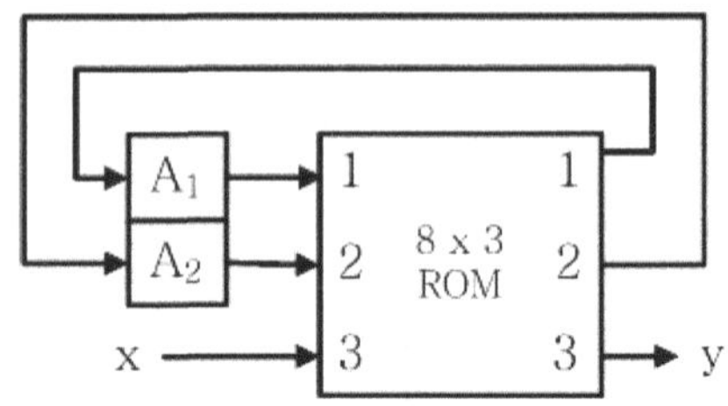

(b) 회로의 블록도

[그림 9-7] ROM을 사용한 순차 논리 회로

ROM의 진리표와 그림 9-7 (a)의 상태표를 비교해 보면, ROM의 번지는 상태표의 현재 상태와 입력에 대등하고, ROM의 출력은 상태표의 다음 상태와 출력에 대등함을 알 수 있다.

9-2 시프트 레지스터

시프트 레지스터(Shift register)는 디지털 시스템에서 가장 광범위하게 쓰이고 있는 기능부품의 하나이다. 간단한 휴대용 전자계산기를 예로 들어 시프트 레지스터의 기능을 표시하자. 숫자 123을 입력하는 경우를 생각해보자. 1의 버튼을 누르면 1이 표시되고, 다음에 2의 버튼 누르면 12가 표시되고, 마지막으로 3의 버튼을 누르면 123이 표시된다. 이 경우 보통은 최초에 1이 표시창의 우측에 나타난다. 2의 버튼을 누르면 1은 좌로 1자리 시프트하고 2에 장소를 내어 준다. 수는 버튼이 눌릴 때 마다 표시창에서 좌로 시프트하며 이것은 레지스터가 좌로 시프트하는 레지스터로 동작하는 것이다.

시프트 기능에 대해서 휴대용 전자계산기에는 메모리 기능도 있다. 버튼을 누른 후 손을 떼어도 수는 표시창에 표시되어 있고 레지스터는 어느 버튼이 눌렸는지를 기억하고 있다. 일시적인 메모리 기능은 디지털 회로에 있어서 매우 중요하다.

시프트 레지스터는 플립플롭으로 구성되고 순서논리회로로 분류된다. 시프트 레지스터는 데이터를 일시 기억하고 기억된 데이터를 우나 좌로 시프트하기 위해 사용된다. 또한 시프트 레지스터는 데이터를 직렬에서 병렬로, 또 병열에서 직렬로 변환하기 위해서도 사용된다.

9-2-1 직렬 전달

디지털 시스템에서 정보가 한 번에 한 비트 씩 전달되고 처리될 때 직렬 모드로 동작한다고 한다. 또한 레지스터 사이의 내용의 전달도 한 레지스터에서 다른 레지스터로 한 번에 한 비트 씩 시프트시킴으로써 전달할 수 있다. 직렬 전달(Serial transfer)은 레지스터의 모든 비트를 동시에 전달하는 병렬 전달(Parallel transfer)과는 대조적이다.

직렬 전달은 그림 9-8의 블록도에 나타내었다. 여기에서 시프트 제어 신호는 시프트가 시작되는 시간과 횟수를 결정한다. 클록 펄스와 시프트 제어 신호를 AND 게이트에 연결하고 AND 게이트의 출력을 CLK 입력 단자에 연결해서 시프트 제어 신호가 1인 경우에만 클록 펄스가 CLK 단자에 입력되는 것이다.

모두 4비트로 되어 있는 시프트 레지스터의 경우 전달을 관리하는 제어 장치는 시프트 제어 신호로서 펄스가 4회 발생하는 동안 시프트 레지스터를 인에이블 시키도록 설계해야 한다. 시프트 제어 신호는 클록 펄스와 동기 되어 있으며 그 상태 값은 클록 펄스의 하강 에지에서 변한다. 시프트 제어 신호는 그 값이 1로 변하고 나서 클록 펄스가 4회 발생하는 동안은 그 값을 유지한다. 직렬 전달 후에도 시프트 레지스터 A에 저장된 초기 값을 보존하기 위해 레지스터 A의 출력을 자신의 입력으로 피드백시킨다.

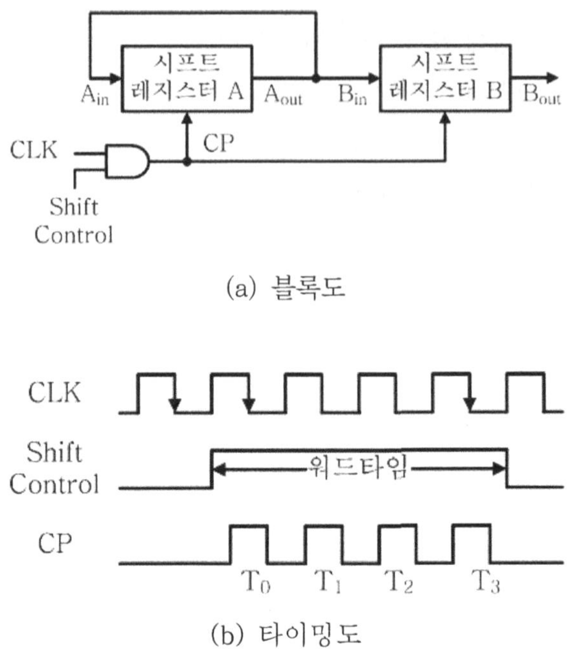

[그림 9-8] 레지스스터 사이의 직렬 전달

직렬 방식의 동작은 정보를 전달할 때 많은 시간이 걸리나, 시프트 레지스터에 순차적으로 전달되어 나오는 비트들을 처리할 때 하나의 회로를 반복해서 사용할 수 있으므로 직렬 방식의 회로는 하드웨어의 규모를 줄일 수 있다.

비트 타임(Bit time)은 각 클록 펄스의 시간 간격을 나타내고, 워드 타임(Word time)은 하나의 시프트 레지스터 내의 모든 내용을 이동시키는 데에 필요한 시간이다. 이러한 시간 순차는 시스템의 제어부에서 만들어진다. 직렬 방식의 회로에서 제어 신호는 워드 시간 동안 유지되어야 한다. 매 비트 시간마다 입력되는 펄스는 동작의 결과를 한 번에 한 비트 씩 시프트 레지스터에 전달한다.

(1) 직렬 로드 시프트 레지스터

그림 9-9는 단순한 4비트 레지스터이고 4개의 D플립플롭으로 구성되어 있다. 데이터 비트는 FF1이 D 입력에 주어지고 직렬데이터 입력이라 부른다. 클리어 입력은

LOW이고 4개의 플립플롭을 모두 리세트(Q=0)한다. 클록 입력에 펄스가 들어가면 데이터는 직렬데이터 입력에서 A점(FF1의 Q)까지 시프트한다. 그림 9-9 위 부분의 표시기(A, B, C, D)는 각 플립플롭의 내용 즉, 레지스터의 내용을 나타낸다.

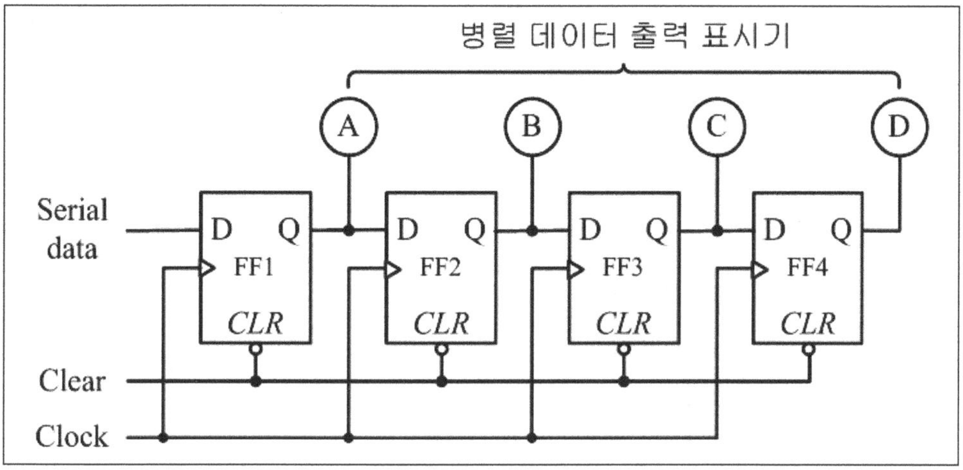

[그림 9-9] 4비트 직렬 로드 우 시프트 레지스터 회로도

그림 9-9의 플립플롭이 모두 리세트되어 있다고 가정하자. 이때 출력은 0000이다. Clear 입력은 HIGH, 데이터 입력은 1로 하고 클록 입력에 펄스가 1개 들어가면 출력은 1000이 된다. 데이터 입력을 0으로 하고 2개째의 펄스를 입력하면 출력은 0100이 된다. 계속하여 데이터 입력을 0으로 하고 3개째의 펄스를 입력하면 출력은 0010, 4개째의 펄스를 입력하면 출력은 0001이 된다. 이것으로 2진 워드 0001이 1비트 씩 레지스터에 기억된다. 이것을 직렬 로드(serial loading)라 부른다. 각 클록 펄스에 의해 레지스터는 데이터를 우로 시프트한다. 그러므로 이 레지스터를 직렬 로드 우 시프트 레지스터(serial-load shift-right register)라고 한다.

(2) 직렬 가산기

대부분의 디지털 시스템은 보다 빠른 작동을 위하여 병렬 방식으로 작동하도록 만들어진다. 그러나 빠른 작동보다는 시스템의 규모를 작게 하기 위해서는 직렬 방식을 사용하게 된다. 여기서 직렬 방식의 작동을 설명하기 위해 직렬가산기를 소개한다. 직렬 가산기는 한 개의 전가산기와 두 개의 시프트 레지스터로 만들어진다.

직렬 가산기는 그림 9-10에서와 같이 순차적으로 더하여질 숫자를 저장하고 있는 두개의 레지스터와 1개의 전가산기, 그리고 두 수의 합에 의해 발생하는 올림수를 저장할 플립플롭 1개로 구성된다.

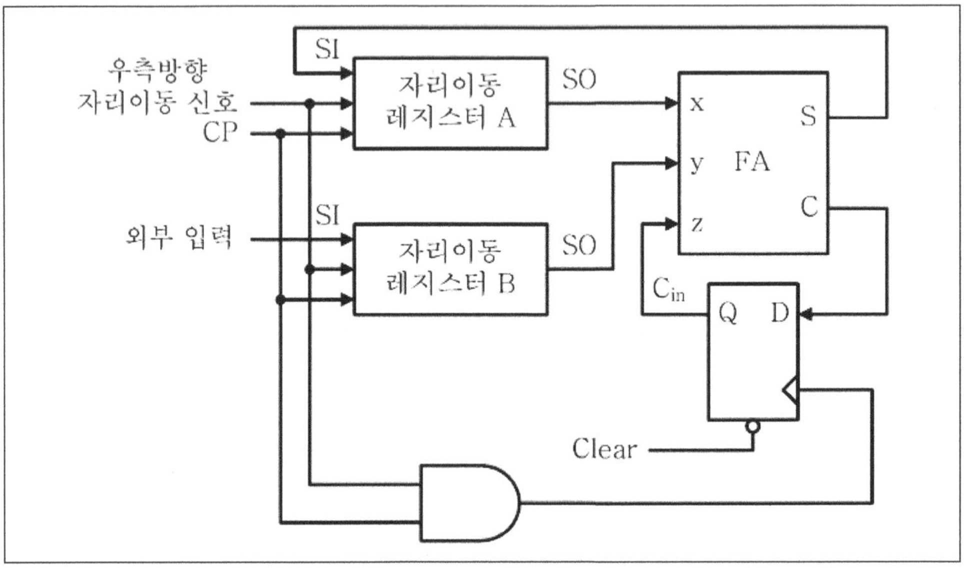

[그림 9-10] 직렬 가산기

덧셈은 최하위 비트로부터 최상위 비트까지 단계별로 이루어진다. 레지스터 A에 피가산수를, 레지스터 B에 가산수를 저장하고 캐리 플립플롭은 0으로 클리어한다. 레지스터 A와 B의 출력(SO)으로부터 전가산기 FA의 x와 y 단자로 한 쌍의 비트가 전송된다. 캐리 플립플롭의 출력 Q는 FA의 z 단자에 입력 캐리로 들어간다. 우측 방향 자리 이동 제어신호는 두 레지스터와 캐리 플립플롭을 인에이블 시킨다. 그래서 다음 클록 펄스 때 두 레지스터는 한 비트 씩 우측으로 자리 이동되고, FA의 S단자로부터 합의 비트는 A의 맨 좌측 플립플롭에 입력되고, 출력 캐리는 플립플롭 D에 전송된다. 자리이동 제어신호는 레지스터 내부의 비트 수 만큼 클록펄스(CP)가 발생할 동안 레지스터를 인에이블 시킨다. 이 시간 동안에 생기는 각 펄스 때마다 새로운 합의 비트가 레지스터 A에 전송되고 두 레지스터 A, B는 한 비트 씩 우측으로 자리 이동한다. 이러한 진행은 우측 방향 자리이동 레지스터가 디스에이블될 때까지 계속된다. 이렇게 각 쌍의 비트들을 전에 발생한 캐리와 함께 가산기 FA에 입력시키고 거기서 나오는 합을 한 번에 한 비트 씩 A에 전송시키면 직렬가산이 이루어진다.

만일 새로운 숫자를 A에 더하고자 할 때는 우선 그 수가 레지스터 B에 직렬 방식으로 전송되어야 한다. 앞의 덧셈 과정을 한 번 더 반복하면 새로운 수는 전에 레지스터 A에 저장된 수와 더해져 그 합이 A에 저장될 것이다. 이때 레지스터 A는 누산기 역할을 할 것이다. 그리하여 어큐뮬레이터(accumulator : AC)라는 이름이 생긴 것이다.

9-2-2 병렬 로드 시프트 레지스터

직렬 로드 시프트 레지스터의 결점은 로드에 많은 클록 펄스를 필요로 하는 것이다. 병렬 로드 시프트 레지스터는 전 비트의 정보를 한 번에 로드한다. 그림 9-11에 나타낸 단순한 4비트 병렬 로드 시프트 레지스터는 JK 플립플롭을 사용하고 CLR과 PS 입력이 사용되고 있다. 클록은 각 CK 입력을, 클리어는 각 CLR 입력을 병렬로 접속한 것이다. 각 플립플롭의 PR 입력은 병렬 데이터 적어 넣기에 사용된다. 그림 9-11 상부의 출력 표시기는 각 플립플롭의 출력 Q의 상태를 나타낸다. JK 플립플롭의 결선 특히 FF4의 Q에서 FF1의 J, FF4의 Q'에서 FF1의 K에의 귀환에 주의가 필요하다. 이 귀환에 의해 보통의 시프트 레지스터에서는 우측에서 사라져 버리는 데이터가 유지된다. 이것은 데이터가 레스터를 순환한다(recirculate)라고 한다.

그림 9-11의 JK플립플롭의 기호에서 CLR과 PS 입력은 LOW로 동작한다. 이것들은 비동기이고 다른 모든 입력에 우선한다. 여기서 JK플립플롭은 펄스 트리거라 가정한다.

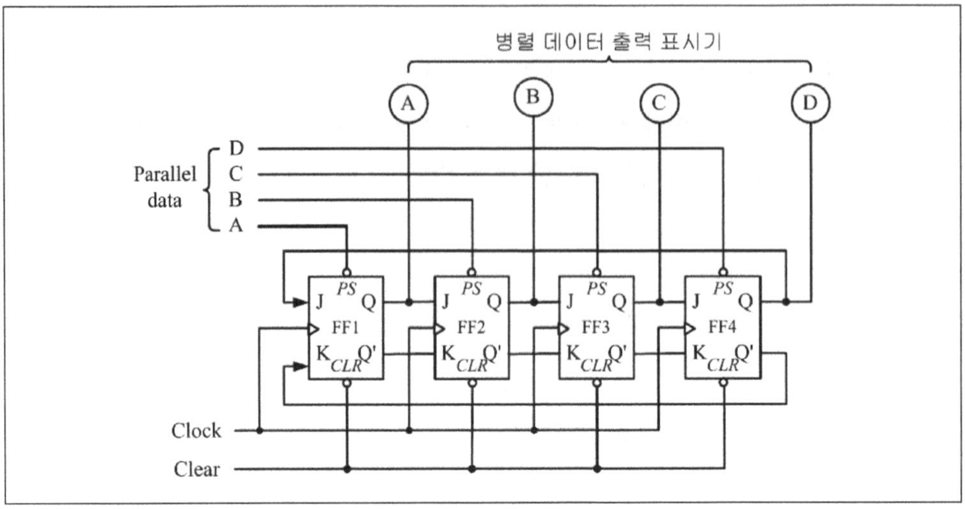

[그림 9-11] 4비트 병렬 로드 우 시프트 순환레지스터 회로도

그림 9-11의 회로는 병렬 로드 시프트 레지스터 중의 하나이다. 이 레지스터들은 다소 복잡하며 IC의 형태로 구입하는 경우가 많다.

9-2-3 만능 시프트 레지스터

많은 종류의 시프트 레지스터가 시판되고 있다. 여기서는 만능 시프트 레지스터의 예를 들어 설명한다. 그림 9-12는 4비트 만능 시프트 레지스터(74194)의 블록도이다. 74194 레지스터는 10개의 입력과 4개의 출력으로 구성되어 있으며, 출력은 IC 내부에서 각 플립플롭의 출력(Q)에 연결되어 있다.

그림 9-12에서 4개의 상부 입력(A, B, C, D)은 병렬 로드 입력이고, 다음 2개의 입력은 데이터를 레지스터에 직렬로(1 비트 씩) 적어 넣기 위한 것이다. 우 시프트 직렬 입력(D_{SR})은 레지스터가 우 시프트 할 때에 데이터를 A(Q_A)에 적어 넣는다. 좌 시프트 직렬입력(D_{SL})은 레지스터가 좌 시프트 할 때에 데이터를 D(Q_D)에 적어 넣는다. 클록 입력(CK)는 클록 펄스 L-H 변화에 의해 4개의 플립플롭을 동작시킨다. 클리어(CLR) 입력의 LOW 레벨에서 각 플립플롭은 0으로 리세트한다. 모드제어는 게이트 회로망에 의해 레지스터에 우 시프트, 좌 시프트, 병렬 로드, 유지(아무 동작도 하지 않는)를 지시한다. 74194는 TTL IC이고 +5V와 GND의 전원 접속을 필요로 한다. 전원 접속은 논리기호에서 보통 생략된다.

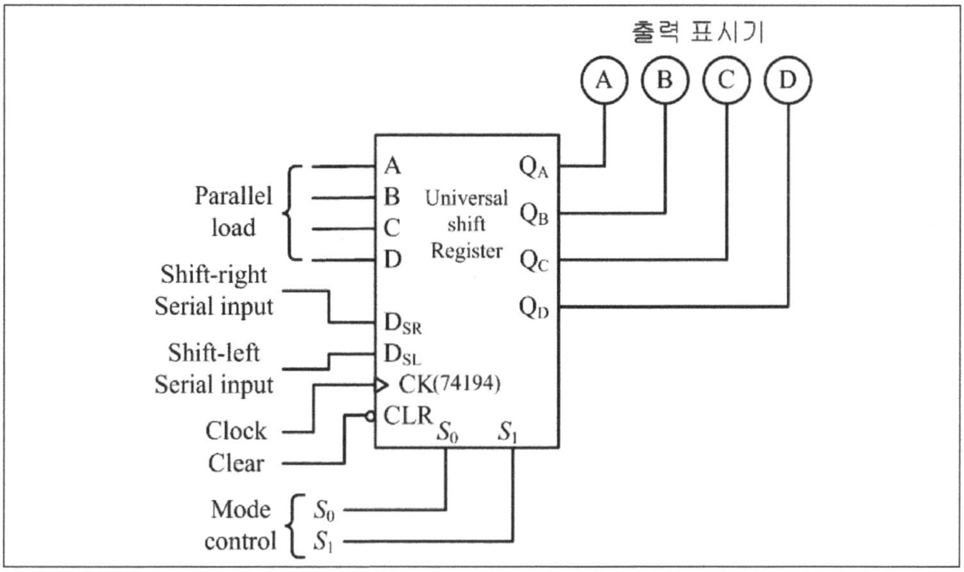

[그림 9-12] 만능 시프트 레지스터 블록도

표 9-1에 74194 시프트 레지스터의 모드 선택 기능표를 나타냈다. 시프트 레지스터의 동작모드는 표의 좌측에 표기되어 있다. 동작모드는 리세트, 유지, 좌 시프트, 우 시프트, 병렬 적어 넣기이다.

표 9-1에서 시프트 레지스터의 리세트를 생각하여 보자. CLR 입력이 LOW이면 이것은 다른 모든 입력에 우선하고(표에서는 다른 모든 입력은 X로 되어 있다), 출력을 0000(표에서는 LLLL)으로 클리어한다. 출력은 Q_A, Q_B 대신에 Q_0, Q_1, 또한 Q_C, Q_A 대신에 Q_2, Q_3으로 표시되어 있다. 입력 출력에 쓰는 기호는 회사에 따라 다르다.

표 9-1의 나머지 4개의 동작모드는 보드제어(S_0, S_1)에 의해 제어된다. 모드제어가 양쪽 모두 LOW(S_0=0, S_1=0)인 때에는 시프트 레지스터는 유지 모드가 되어서 아무것도 하지 않는다. 그러나 표에 표시되어 있는 것처럼 출력(Q_0에서 Q_3)은 표시된다.

좌 시프트 동작으로는 모드제어를 S_0=0, S_1=1로 세트하고, 데이터를 좌 시프트 직렬입력(D_{SL})에 넣는다. 좌시프트 입력의 1, 0은 레지스터가 1자리 좌로 시프트할 때에 Q_3(D)에 전송된다. 시프트는 클록 펄스의 L-H 변화로 일어나고, 이것은 표에 상향 화살표에 의해 표시되어 있다.

우 시프트 동작으로는 모드제어를 S_0=1, S_1=0으로 하고, 데이터를 우 시프트 직렬입력(D_{SR})에 넣는다. 클록 펄스의 L-H 변화로 레지스터가 1자리 우 시프트 할 때에 입력 D_{SR}에 있는 비트가 출력 Q_0(A)에 전송된다.

만능 레지스터의 마지막 동작모드는 표 9-1의 제일 아래 행이다. 74194 레지스터에 병렬 로드(broadside loading)를 하기 위해서는 모드 제어를 S_0=1, S_1=1로 한다. 클록 펄스의 L-H 변화로 병렬 로드 입력에 있는 데이터는 대응하는 출력에 전송된다. 병렬 로드 입력은 앞서의 병렬 로드 레지스터와는 달라서 비동기가 아니고 1개의 클록펄스에 동기하여 병렬 로드 동작이 실행된다.

74194 레지스터는 그 이름이 말하듯이 만능이다. 데이터는 직렬에도, 병렬에도 적혀진다. 데이터는 병렬형식으로 직렬형식 (가령Q_D(Q_3)에서의 출력으로)으로 판독된다. 레지스터는 명령에 의해 유지(즉, 아무것도 하지 않는다)가 가능하다. 레지스터는 우에도 좌에도 시프트 할 수 있다. 그렇지만 이 4비트 레지스터는 IC로서 구입 가능한 많은 종류의 레지스터 중의 하나에 지나지 않는다.

[표 9-1] 74194 IC의 선택기능표

Operating mode	Inputs							Outputs			
	CK	CLR	S_1	S_0	D_{SR}	D_{SL}	D_n	Q_0	Q_1	Q_2	Q_3
Reset(clear)	X	L	X	X	X	X	X	L	L	L	L
Hold(do noting)	X	H	l*	l*	X	X	X	q_0	q_1	q_2	q_3
Shift-left	↑	H	h	l*	X	l	X	q_1	q_2	q_3	L
	↑	H	h	l*	X	h	X	q_1	q_2	q_3	H
Shift-right	↑	H	l*	h	l	X	X	L	q_0	q_1	q_2
	↑	H	l*	h	h	X	X	H	q_0	q_1	q_2
Parallel-load	↑	H	h	h	X	X	d_n	d_0	d_1	d_2	d_3

H = HIGH voltage level

h = HIGH voltage level one setup time prior to the L-to-H clock transition

L = LOW voltage level

l = LOW voltage level one setup time prior to the L-to-H clock transition

d_n(q_n) = (Lowercase letters indicate the state of the referenced input [or output] one setup time prior to the L-to-H clock transition)

X = don't care

↑ = L-to-H clock transition

* The H-to-L transition of the S_0 and S_1 inputs on the 74194 should only take place while CK is HIGH for conventional operation.

9-3 비동기식 카운터

카운터는 중요한 디지털 전자회로이며 순서논리회로이다. 카운터의 중요 특성은 다음과 같다.

1. 최대 계수치(계수의 범위)
2. 증가 계수기인가, 하강 계수기인가?
3. 비동기식인가, 동기식인가?
4. 단순 계수기능 뿐인가, 자기정지(Self stop)도 가능한가?

일반적인 순서논리회로와 마찬가지로 카운터를 구성하기 위해 플립플롭이 쓰인다.

카운터는 작동되는 방식에 따라 2진 카운터(혹은 리플(Ripple) 카운터)와 동기식 카운터의 두 부류로 나누어진다. 2진 카운터는 플립플롭의 출력 전이에 의해 다른 플립플롭이 작동된나. 즉, 첫 번째 플립플롭을 제외한 모든 플립플롭은 CP 입력 단자에 클록 펄스가 입력되는 것이 아니라 바로 앞의 플립플롭의 출력을 CP의 입력으로 한다. 동기식 카운터는 모든 플립플롭이 공통 클록 펄스를 입력받으므로 동시에 변화한다.

9-3-1 비동기식 2진 카운터

2진 카운터(Binary counter)는 J-K 플립플롭 또는 T 플립플롭을 이용하여 설계한다. 여기서 2진 카운터를 리플 카운터(Ripple counter)라고도 한다.

(1) 비동기식 2진 카운터

그림 9-13은 4개의 J-K 플립플롭을 이용하여 설계한 비동기식 4비트 2진 증가(UP) 카운터이다.

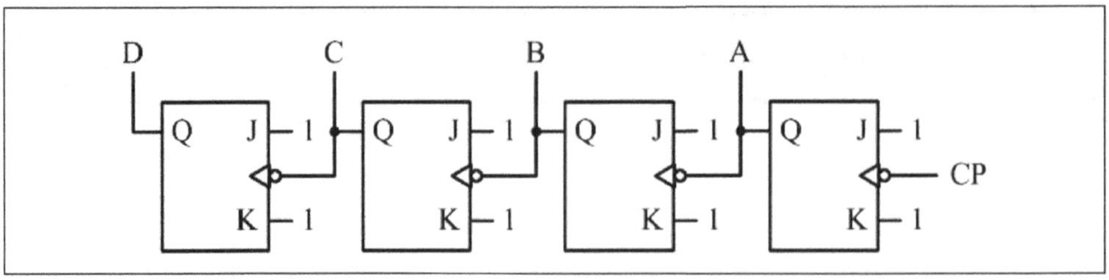

[그림 9-13] 비동기식 4비트 2진 UP 카운터

클록 펄스가 첫째 단 플립플롭에만 가해지며, 첫째 단 입력 J와 K는 모두 1인 상태이므로 출력은 반전되어 다음 단 플립플롭의 클록 펄스로 인가된다.

이와 같이 클록 신호가 직렬적으로 인가되기 때문에 비동기식 카운터를 직렬 카운터(Serial Counter)라 하기도 한다.

[표 9-2] 2진 카운터의 카운트 순서

카운터 순서				플립플롭이 보수가 되는 상태
D	C	B	A	
0	0	0	0	A 보수
0	0	0	1	A 보수 : A가 1→0이므로 B는 보수
0	0	1	0	A 보수
0	0	1	1	A 보수 : A가 1→0이고 B가 1→0이므로 C가 0→1로 보수
0	1	0	0	A 보수
0	1	0	1	A 보수
0	1	1	0	A 보수
0	1	1	1	A 보수 : A가 1→0이면 B가 1→0, C가 1→0이므로 D도 0→1로 보수
1	0	0	0	A 보수
1	0	0	1	A 보수
1	0	1	0	A 보수
1	0	1	1	A 보수 : A가 1→0, B가 1→0이므로 C도 0→1로 보수
1	1	0	0	A 보수
1	1	0	1	A 보수
1	1	1	0	A 보수
1	1	1	1	A 보수

표 9-2는 4비트 2진 카운터의 동작 과정을 보여주고 있다. 여기서 0111→1000으로 변하는 순간의 동작 원리를 설명하기로 한다.

0111에서 클록 펄스가 인가되면 A가 반전되어 1→0으로 된다. 그리고 A의 출력이 B의 클록 입력이 되어 B도 반전되어 1→0으로 변한다. B의 출력이 C의 클록 입력이 되어 C도 반전되어 1→0으로 된다. C의 출력이 D의 클록 입력이 되어 D도 반전되어 0→1로 변한다.

설명에서와 같이 카운터의 플립플롭의 출력이 동시에 변하지 않고 순차적으로 변화됨을 알 수 있다. 그림 9-13과 같은 카운터는 0, 1, 2, 3, …, 15까지 순환한 다음 0으로 돌아오는 카운터를 4비트 증가 카운터라 한다. 이와 반대로 15, 14, 13, …, 0까지 순환한 다음 15로 돌아오는 카운터 4비트 하강(Down) 카운터라 한다.

(2) 2진 다운 카운터

역순으로 카운트되는 2진 카운터 (즉 1111에서 1110, 1101순으로 감소하는 카운터)를 2진 다운 카운터(binary down coulter)라 한다. 다운 카운터에서 2진 계수는 매 클록 펄스마다 1씩 감소하여 간다. 4비트 다운 카운터 계수는 15의 2진수에서 출발해서 14, 13, 12……0으로 계속 계수되다가 15로 되돌아가서 다시 감소하며 계수된다. 그림 9-14의 4비트 다운 카운터에서 그림 9-13과 다른 점은 다음 단의 플립플롭의 클록 입력이 Q'에 연결된다.

2진 다운 카운터의 카운트 순차를 생각해 보면 우선 가장 낮은 자리의 비트는 매 CP마다 보수가 되어야 한다는 것을 알 수 있다. 순차 내에 있는 어떤 다른 비트이든지 그것보다 바로 낮은 비트의 값이 0에서 1로 변하면 이 비트는 보수로 되어야한다. 그러므로 모든 플립플롭이 펄스의 상승 모서리에서 작동하도록 하면, (즉 플립플롭의 CP 입력 단자에 작은 원을 없애면) 2진 다운 카운터의 그림은 그림 9-14와 같은 모양이 될 것이다. 만일 플립플롭이 하강 모서리에서 작동한다면 각 플립플롭의CP 입력 단자에 바로 앞의 플립플롭의 출력 Q'을 입력시키면 된다. 그렇게 되면 Q가 0에서 1로 변할 때 Q'은 1에서 0으로 변하게 되어 다음 플립플롭을 작동시킨다. 따라서 2진 다운 카운터로서 사용할 수 있는 것이다.

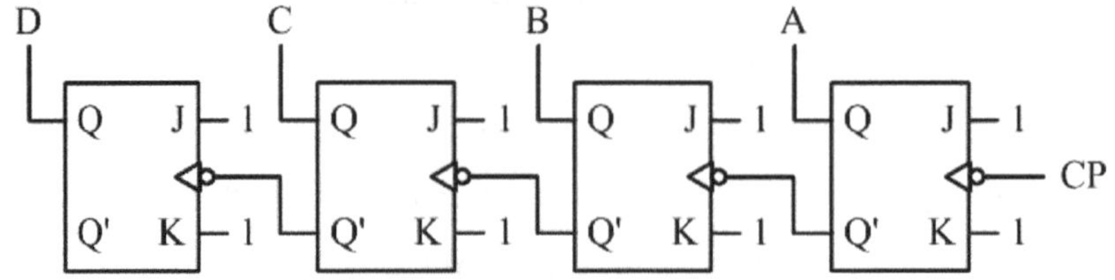

[그림 9-14] 4비트 2진 Down 카운터

9-3-2 비동기식 BCD 카운터

10진 카운터는 10개의 상태를 순차적으로 변화시켜 0~9까지 순환한 후 수 다시 0으로 돌아와야 한다. 각 10진수를 2진 코드로 나타내는 데는 적어도 4비트가 필요하므로 10진 카운터는 10진수를 표시하기 위해 적어도 4개의 플립플롭을 가져야 한다.

10진 카운터 상태의 순차는, 10진수를 나타내기 위해 사용하는 2진 코드에 의해 결정된다. 만일 BCD가 사용된다면, 상태의 순차는 그림 9-15의 상태와 같이 된다. 상태의 순차가 1001(10진수 9를 나타내는 코드)에서 0000(10진수 0을 나타내는 코드)으로 변하도록 되어 있는 점만 제외하면 10진 카운터 상태의 순차는 2진 카운터 상태의 순차와 유사하다.

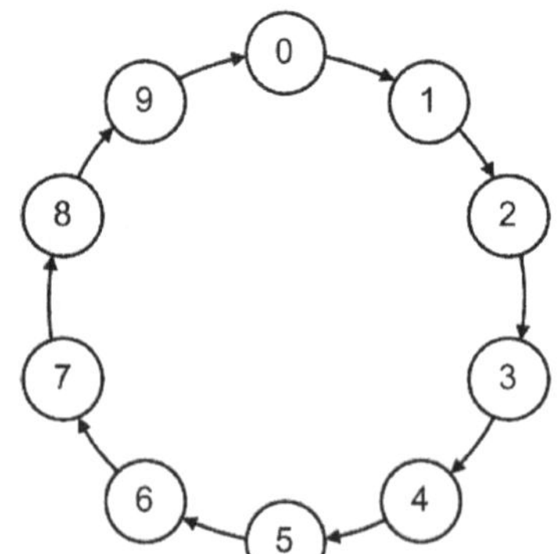

[그림 9-15] BCD 카운터의 상태도

비동기식 BCD 카운터의 논리도는 그림 9-16에 그려져 있다. 4개의 출력은 문자로 표시되어 있는데 Q에는 BCD에서 각 비트의 2진 가중치를 나타내는 첨자가 함께 표시되어 있다. 플립플롭은 하강 모서리 즉, CP신호가 1에서 0으로 변할 때에 작동된다. Q_1의 출력은 Q_2와 Q_8의 CP 입력 단자에 입력되고 Q_2의 출력은 Q_4의 CP입력 단자에 입력되는 것을 주의해야 한다. 그림 9-16에서는 J와 K 입력 단자들에 계속해서 신호 1이 입력되거나 다른 플립플롭의 출력이 입력되게 하였다.

다음 그림 9-16은 J-K 플립플롭을 이용한 비동기식 4비트 BCD 카운터를 보여주고 있다.

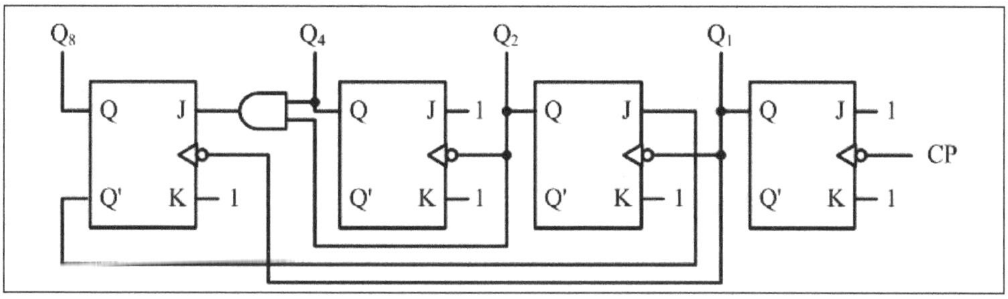

[그림 9-16] 비동기식 BCD 카운터

9-4 동기식 카운터

동기식 카운터는 클록 펄스(CP)가 모든 플립플롭의 CP 입력단규에 연결되어 있다는 점에서 리플 카운터와 구별된다. 이렇게 공통으로 입력되는 펄스는 리플 카운터에서처럼 한 번에 하나씩 연속하여 플립플롭을 작동시키는 것이 아니라 동시에 모든 플립플롭을 작동시킨다. 플립플롭이 보수의 값을 취하느냐 혹은 그렇지 않느냐 하는 문제는, 펄스가 생기는 순간에 J와 K의 입력 값에 따라 결정된다. 만일 J=K=0이라면 플립플롭의 출력은 변하지 않으며, J=K=1이라면 플립플롭의 출력은 현 상태의 보수를 취할 것이다.

9-4-1 동기식 2진 카운터

동기식 2진 카운터는 단순하므로 순차 논리 회로의 설계 과정을 모두 거칠 필요는 없다. 동기식 2진 카운터의 자동을 관찰해 보면 가장 낮은 위치의 플립플롭은 클록 펄스가 입력될 때마다 보수가 취해진다. 그 이외의 다른 모든 플립플롭은 그보다 낮은 위치의 모든 플립플롭들이 1일 때 클록 펄스가 입력되면 보수가 취해진다. 예를 들어 4비트 카운터를 생각해 보자. 카운터의 현재 상태가 $A_4A_3A_2A_1$=0011이라면 다음 상태는 0100이다.

A_1은 카운트 펄스가 입력될 때마다 보수가 취해지며, A_2는 A_1이 1이므로 보수가 취해지고, A_3는 A_2, A_1의 현재 상태가 모두 1이므로 보수가 취해지나 A_4는 A_3, A_2, A_1의 현재 상태가 011로써 모두 1이 아니므로 보수가 취해지지 않는다.

이와 같이 동기식 2진 카운터는 일정한 규칙에 의하여 작동되므로 플립플롭과 게이트를 사용하여 쉽게 설계할 수 있다. 그림 9-17에 JK플립플롭을 이용하여 설계한 4비트 동기식 2진 카운터가 있다.

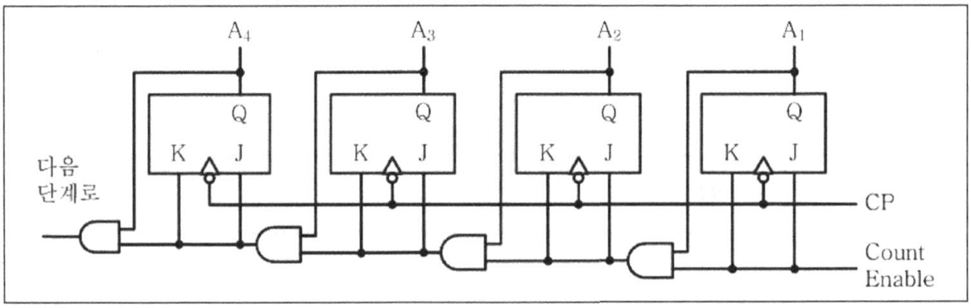

[그림 9-17] 4비트 동기식 2진 카운터

모든 플립플롭의 CP단자에는 공통 카운트 펄스가 연결되어 있고 카운트 인에이블이 0이면 카운터는 작동하지 않는다. 즉, 카운트 인에이블이 1이고 카운트 펄스가 입력될 때 카운터는 작동하며, A1은 카운트 펄스가 있으면 J, K 단자에 카운트 인에이블 값인 1이 입력되어 보수가 취해진다.

9-4-2 동기식 2진 증감 카운터

동기식 2진 감소 카운터는 가장 낮은 위치의 플립플롭은 클록 펄스가 입력될 때마다 보수를 취하며, 그 외의 플립플롭들은 그보다 낮은 위치에 있는 플립플롭들이 모두 0일 때 클록 펄스가 입력되면 보수를 취한다. 예를 들어 4비트 2진 감소 카운터의 현재 상태가 $A_4A_3A_2A_1$=1100이라면 다음 상태는 $A_4A_3A_2A_1$=1011이다. 즉, A_1은 항상 보수가 취해지고 A_2는 A_1의 현재 상태가 0이므로 보수가 취해진다. 또 A_3는 A_2A_1의 현재 상태가 00이므로 보수가 취해지나 A_4는 $A_3A_2A_1$의 상태가 100으로서 0이 아니므로 보수가 취해지지 않는다. 2진 감소 카운터는 그림 9-17에서 AND 게이트의 플립플롭에서의 입력을 Q가 아닌 Q'으로부터 연결시킴으로써 설계될 수 있다.

2진 증감 카운터(Binary up-down counter)는 증가 혹은 감소할 수 있는 두 가지 기능을 갖는 카운터를 말하다. 그림 9-18에 4비트 2진 증감 카운터가 있다. 이 카운터는 편의상 T 플립플롭을 이용하여 설계하였다.

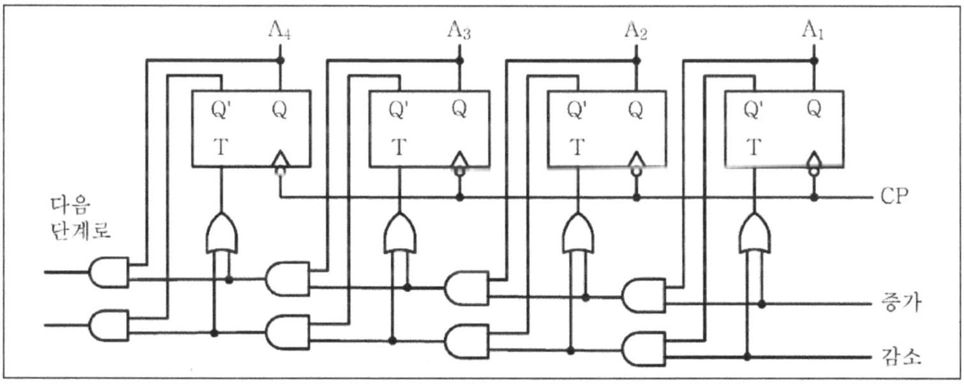

[그림 9-18] 4비트 2진 증감 카운터

증가 신호(Up)가 1일 때는 T의 입력들이 앞단 플립플롭의 출력 Q 에 따라서 결정되므로 회로는 증가하는 카운터로 작동하며, 감소 신호(down)가 1인 경우에는 Q'이 T의 입력에 투입되므로 카운터는 감소하도록 작동된다. 증가 신호와 감소 신호가 모두 0인 경우에는 T입력이 0이 되므로 카운터는 카운트 펄스가 입력되어도 변하지 않는다.

9-4-3 동기식 BCD 카운터

BCD 카운터는 BCD 코드 0000에서 1001 까지 카운트한 후 다시 0000으로 돌아와 카운트하여야 한다. BCD 카운터는 일정한 규칙이 없으므로 순차 논리 회로의 설계 과정을 이용하기로 한다.

표 9-3에 BCD 카운터의 여기표가 있다. 사용하는 플립플롭의 종류는 T로 하고, 출력 y는 여러 자리 수의 카운터를 설계하는 데 사용하기 위하여 설정한다.

[표 9-3] BCD 카운터의 여기표

카운트 순서				플립플롭 입력				출력 올림수
Q_8	Q_4	Q_2	Q_1	TQ_8	TQ_4	TQ_2	TQ_1	y
0	0	0	0	0	0	0	1	0
0	0	0	1	0	0	1	1	0
0	0	1	0	0	0	0	1	0
0	0	1	1	0	1	1	1	0
0	1	0	0	0	0	0	1	0
0	1	0	1	0	0	1	1	0
0	1	1	0	0	0	0	1	0
0	1	1	1	1	1	1	1	0
1	0	0	0	0	0	0	1	0
1	0	0	1	1	0	0	1	1

카운터의 현재 상태가 1001일 때 출력 y가 1이 되도록 하면 카운트 펄스가 입력되어 1001에서 0000으로 변하는 순간에 그 자리보다 한 자리 위의 10진수 카운터를 인에이블 시킬 수 있다. 또한 6개의 무정의 조건이 있으므로 이를 이용하여 플립플롭 입력 함수와 출력 함수를 구하면 다음과 같다.

$$TQ_1 = 1$$
$$TQ_2 = Q_8'Q_1$$
$$TQ_4 = Q_2Q_1$$
$$TQ_8 = Q_8Q_1 + Q_4Q_2Q_1$$
$$y = Q_8Q_1$$

따라서 BCD 카운터는 T 플립플롭 4개, AND 게이트 5개와 OR 게이트 1개로서 설계할 수 있다.

동기식 BCD 카운터를 직렬로 연결시키면 몇 자리의 10 진수도 카운트할 수 있다. 그림 9-19는 10진수를 카운트하는 4비트 동기식 카운터의 회로도이다.

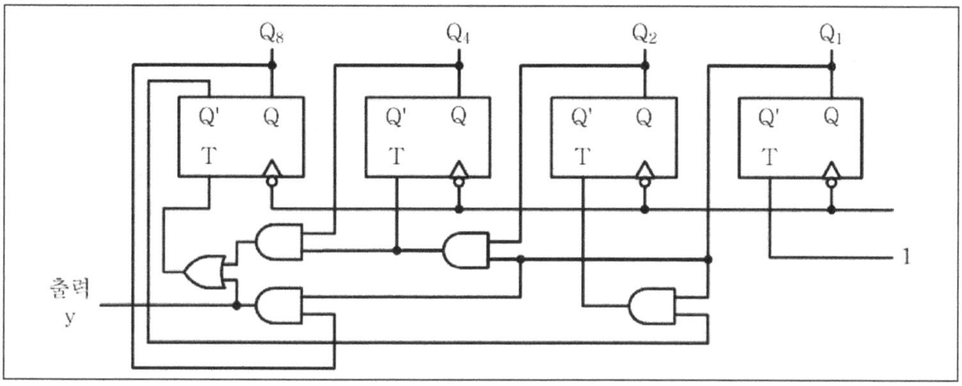

[그림 9-19] 4비트 동기식 BCD 카운터

9-4-4 병렬 로드 가진 2진 카운터

디지털 시스템에서 사용되는 카운터는 카운트하기 전에 초기 값을 로드하여야 하는 경우가 많다. 그림 9-20에 초기 값을 병렬 로드하는 기능을 갖는 2진 카운터 논리도가 있다.

그림에서 보는 바와 같이 로드 입력이 1이면 카운트하지 못하고 병렬 입력인 I_1~I_4의 내용 이 레지스터에 저장된다. 만일 로드 입력이 0이면 카운트 입력이 1이 되어 카운터로서 작동한다. 또 로드 입력과 카운트 입력이 모두 0인 경우에는 카운트 펄스가 입력되어도 카운터의 상태는 변하지 않는다.

출력 올림수(carry out)는 카운트 입력이 1이고 모든 플립플롭이 1일 때 1이 되도록 하여 여러 개의 카운터를 직렬 연결하는 경우 바로 윗단의 카운터를 작동시키는 데 이용한다.

카운터의 기능이 표 9-4에 설명되어 있다. 카운트 펄스, 로드, 카운트 입력들이 조합하여 카운터가 작동되도록 하고 있다. 클리어 입력은 비동기적으로 작동한다.

[표 9-4] 그림 9-20 카운터의 함수표

클리어	카운트 펄스	로 드	카운트	기 능
0	×	×	×	0으로 클리어
1	×	0	0	변화없음
1	↑	1	×	병렬 로드
1	↑	0	1	2진 카운터

병렬 입력이 가능한 카운터는 모든 카운트 순서를 발생시키는데 사용할 수 있다. Modulo -N (혹은 MOD N) 카운터는 N개의 카운트 순서를 반복하는 카운터이다. 예를 들어 4비트 2진 카운터는 MOD 16 카운터이고, BCD 카운터는 MOD 10 카운터이다. 카운터를 사용하는데 있어 MOD N 카운터에서 사용되는 N개의 상태를 나타내는 각각의 값이 중요하지 않을 경우가 있다.

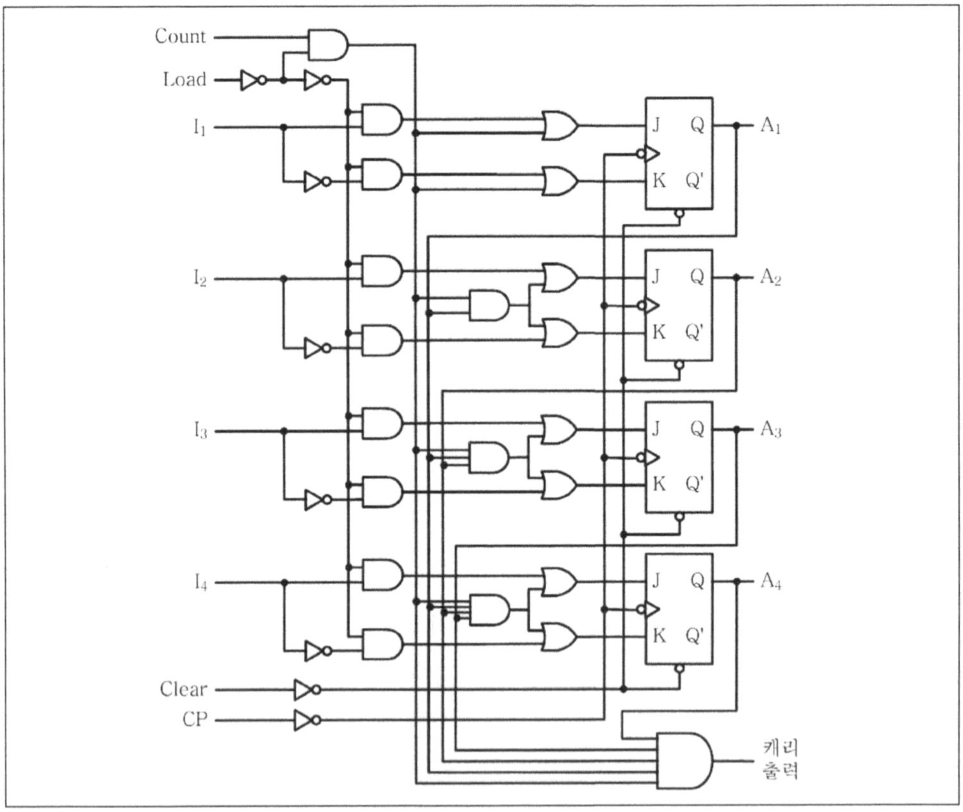

[그림 9-20] 병렬 로드 가능 2진 카운터

즉, 각각의 상태 값이 중요한 것이 아니라 상태 수가 중요한 경우에는 병렬 로드가 가능한 2진 카운터를 이용하여 설계할 수 있다.

[예] 그림 9-20의 4비트 2진 카운터를 이용하여 MOD 6 카운터를 설계하라.

그림 9-21에는 병렬 로드가 가능한 4비트 2진 카운터를 이용하여 설계한 MOD 6카운터 의 네 가지 방법이 있다. 각각의 경우 모든 카운트 입력은 카운트 펄스가 입력될 때마다 카운드 되도록 1을 넣는다.

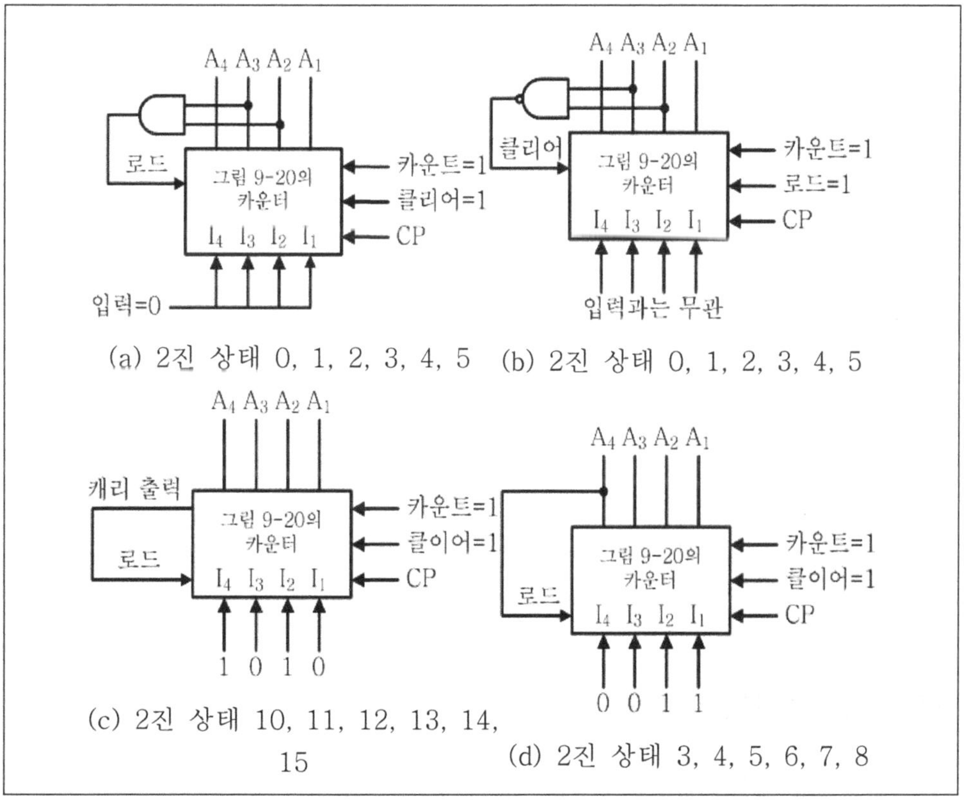

[그림 9-21] MOD 6 카운터의 설계

그림 9-21(a)의 카운터는 AND 게이트의 출력이 카운터가 0101 상태가 될 때 1이 되어 로드 입력으로 사용되므로 다음 카운트 펄스에서 병렬 입력인 0000 이 입력되

어 0000 상태로 되므로 0, 1, 2, 3, 4, 5, 0, 1,…의 순서로써 작동한다.

그림 9-21(b)의 카운터는 클리어 입력이 비동기적이라는 것을 이용하여 설계한 예이다. NAND 게이트의 출력은 카운터의 상태가 0110 일 때 1이 되는데 이 상태에 이르자마자 레지스터는 클리어되어 다음 카운트 펄스가 들어오기 전에 0000 상태가 된다. 이 카운터에서는 카운터의 상태가 0101에서 0110으로 바뀌고 난 직후 순간적으로 0000으로 바뀌게 되고, 이 때 스파크가 발생하므로 이 방법은 좋지 않다.

그림 9-21(c)의 카운터는 0, 1, 2, 3, 4, 5의 순서로 카운트하는 대신 10, 11, …, 15의 순서를 사용하고 있다. 이는 상태 1111에서 발생되는 출력 올림수를 로드 입력으로 이용하기 위한 카운트 순서이다. 따라서 병렬 입력은 카운트 순서의 시작 값인 1010으로 하였다.

그림 9-21(d)는 3, 4, 5, 6, 7, 8의 카운트 순서로 작동한다. 따라서 마지막 순서인 1000 에 이르면 A4의 값을 로드 입력으로 사용하여 다음 카운트 펄스 때 다시 0011의 상태로 돌아가게 된다.

9-5 타이밍 신호

디지털 시스템에서 제어 장치는 타이밍 신호에 의하여 동작의 순서를 결정하고 동작을 관리한다. 이러한 타이밍 순서는 카운터나 시프트 레지스터 등을 사용하여 쉽게 만들 수 있다.

9-5-1 워드 타임 신호의 발생

레지스터 전달의 직렬 모드(Serial mode)에서 시프트 레지스터의 내용을 이동시키기 위하여, 제어 장치는 그 레지스터의 비트 수와 같은 수의 펄스 동안 지속되는 워드 타임 신호(Word time signal)를 만들어낸다. 그 신호는 필요한 만큼의 펄스수를 셀 수 있는 카운터를 사용하여 만들어 낼 수 있다.

그림 9-22의 직렬 동작(Serial operation)에 대한 구성도에서는 워드 타임 제어 신호를 만들어 낸다. 그 동작 순서를 살펴보면 먼저 그림 9-22 (a)의 구성도에서 처음 세 개의 비트가 0으로 클리어된다. 시작 신호는 플립플롭의 출력 Q를 세트 (Q=1)한다. 그 세트한 신호 Q=1은 카운터의 인에이블 신호로 동작되고 워드 타임 제어 신호를 공급한다.

여덟 개의 펄스의 수를 카운트한 후 플립플롭은 리셋되어 출력 Q는 0이다.

그림 9-22 (b)의 타이밍도는 워드 타임의 발생을 나타내고 있다. 시작 신호는 클록으로 동기되어 클록 펄스의 한 주기 동안 지속된다. 세트된 출력 Q=1은 카운터의 인에이블 신호로 동작되어 클록 펄스를 카운트하기 시작한다. 카운터의 출력이 전부 111로 되지 않는 한 AND 게이트의 출력이 0으로 되어 플립플롭의 출력 상태는 변하지 않는다.

카운트가 111에 이르면 즉, 여덟 개의 펄스를 카운트한 뒤 AND 게이트의 출력은 1이 되고 따라서 S=0, R=1인 정지 상태가 되어 Q는 클리어된다.

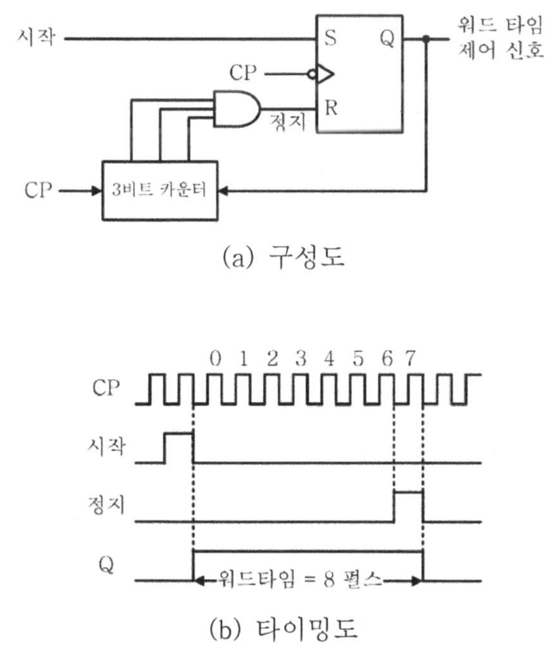

[그림 9-22] 워드 타임 신호의 발생을 위한 구성도와 타이밍도

9-5-2 타이밍 신호 발생

레지스터 전달의 병렬 모드(Parallel mode)에서 하나의 클록 펄스는 하나의 동작(Operation)이 실행되어야 할 시간을 규정하여 준다. 이러한 경우 제어 장치는 타이밍 신호 즉, 하나의 클록 펄스 주기에서만 머물게 하는 펄스 신호를 만들어 준다. 따라서 이 경우 각 타이밍 신호들은 서로 구별될 수 있어야 한다. 디지털 시스템에서 동작의 순차를 제어하는 타이밍 신호의 생성은 시프트 레지스터나 디코더를 이용한 카운터를 구성할 수 있다. 타이밍 신호 발생에는 다음과 같은 세 가지 방법이 있다.

(1) 링 카운터를 이용한 타이밍 신호 생성

링 카운터(Ring counter)는 타이밍 신호의 순차를 발생시키기 위해서 임의의 시간에 오직 한 개의 플립플롭만 1이 되고, 나머지는 모두 클리어 되도록 설계되었으며, 한 개의 비트가 한 플립플롭에서 다음 플립플롭으로 계속 이동하도록 설계되었다.

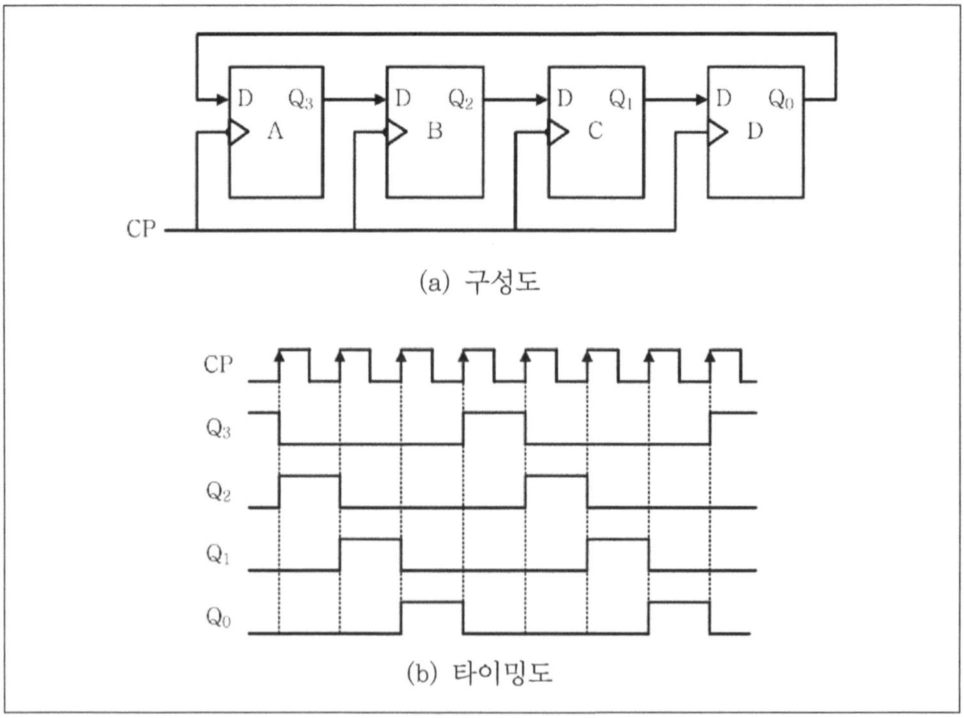

[그림 9-23] 링 카운터의 구성도와 타이밍도

즉, 링 카운터(Ring Counter)는 A 플립플롭의 출력이 B 플립플롭의 입력으로 연결되고 B 플립플롭의 출력은 C 플립플롭의 입력에 연결되며 그리고 맨 마지막 단 플립플롭의 출력은 첫 번째 A 플립플롭으로 순환되도록 하는 카운터를 의미한다.

D플립플롭을 이용한 4진 링 카운터의 논리회로를 그림 9-23에 나타내었다. 플립플롭은 정보가 왼쪽에서 오른쪽으로 시프트하고, Q_0에서 Q_3로 피드백 할 수 있도록 연결된다.

다음 표 9-5는 0~3까지 수를 순환하는 4진 링 카운터 동작표이다.

[표 9-5] 4진 링 카운터 동작표

CP	Q_3	Q_2	Q_1	Q_0	
0	1	0	0	0	
1	0	1	0	0	
2	0	0	1	0	
3	0	0	0	1	
0	1	0	0	0	←0으로 되돌아감

첫 번째 펄스 이후 1은 Q_3에서 Q_2로 이동(쉬프트)하고, 카운터는 0100 상태가 된다. 두 번째 펄스는 0010의 상태를 만들고, 세 번째 펄스는 0001 상태를 만든다. 네 번째 펄스에 의해서 Q_0의 1은 Q_3로 전송 된다. 결과적으로 초기상태인 1000의 상태로 되돌아가며, 후속 펄스는 이 과정을 반복하게 된다. 따라서 각 플립플롭은 네 개의 펄스를 주기로 하여 그림 9-23 (b)의 타이밍도와 같다. 이 카운터는 MOD-4 카운터로서 동작 한다.

이때 클록 펄스는 동시에 인가하여 각 플립플롭을 트리거 시킨다.

이와 같이 링 카운터를 사용하여 n개의 타이밍 신호가 필요한 경우에 n비트의 레지스터가 필요하게 된다.

(2) n비트 카운터와 n×2^n디코더를 이용한 타이밍 신호 생성

그림 9-24에서 보는 바와 같이 2비트 카운터는 네 개의 상태를 만들어 주고, 디코더는 네 개의 상태를 받아 필요한 타이밍 신호의 순라를 출력으로 내보낸다. 여기에서 2n개의 타이밍 신호를 발생시키고자 할 때는, n비트 카운터와 n×2^n 디코더가 필요하다.

따라서 링 카운터에 비하여 레지스터의 수를 줄일 수 있다.

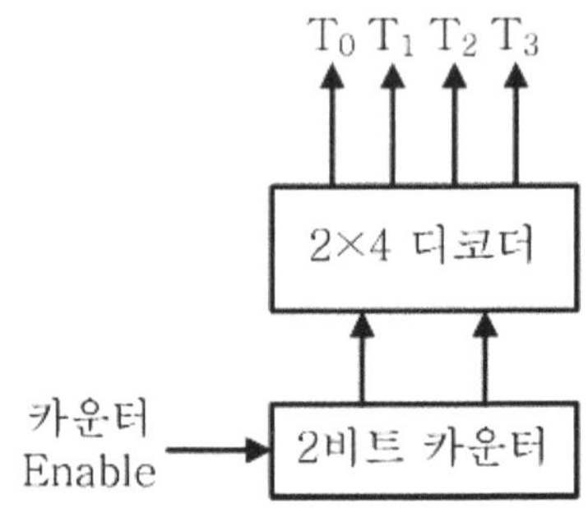

[그림 9-24] 카운터와 디코더를 이용한 타이밍 신호의 생성

(3) 존슨 카운터

n개의 링 카운터는 n개의 서로 구별되는 상태들을 공급하기 위해 단일 비트가 플립플롭들 사이를 순환한다. 만약 시프트 레지스터가 꼬리 바꿈 카운터(Switch-tail ring counter)로 연결된다면 상태의 수는 2배가 될 수 있다. 꼬리 바꿈 링 카운터는 마지막 플립플롭의 출력의 보수를 첫 플립플롭의 입력에 연결시킨 순환 시프트 레지스터(Circular shift register)이다. 그림 9-25 (a)에 이러한 시프트 레지스터의 구성을 나타내었다. 이런 형태를 존슨 카운터(Johnson counter)라고 한다. 존슨 카운터는 시프트 카운터(Shift counter)라고도 한다.

그림 9-25 (a)의 순환 연결(Circular connection)은 가장 오른쪽 플립플롭의 보수화된 출력으로부터 가장 왼쪽 플립플롭의 입력까지 구성된다. 레지스터는 그 내용을 매 클록 펄스마다 오른쪽으로 한 자리씩 시프트시키며, 이와 동시에 E 플립플롭의 보수화된 값은 A플립플롭으로 전달된다. 클리어된 상태에서 시작한다면 꼬리 바꿈

링 카운터는 그림 9-25 (b)와 같이 여덟 가지 상태를 거치게 된다. 일반적으로 n비트의 꼬리 바꿈 링 카운터는 계속되는 2^n개의 상태를 만들게 된다.

모두 0인 상태에서 레지스터가 모두 1로 채워질 때까지 각 시프트 동작은 왼쪽으로부터 1이 채워진다. 그 다음 모든 레지스터가 모두 0인 상태로 될 때까지 왼쪽으로부터 0이 채워진다. 이러한 상태표가 그림 9-25 (c)에 나타나 있다.

존슨 카운터는 2^n개의 디코딩 게이트(Decoding gate)를 갖게 n비트 꼬리 바꿈 링 카운터로써 2^n개의 타이밍 신호에 대한 출력을 공급한다. 이 디코딩 게이트들은 마지막 열에 명시되어 있다. 표에 열거된 여덟 개의 타이밍 신호를 계속적으로 발생시킨다.

2^n개의 타이밍 순서를 얻기 위한 n비트 꼬리 바꿈 링 카운터의 디코딩은 규칙적인 형태를 따른다. 카운터가 모두 0인 상태는 양끝에 있는 두 개의 플립플롭의 출력의 보수를 취하여 디코딩한다. 모두 1인 상태 역시 양끝에 있는 플립플롭의 정규출력을 디코딩한다.

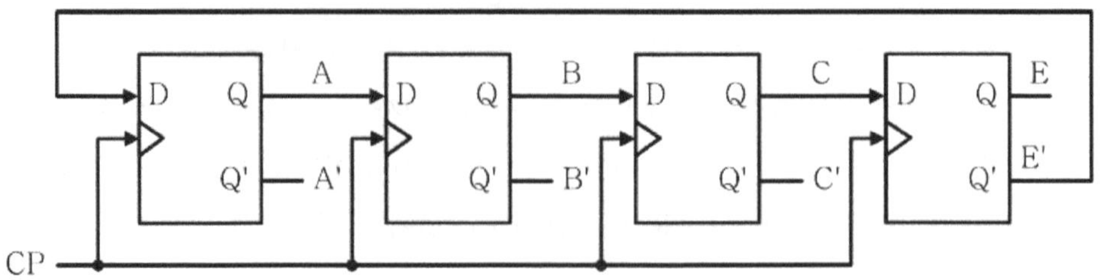

(a) 4단계 꼬리 바꿈 링 카운터

순차 번호	플립플롭 출력				출력에 필요한 AND 게이트
	A	B	C	E	
1	0	0	0	0	A'E'
2	1	0	0	0	AB'
3	1	1	0	0	BC'
4	1	1	1	0	CE'
5	1	1	1	1	AE
6	0	1	1	1	A'B
7	0	0	1	1	B'C
8	0	0	0	1	C'E

(b) 디코딩에 필요한 순차

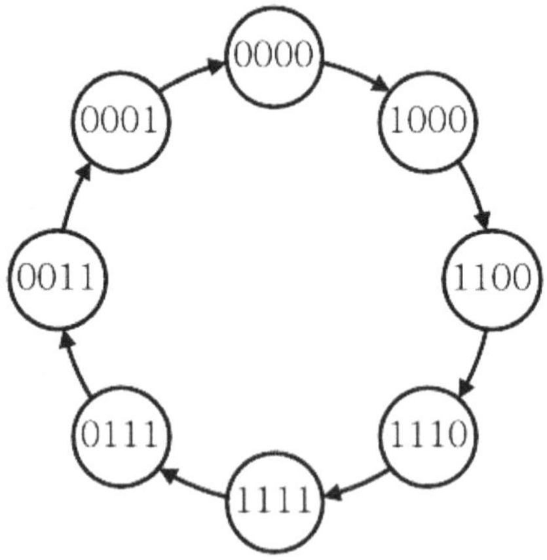

(c) 상 태 표

[그림 9-25] 존슨 카운터

이밖에 다른 상태들은 그 순서에서 서로 인접한 1, 0 또는 0, 1(서로 인접한 두 개의 플립플롭의 출력)을 위하여 디코딩한다. 예를 들어, 순차 7인 경우 플립플롭의 B와 C에 서로 인접한 0, 1의 형태를 갖고 있다. 그래서 디코딩된 출력은 B의 보수와 C의 정규 출력 즉, B'C를 취하여 얻어진다.

그림 9-25(a) 회로의 한 가지 단점은 미사용 상태에 있을 때 다른 미사용 상태로의 이동을 계속하게 된다. 이러한 단점을 보완하기 위해서 회로를 수정해야 한다. 한 가지 수정 절차는 C 플립플롭의 D 입력으로 가는 B 플립플롭으로부터의 출력을 끊고 대신에 C 플립플롭의 입력에 함수

DC = (A+C)B

를 써서 연결한다. 여기서 DC는 C 플립플롭의 입력 D를 위한 플립플롭의 입력함수이다.

존슨 카운터는 타이밍 순서의 어떤 수에 대해서도 신호를 발생시킬 수 있게 구성할 수 있다. 이때 필요한 플립플롭의 수는 타이밍 신호의 반(링 카운터에 비하여 반)이 된다. 디코딩 게이트의 수는 타이밍 신호의 수와 같고 단지 두 개의 입력 AND만이 사용된다.

이러한 존슨 카운터의 IC 형태로 CMOS 4022B 등이 있다.

연습문제

1. 4비트 카운터를 가지고 2~8까지만 카운트하도록 블록도를 나타내시오.

2. 아래의 레지스터 그림은 CP 입력이 상승 모서리 전이를 통과할 때 각 플립플롭에 입력 정보를 전송한다. 이 회로를 수정해서 클록 펄스가 하강 모서리 전이를 통과할 때 레지스터에 입력정보를 전송되도록 하시오. 단 로드 제어 신호는 1인 것으로 가정한다.

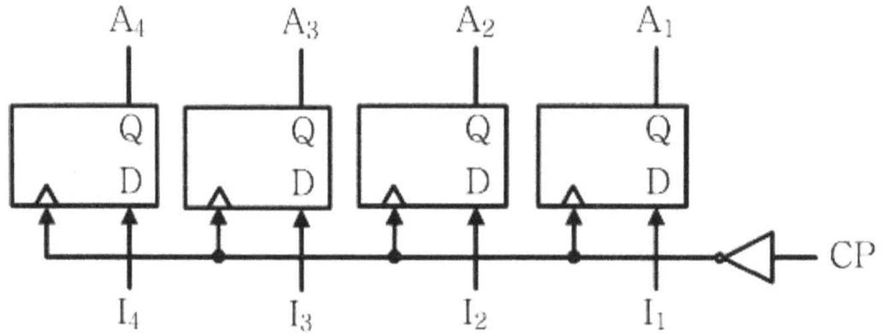

3. 4비트 자리 이동 레지스터의 처음 내용은 1101 이었다. 레지스터의 내용은 여섯 번 우측으로 자리 이동되었고, 그때의 직렬 입력은 101101 이었다. 한 자리씩 자리 이동시킬 때마다 레지스터의 내용을 조사하라.

4. 아래와 같은 순서 논리 회로의 상태표를 2비트 레지스터와 조합회로를 사용해 설계하시오.

현재 상태		입력	다음 상태	
A	B	X	A	B
0	0	0	0	0
0	0	1	0	1
0	1	0	1	0
0	1	1	0	1
1	0	0	1	0
1	0	1	1	1
1	1	0	1	0
1	1	1	0	1

5. 직렬 전송과 병렬 전송의 차이점은 무엇인가? 각 경우에 어떠한 종류의 레지스터가 사용되는가?

6. 다음 그림에서 각 클록 펄스 후의 시프트 레지스터의 출력표시기의 상태를 나타내시오 (좌측을 A, 우측을 비트 D로 한다).

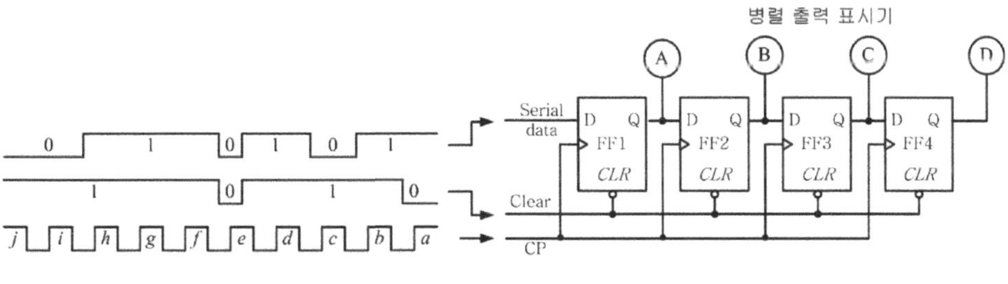

7. 다음 그림(우 시프트 레지스터)에서 각 클록 펄스 후의 출력표시기의 상태를 나타내시오.

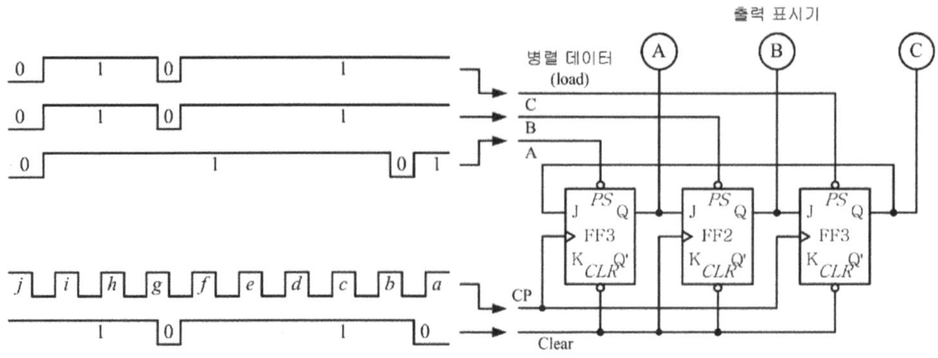

8. 상승 모서리 (positive edge)에서 작동하는 플립플롭을 사용하는 4비트 2진 리플 카운터의 블록도를 그리시오.

9. 10비트 2진 리플 카운터에서 0111111111후에 다음 카운트에 도달하려면 몇 개의 플립플롭이 보수화 되어야 하는가?

10. 10개의 타이밍 신호를 발생시키는 존슨 카운터를 설계하시오.

제10장 레지스터 전달과 연산논리

10-1 레지스터 전달

순차 회로(Sequential circuit)는 상태표(State table)를 사용하여 회로를 설계하였는데 대규모 디지털 시스템은 게이트의 수가 너무 많기 때문에 상태표를 사용하여 설계하는 것은 많은 문제점을 가지고 있으며, 실제로 시스템을 정의하기에는 많은 어려움을 가지고 있다. 이러한 문제점을 해결하기 위하여 디지털 시스템을 모듈화하여 설계한다.

즉, 전체 시스템을 각각의 기능을 수행하는 모듈화된 부시스템(Subsystem)으로 분할하여 설계하며 각각의 모듈은 레지스터(Register), 카운터(Counter), 멀티플렉서(Multiplexer), 연산 소자(Arithmetic element), 논리 회로(Logic circuit) 등의 논리적 기능을 수행하는 장치들로 이루어진다.

디지털 시스템의 모듈을 형성하기 위해 논리적 기능을 수행하는 장치들을 서로 연결해야 하는데 이것을 순차 논리나 조합 회로의 기법으로 표현하기가 매우 힘들다. 따라서 이러한 기능을 수행하는 장치들을 설명하기 위해 레지스터 전달 논리의 표현 방법이 개발되었으며, 레지스터 전달 논리는 레지스터에 저장된 데이터 사이의 정보의 흐름과 작업의 처리를 수행한다.

디지털 시스템을 기술하는 레지스터 전달 논리 방법은 아래의 네 가지 기본적인 구성 요소에 따라 표현한다.

1. 시스템 내의 레지스터 집합과 그들의 기능
2. 레지스터에 저장된 2진 코드화된 정보
3. 레지스터에 저장된 정보를 처리하는 동작
4. 레지스터 전달의 동작을 제어하는 제어 함수

레지스터 전송 논리 기호로 정의한 레지스터란, 9장에서 정의된 레지스터의 의미 외에도 시프트 레지스터(Shift register), 카운터(Counter), 메모리 장치(Memory unit)들과 같은 다른 형태의 2진 정보 저장 장치를 모두 포함한다. 레지스터에 저장된 2진 정보는 2진수나 2진 코드화 10진수, 영문 숫자, 제어 정보 등의 모든 정보들을 말한다.

마이크로 오퍼레이션(Micro operation)이란 레지스터에 저장된 데이터들에 대해 행하는 동작들을 말하며 클록 펄스 1주기 동안에 병렬로 수행되는 기본 동작이다. 이러한 마이크로 동작의 예를 들면 시프트(Shift), 카운트(Count), 덧셈(Add), 클리어(Clear), 로드(Load) 등이 있다. 병렬 로드 카운터(counter with parallel load)는 수를 증가시키거나 로드하는 마이크로 동작을 수행할 수 있으며, 양방향 시프트 레지스터(Bi-directional shift register)는 오른쪽 혹은 왼쪽으로 시프트 시키는 마이크로 동작을 수행한다. 2진 병렬 가산기(Binary parallel adder)는 2진 정보가 들어있는 두 개의 레지스터를 더하는 마이크로 동작을 수행한다.

제어 함수(Control function)들은 미리 정한 방식에 따라 동작을 순차적으로 시작하게 하는 타이밍 신호로 구성된다. 현재 수행되고 있는 동작의 결과에 따라 앞으로 수행될 동작의 순서가 결정되기도 한다. 제어 함수의 출력은 레지스터에서 여러 가지 마이크로 동작을 시작하게 하는 2진 변수이다.

10-1-1 레지스터 전달 언어

레지스터는 그 기능을 표시하기 위하여 보통 대문자로 표시한다. 예를 들면, MAR는 메모리 주소 레지스터(Memory address register)를 나타낸다. 그리고 n 비트 레지스터의 각 셀(Cell)들은 0으로부터 n-1까지 숫자로 표시하며 이러한 방식의 레지스터 표시를 그림 10-1에 나타내었다.

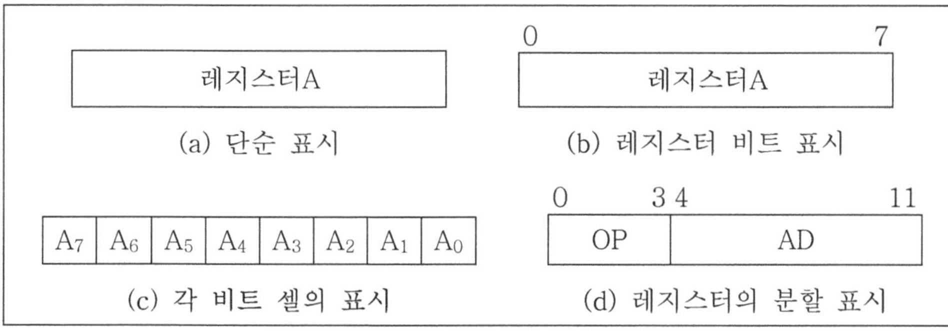

[그림 10-1] 레지스터 블록도

레지스터 사이의 전달 마이크로 동작을 간결하게 표시하기 위하여 하드웨어 기술언어(HDL : Hardware description language)인 레지스터 전달 언어(Register transfer language)를 사용한다.

표 10-1에는 레지스터 전달 언어에 사용되는 구성자들을 나타내었다.

[표 10-1] HDL 구싱자

기 호	역 할	사용 예	설 명
대문자	레지스터 표시	ACC, A, MBR	
첨 자	레지스터의 비트 표시	A_0, A_{15}	단일 비트
	비트 범위 표시	A_{5-15}	왼쪽에서 오른쪽으로 비트 번호 부여
		A_{5-0}	오른쪽에서 왼쪽으로 비트 번호 부여
괄호 ( )	레지스터의 부분 표시 (부레지스터)	IR(ADRS)	레지스터 IR의 ADRS 부분 기호를 이용한 비트 범위 표시
콜론 :	제어 함수 분리자 레지스터 전달들을 분리	x'T:	제어 신호 정의를 끝냄
쉼표 ,	이 전달문은 동시에 일어남	Y←X, Q←P	두 마이크로 작동을 구별
대괄호 [ ]	레지스터 전달문 종료	Y←X.	

레지스터는 대문자로 표시하고 숫자나 문자가 뒤에 올 수도 있으며, 첨자를 사용하여 레지스터의 비트를 구별할 수도 있다. 또한 레지스터 내의 비트의 범위를 지정하거나 레지스터의 한 부분에 대한 기호 이름을 부여하여 레지스터의 일부를 나타낸다. 콤마(,)는 같은 시간에 수행되는 두 개 이상의 동작을 구별하는 데 사용된다.

표 10-2는 레지스터 전달문에 사용되는 연산 기호를 나타내고 있다.

[표 10-2] 레지스터 전달 언어를 사용되는 연산 기호

기 호	역 할	사용 예
왼쪽 화살표 ←	전달 연산자	A ← B
플러스 +	더하기	Z ← X + Y
마이너스 -	빼기	Z ← X-Y
₵	접합	C ← A ₵ B
프라임 '	보수	D ← A'
∧	논리 AND	C ← A ∧ B
∨	논리 OR	C ← A ∨ B
SHL	왼쪽으로 1비트 시프트, 오른쪽에 0 채움	A ← SHL(A)
SHR	오른쪽으로 1비트 시프트, 왼쪽에 최상위 비트를 복사	A ← SHR(A)

표 10-2에서 왼쪽 화살표는 왼쪽으로의 정보의 전달과 전달 방향을 표시하며, + 표시와 - 표시는 두 레지스터의 내용을 더하거나 빼는 것을 나타낸다. 그리고 프라임은 레지스터의 보수를 표시하며, ₵는 두 레지스터의 접합을 표시하는데 n비트의 레지스터와 m비트의 레지스터를 접합하면 n+m비트가 된다. ∧와 ∨는 논리 AND와 논리 OR를 나타내며, SHL과 SHR은 왼쪽으로 1비트 시프트하거나 오른쪽으로 1비트 시프트하는 것을 나타낸다. 이때 SHL의 경우에는 오른쪽 최하위 비트에 0을 채우며, 반대로 SHR의 경우에는 왼쪽의 최상위 비트는 시프트 될 때마다 최상위 비트를 복사하여 채운다.

표 10-2의 레지스터 전달 언어를 사용한 레지스터 전달문의 일반적인 형식은 다음

과 같다.

목적지 ← 근원지

여기서 '근원지(Source)'는 하나의 레지스터 또는 레지스터들과 연산자들로 구성된 수식을 나타내며, '목적지(Destination)'는 하나의 레지스터 또는 레지스터들의 결합을 나타낸다.

근원지와 목적지의 비트 수는 동일하여야 한다. 마침표(.)는 레지스터 전달문을 끝내는 것을 나타낸다.

레지스터 사이의 병렬 전달(Parallel transfer)은 주고받는 레지스터의 모든 비트가 한 클록 펄스 동안에 동시에 전달되며, 하나의 레지스터(A)에서 다른 레지스터(B)로의 데이터 전달은 전달 연산자 기호를 사용하여 다음과 같이 표시한다.

B ← A

위의 표현은 A 레지스터의 내용을 B 레지스터로 전달시키는 것을 나타낸다. 이때, A 레지스터의 내용은 전달 후에도 변하지 않는다. 레지스터 전달 언어로 쓰여진 모든 문장은 하드웨어로 구성될 수 있다. 위의 문장에 대한 하드웨어 구성을 그림 10-2의 (a)에 나타내었다. 그림 10-2 (a)에서 레지스터 A와 n개의 출력은 레지스터 B의 n개의 입력에 연결되어 있다. 문자 n은 레지스터의 비트 수를 가리키며 이것은 레지스터의 비트 수를 알고 있을 때에는 실제 숫자로 대치할 수 있다.

일반적으로 레지스터 전달은 모든 클록 펄스 때마다 일어나는 것이 아니고 미리 정해진 조건이 만족될 때에만 일어나야 한다. 전달이 일어날 때를 결정하는 조건들을 제어 함수 (Control function)라고 한다. 제어 신호에 의해 제어되는 전달문은 다음의 형식을 갖는다.

제어 함수 : 전달문

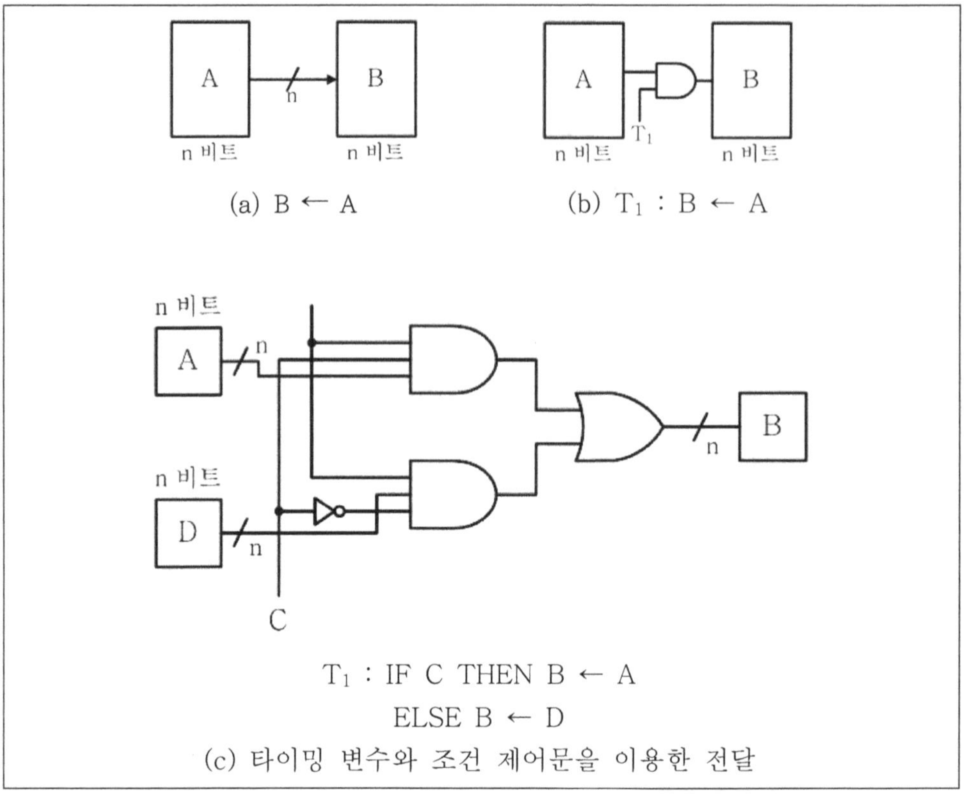

[그림 10-2] 레지스터 전달 언어의 기본 명령에 대한 하드웨어 구성

제어 함수는 0 혹은 1을 갖는 부울 함수이며 이 제어 함수를 사용한 전달문은 다음과 같이 표시된다.

$$T_1 : B \leftarrow A$$

위의 문장에서 제어 조건은 콜론(Colon)으로 끝나며 타이밍 변수 T_1이 1이 될 때 전달 동작이 실행됨을 의미한다. 그림 10-2의 (b)는 위의 제어 함수를 포함한 전달문에 대한 하드웨어 구성을 나타내고 있다. 그림 10-2의 (b)에서 레지스터 B는 타이밍 변수 T_1에 의하여 동작하는 적재 제어 입력을 가지고 있다.

그리고 하나의 제어 조건에 의해 여러 개의 전달문을 제어하는 다중 전달문은

제어 : 전달1, 전달2, …, 전달n.

와 같이 표시한다. 다중 전달문의 레지스터 전달은 동시에 일어난다. 또한 조건 함수를 가진 레지스터 전달의 일반 형식은 다음과 같다.

IF 조건 THEN 전달1, ELSE 전달2.

여기서, "조건"은 부울식이고, "전달1"은 조건이 TRUE(또는 1)일 때 실행되고, "전달2"는 조건이 FALSE(또는 0)일 때 실행된다. ELSE 절은 선택적이다. 즉, ELSE 부분이 없는

IF 조건 THEN 전달.

도 가능하다. 조건부 레지스터 전달에 제어 신호를 연관시킬 수도 있다.

제어 : IF 조건 THEN 전달1, ELSE 전달2.

타이밍 변수와 조건 제어문을 함께 사용하여 조건에 따라 각각 다른 근원지 혹은 목적지 레지스터를 선택하여 내용을 전달할 수 있다. 아래의 전달문에서는 타이밍 변수 T_1 시간에 C의 상태에 따라 근원지 레지스터가 달라진다. 만약 T_1 시간에서 C가 1인 경우에는 레지스터 A로부터 레지스터 B로 데이터 전달이 이루어지고 C가 0인 경우에는 레지스터 D로부터 레지스터 B로의 데이터 전달이 이루어진다.

T_1 : IF C THEN B ← A
ELSE B ← D.

그림 10-2의 (c)에 나타낸 것과 같이 레지스터 A와 레지스터 D는 T_1과 함께 AND 게이트로 입력되며 변수 C가 레지스터 A와는 직접 AND 게이트로 입력되지만 레지

스터 D와 연결된 AND 게이트에는 인버터를 거쳐 연결되어 있다. 그러므로 C의 상태에 따라 레지스터 B로 전달되는 근원지 레지스터가 바뀌게 된다.

레지스터 전달문은 단순히 레지스터의 내용을 전달하는 것뿐만 아니라 레지스터 사이의 연산 동작의 결과를 전달할 수 있다. 예를 들어, 아래의 식은 레지스터 A의 내용에 레지스터 B내용의 보수와 1을 더한 결과를 C 레지스터에 전달하는 동작을 나타낸다.

$$C \leftarrow A+B'+1$$

이러한 동작은 레지스터 간의 뺄셈 동작으로서 B'는 B에 대해 1의 보수이며, 1의 보수에 1을 더하면 2의 보수가 된다. 레지스터 B에 대해 2의 보수를 취하여 레지스터 A에 더하는 것은 결과적으로 A-B가 된다. 위의 문장에 대한 하드웨어 구성을 그림 10-3의 (a)에 나타내었다.

또한 레지스터 전달문을 한 클록 펄스 동안에 여러 가지 레지스터 전달 동작을 수행할 수도 있다.

$$B \leftarrow A,\ A \leftarrow B.$$

위의 문장은 같은 클록 펄스 1주기 동안에 두 레지스터의 내용이 서로 바뀌는 동작을 표시한다. 이와 같은 동작은 주종 플립플롭(Master-Slave flip-flop)이나 에지 트리거드 플립플롭(Edge-triggered flip-flop)에서 가능하다. 그림 10-3의 (b)에 두 플립플롭 사이의 내용을 바꾸는 동작을 하는 하드웨어 구성을 나타내었다.

아래 문장은 n비트의 레지스터와 m비트의 레지스터를 집합(concatenation)하여 n+m비트의 레지스터를 구성하는 것을 나타내며 접합 연산에는 기호 ¢를 사용한다. 또한 아래 문장의 역문장도 가능하다. 레지스터 사이의 접합과 분리에 대한 하드웨어 구성을 그림 10-3의 (c)와 (d)에 나타내었다.

A ← C ¢ D.
C ¢ D← A.

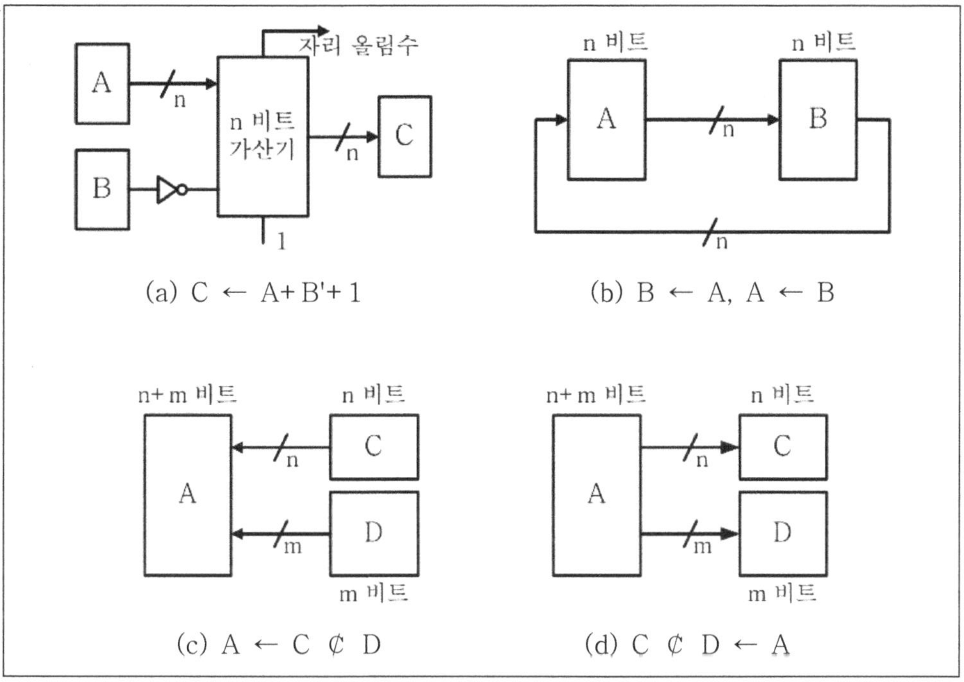

[그림 10-3] HDL의 주요 명령문에 대한 하드웨어 구성

10-1-2 레지스터 전달 방법

(1) 직렬 및 병렬 전달 방법

대부분의 디지털 시스템의 데이터 조작에는 레지스터 사이의 데이터 전달이 이러한 데이터의 이동은 직렬 전달(Serial transfer) 또는 병렬 전달(Parallel transfer)로 이루어질 수 있다. 한 레지스터에서 다른 레지스터로 n비트 데이터를 1 펄스 시간이 필요하다. 직렬 모드 동작 시는 레지스터들 사이에 1비트를 전달할 수 있는 데이터 경로만 있으면 충분하다. 이 경로는 한 번에 한 비트 씩 n비트를 전달하기 위하

여 n번 반복적으로 사용된다.

병렬 전달 방법에서는 n개의 데이터 경로가 필요하다. 결과적으로 직렬 전달 방법은 병렬 방법에 비해 하드웨어 측면에서는 가격이 싸고 속도는 느리다.

그림 10-4는 직렬 전달 방법을 나타내고 있다. 여기서 A와 B는 4비트 시프트 레지스터들이다. 이 레지스터들은 시프트 클록에 따라 오른쪽으로 시프트한다. 그림 10-4 (b)의 타이밍도에서 알 수 있는 것처럼 전달을 완료하는 데에는 네 개의 클록 펄스가 필요하며 모든 네 개 클록 펄스 동안 제어 신호 X 가 1로 유지되어야 한다.

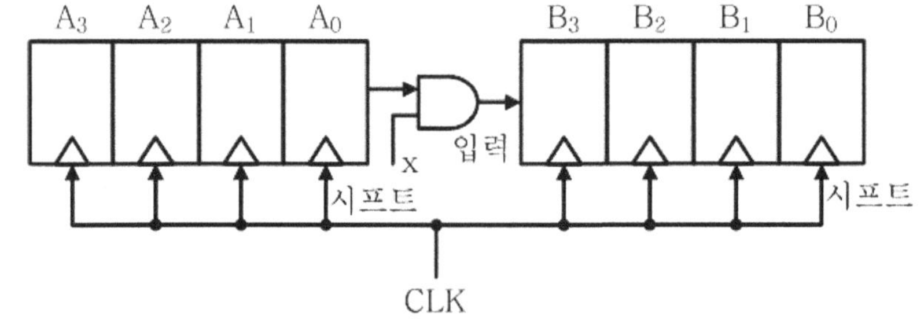

(a) 회 로

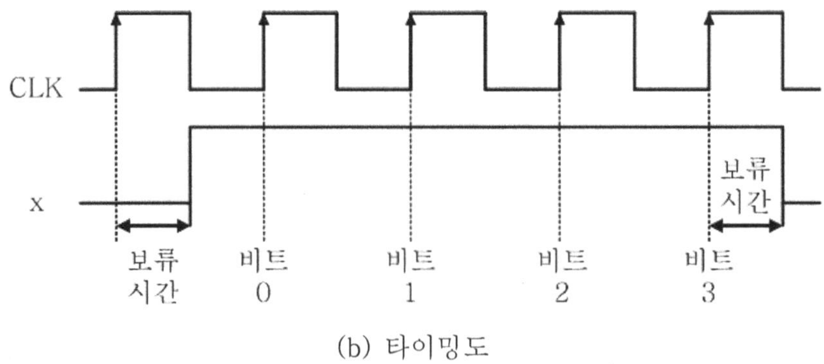

(b) 타이밍도

[그림 10-4] 직렬 전달 방법

그림 10-5는 4비트 레지스터 A에서 4비트 레지스터의 B로의 병렬 전달 방법을 나타내고 있다. 여기서, X는 제어 신호이다. 데이터의 전달은 X가 1일 때 클록 펄스의 상승 에지에서 일어난다. X가 0이면 레지스터 B의 모든 플립플롭의 J와 K 입력이 0

이므로 클록 펄스의 상승 에지가 발생하여도 레지스터 B의 내용은 변하지 않는다. 동기 디지털 회로에서 X와 같은 제어 신호는 클록과 동기화된다. 병렬 전달 회로의 올바른 동작을 위한 타이밍도가 그림 10-5의 (b)에 주어져 있다.

t_1에서 제어 신호 X는 1이 되고, t_2에서 레지스터 전달이 일어난다. t_2에서 X는 0이 될 수 있다.

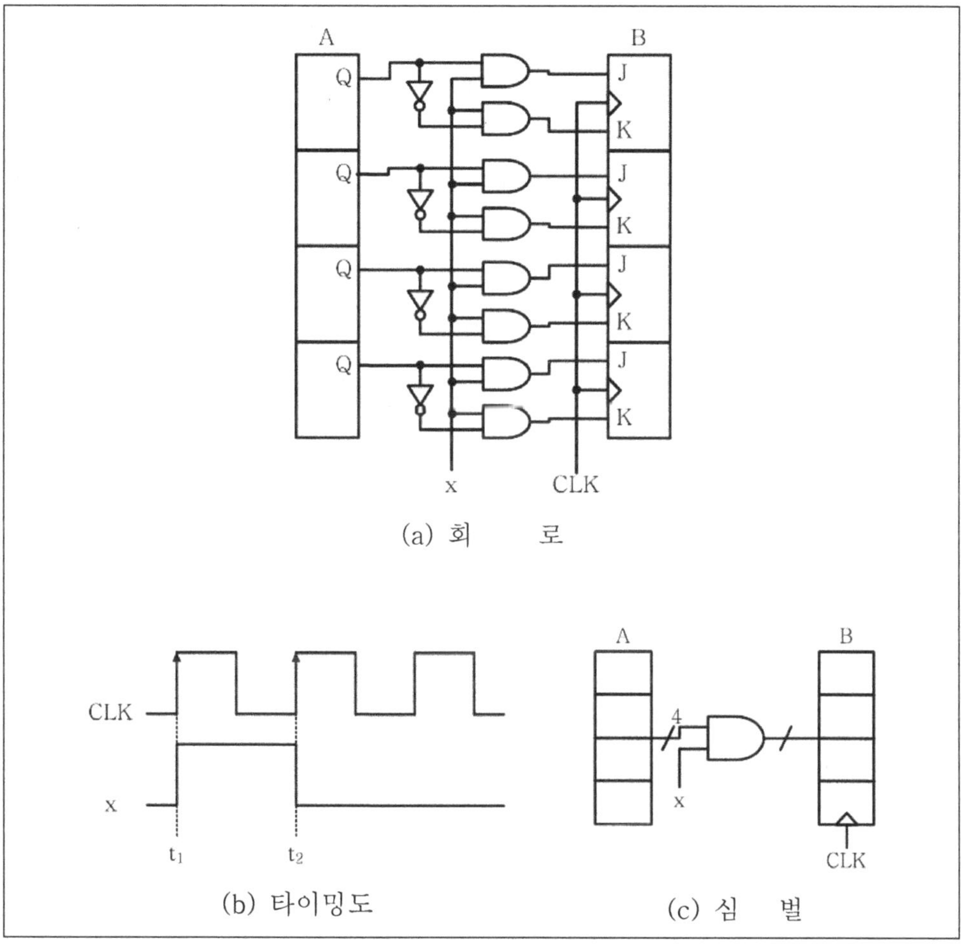

[그림 10-5] 병렬 전달 방법

위의 전달 방법은 그림 10-5 (c)의 기호로 표현된다. 각 레지스터는 클록 입력과 함께 사각형으로 표시된다. 레지스터의 입력과 출력도 요구되는 대로 나타나 있다.

그림 10-5에서 숫자 4는 전달되는 비트의 수 즉, 필요한 병렬선의 수를 나타내며 각 선은 X에 의하여 제어된다. 이러한 표기는 회로도에서 다중 비트로 된 임의의 신호를 표현할 때 흔히 사용된다.

컴퓨터의 처리 장치 내에서 일어나는 모든 데이터 처리는 하나 이상의 레지스터 전달 동작에 의해 이루어진다. 레지스터 전달 동작 중에는 한 레지스터의 데이터가 다른 여러 레지스터에 전달되거나 한 레지스터가 하나 이상의 다른 레지스터에서 입력을 받기도 한다.

그림 10-6은 레지스터 A 또는 레지스터 B의 내용을 레지스터 C로 전달하는 두 가지 형태를 나타내고 있다. 제어 신호 T_1, 즉, "A to C"가 켜지면 레지스터 A의 내용이 레지스터 C로 이동한다. 그리고 제어 신호 T_2 즉, "B to C" 신호가 1이 되면 레지스터 B의 내용이 레지스터 C로 이동한다. 한 번에 하나의 제어 신호만 1이 될 수 있다. 동일한 제어 신호의 참 값과 보수 값을 함께 사용하여 두 개의 전달 경로 중 하나를 선택한다.

$$T_1 : C \leftarrow A.$$
$$T_2 : C \leftarrow B.$$

레지스터 A 또는 레지스터 B의 데이터가 레지스터 C의 입력으로 도달하는 데에는 제어 신호가 들어온 후 최소한 두 개의 게이트 지연 시간이 필요하다. 제어 신호는 이 시간 동안 그리고 데이터를 레지스터 C로 전송하는 클록 펄스의 상승 에지가 발생할 때까지 1을 유지해야 한다.

그림 10-6 (b)는 그림 10-6 (a)의 레지스터 전달을 이루기 위하여 4선의 2×1 멀티플렉서의 구성을 나타내고 있다.

디지털 컴퓨터에서 처리 순서를 완료하기 위해 여러 레지스터 사이의 데이터 전달이 요구되면 일반적으로 점-대-점 전달(point-to-point transfer) 방법이나 버스 전달, 메모리 전달 방법이 이용된다. 점-대-점 전달 방법에서는 데이터 전달에 관련된 각 두 레지스터 사이에 하나의 전달 경로가 존재한다. 버스 전달(Bus transfer) 방법에서는 모든 레지스터 전달에 하나의 공통 경로가 시분할로 공유된다. 또한 레지스터와 메모리 사이의 전달은 메모리 주소 레지스터와 메모리 버퍼 레지스터를 이용하여 데이터를 전달한다.

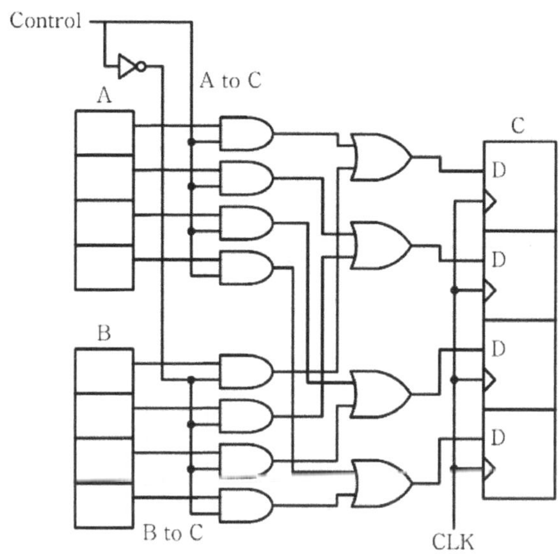

(a) 제어 신호에 의한 전달

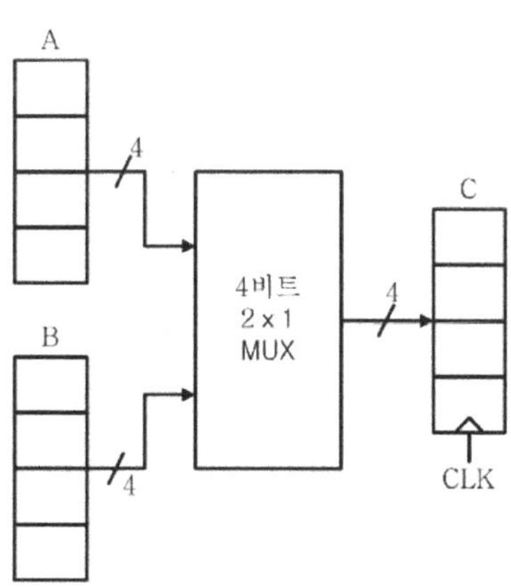

(b) 멀티플렉서에 의한 전달

[그림 10-6] 다중 레지스터로부터의 전달

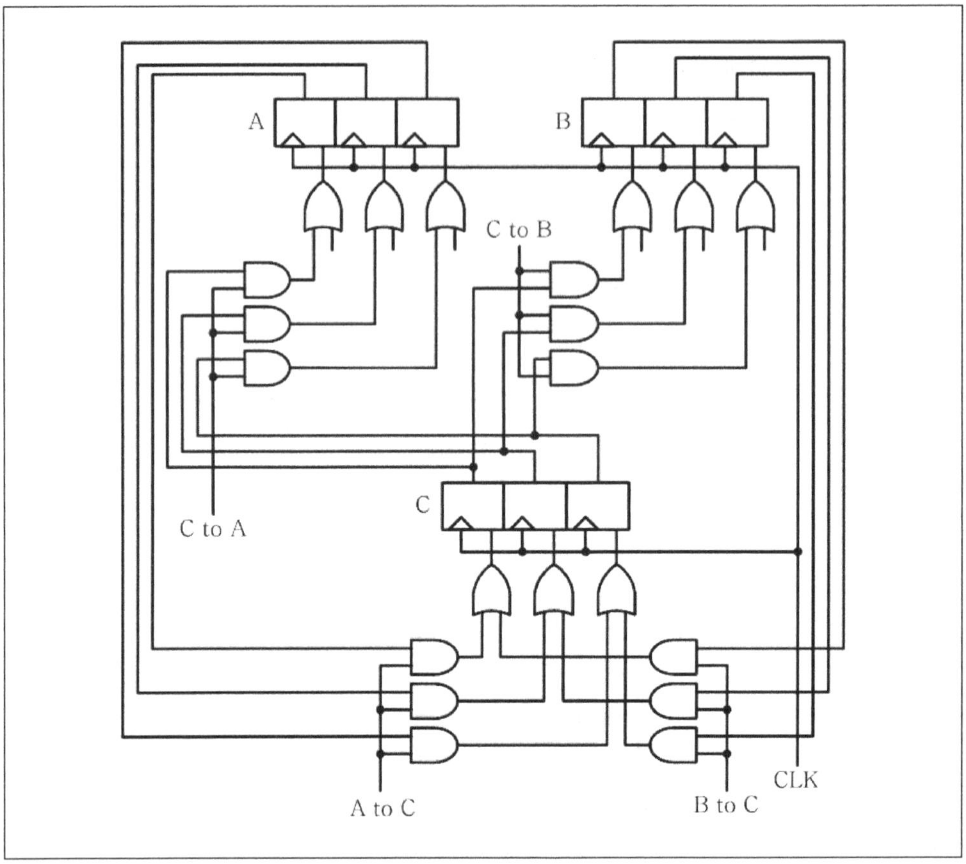

[그림 10-7] 점-대-점 전달

(2) 점-대-점 전달 방법

그림 10-7은 세 개의 3비트 레지스터 A, B, C 사이의 점-대-점 전달(point-to-point transfer)을 하기 위해 필요한 하드웨어의 일부 경로들을 나타내고 있다. "A to C"와 "B to C"는 데이터 전달에 사용되는 신호이다. 이 방법을 이용하면 독립적인 데이터 경로가 존재하므로 한 번에 하나 이상의 전달이 병렬로 이루어질 수 있다. 예를 들어 제어 신호 "A to C"와 "C to B"가 동시에 가능하다. 그러나 이 방법의 단점은 레지스터를 추가할 때 다른 레지스터들에 연결하는 데에 필요한 하드웨어 양이 급격하게 증가한다는 것이다. 따라서 이 방법은 주로 신속한 병렬 전달이 필요한 경우에만 사용된다.

(3) 버스 전달

일반적으로 디지털 컴퓨터는 많은 레지스터를 가지고 있으며, 경로(Path)를 사용하여 하나의 레지스터에 다른 레지스터의 정보를 전달해야 한다. 이와 같은 정보의 전달을 버스 전달(Bus transfer)이라고 한다. 이때, 각각의 선으로 레지스터 사이를 연결하려면 연결선의 수가 지나치게 많아지므로 시스템에 있는 각각의 레지스터와 모든 레지스터 사이에 멀티플렉서가 사용된다. 다중 레지스터 배치에서 레지스터들 사이의 정보 전달을 위한 더욱 효과적인 기구는 버스 제어 시스템(Bus control system)이다. 버스 구조는 2진 정보가 한 번에 하나씩 전달되도록 각 레지스터의 비트가 공통선의 하나에 연결되어 구성된다.

제어 신호는 각각의 레지스터가 전달되는 동안 어느 레지스터가 근원지(Source)인지 목적지(Destination)인지를 선택하게 된다.

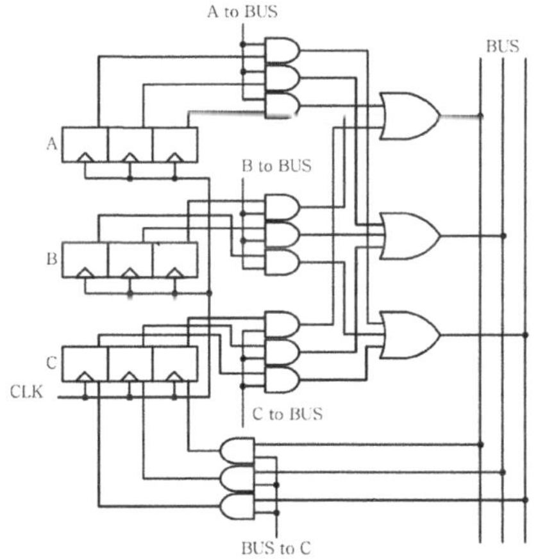

(a) 버스 구조

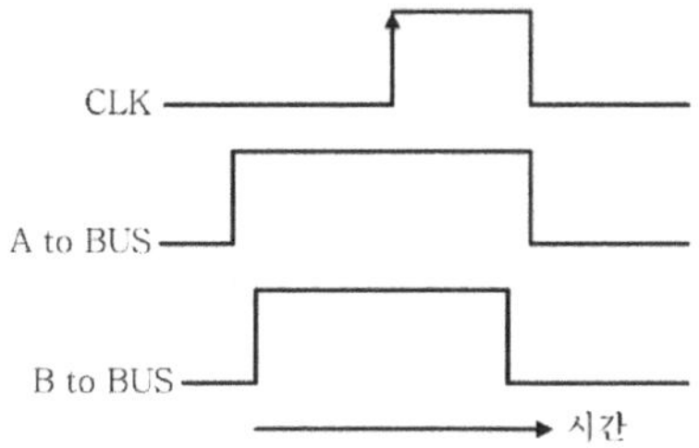

(b) 타이밍 및 시간

[그림 10-8] 버스 전달

그림 10-8의 (a)는 세 개의 3비트 레지스터 간의 데이터 전달에 필요한 버스(bus)의 형태를 보여 주고 있다. 버스 전달 방법에서는 한 번에 하나의 레지스터만 버스에 데이터를 전달할 수 있다. 각 레지스터의 공통 위치의 비트들은 OR되어 버스의 해당 비트(선)에 연결되어 있다. 그림 10-8의 (b)는 A에서 C로의 데이터 전달을 위한 전형적인 시간을 나타내고 있다. 전달이 이루어지려면 "A to BUS"와 "BUS to A" 제어 신호가 동시에 1이 되어야 한다. 여러 레지스터가 동시에 버스에서 데이터를 받을 수 있지만 한 번에 오직 한 레지스터만이 데이터를 버스에 전달할 수 있다. 그러므로 버스 전달 방법은 점-대-점 방법에 비하여 속도는 떨어지지만 하드웨어의 요구는 상당히 줄어드는 장점을 가지고 있다. 버스 구조에서의 레지스터 추가는 버스에서 레지스터로, 또 레지스터에서 버스로 단지 두 개의 경로만 추가하면 된다. 이러한 이유로 인하여 버스 전달 방법이 데이터 전달 방법으로 가장 많이 쓰인다.

실제로 많은 수의 레지스터들이 버스에 연결된다. 버스의 상호 연결을 위해서는 대량 입력을 가진 OR 게이트를 사용하여야 한다. 특정 게이트에서 가능한 두 가지 특수 유형의 출력을 이용하면 OR 함수를 쉽게 구현할 수 있다.

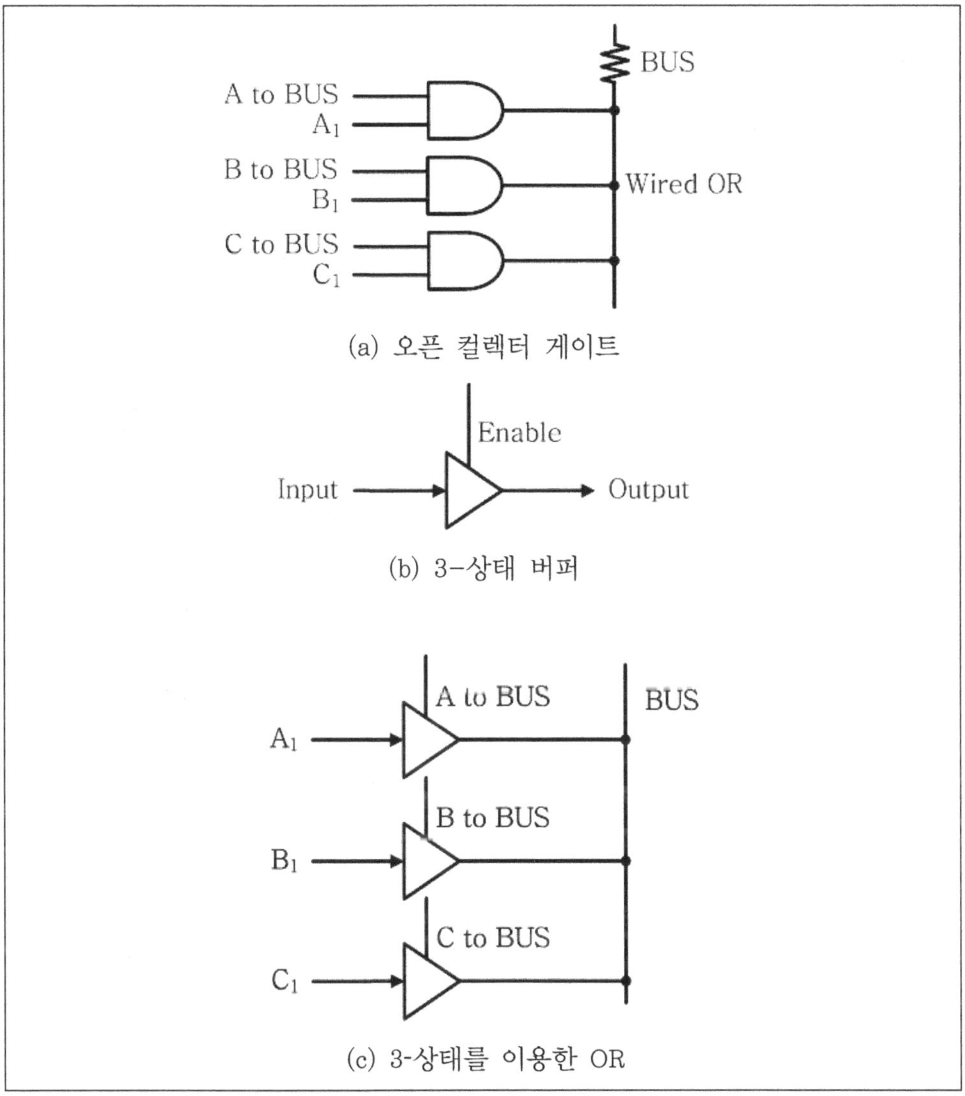

[그림 10-9] 버스 접속을 위한 특수 장치

즉, '오픈 컬렉터(Open-collector)' 출력과 '3-상태(Tri-state)' 출력이 그것이다. 그림 10-9의 (a)는 오픈 컬렉터 게이트를 이용해 만든 버스의 1비트를 나타내고 있다. 이 특수 게이트의 출력은 OR 함수를 제공하기 위해 하나로 묶을 수 있다. 많이 쓰이는 또 하나의 장치인 3-상태 게이트는 그림 10-9의 (b)와 같다. 게이트가 인에이블(Enable=1)되면 출력은 입력의 함수이다. 디스에이블(Disable=0)되면 출력은 전기적으로 존재하지 않는다. 그림 10-9의 (c)의 구성은 3-상태 버퍼를 이용해 만든 OR를 나타내고 있다.

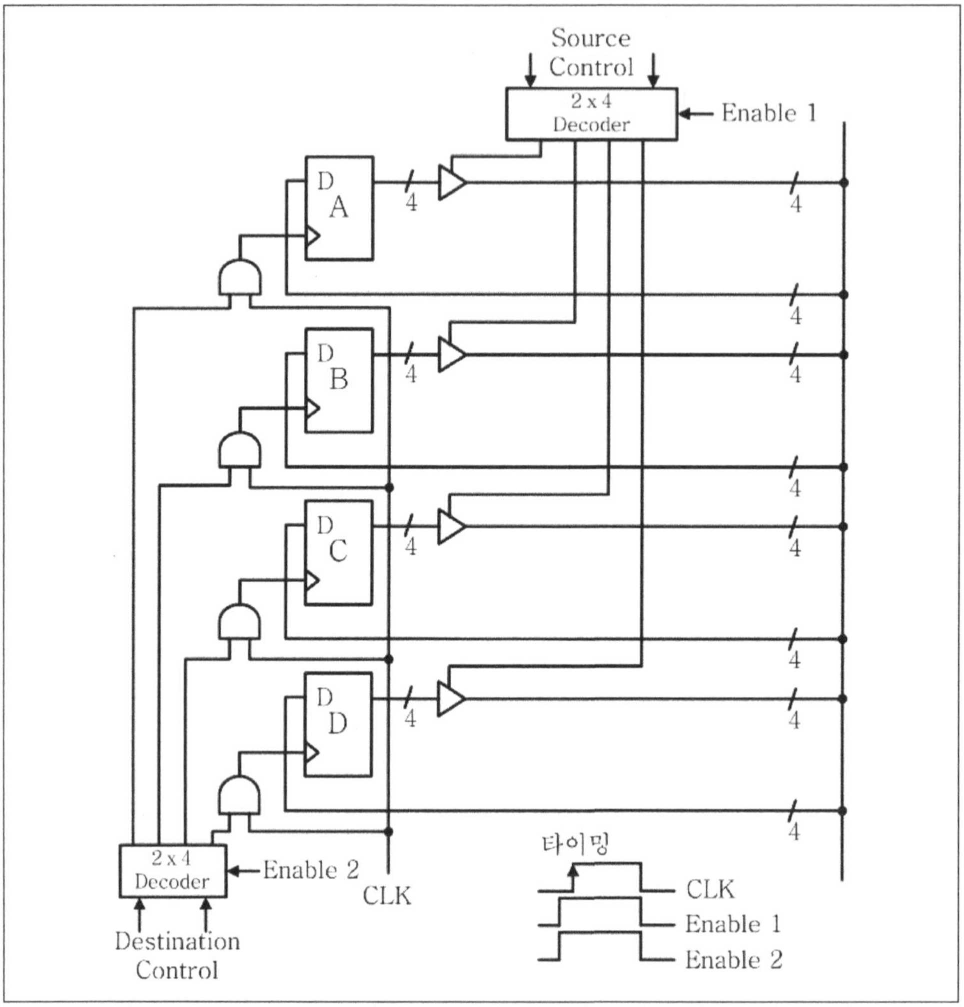

[그림 10-10] 버스 구조

그림 10-10은 네 개의 4비트 레지스터 A, B, C, D 사이의 전달을 위한 완전한 버스 구조를 보이고 있다. SOURCE 레지스터는 근원지 제어 2×4 디코더의 출력에 의해 선택된 해당 3-상태 버퍼를 인에이블하게 함으로써 버스에 연결된다. DESTINATION 레지스터는 목적지 제어 2×4 디코더의 출력에 의해 선택된다. 레지

스터에서 버스로의 연결을 위해 4선 4×1 멀티플렉서를 사용할 수도 있다.

(4) 메모리 전달

컴퓨터 시스템에는 많은 레지스터 외에 데이터를 저장하기 위한 메모리 장치가 있다. 이러한 메모리 장치와 외부 레지스터 혹은 외부 회로 데이터 전달을 메모리 전달(Memory transfer)이라고 한다. 이러한 메모리와 외부 회로와의 사이에 이루어지는 전달의 종류는 두 가지가 있다. 메모리 레지스터에서 외부 장치로 데이터를 전달하는 것을 읽기(Read)라 하고, 새로운 정보를 메모리 레지스터로 전달하는 것을 쓰기(Write)라고 한다.

이때, 선택되는 메모리 워드는 주소(Address)에 의하여 지정되며, 메모리 또는 워드는 문자 M으로 표시한다. 메모리 전달문을 쓸 때에는 M의 주소를 구체적으로 표시하여야 한다. 만일, 문장에서 문자 M이 독자적으로 쓰이면 그것은 MAR로 주어진 주소에 의해 선택된 메모리를 나타내고, 그렇지 않으면 주소를 나타내는 레지스터는 문자 M 뒤에 대괄호 속에 표시하게 된다.

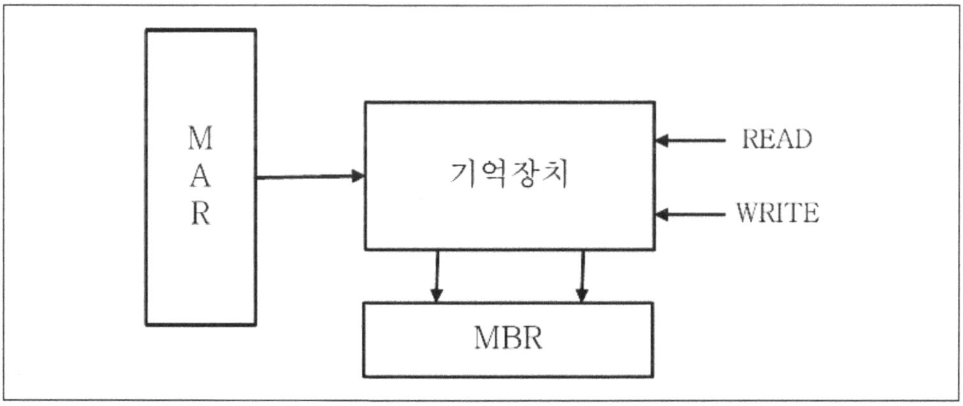

[그림 10-11] 메모리 장치의 구성

그림 10-11과 같이 주소 레지스터(MAR)가 한 개인 메모리 장치를 생각해 보자.

데이터를 메모리에 보내거나 받는 데에 쓰이는 메모리 버퍼 레지스터(MBR)도 한 개이다.

읽기 동작을 수행할 때에는 선택된 메모리 M으로부터 MBR로 데이터가 전달된다. 이 동작을 기호로 나타내면 다음과 같다.

R : MBR ← M[MAR].

여기서 R은 읽기 동작을 시키는 제어 함수이다. 쓰기 동작은 MBR의 내용을 선택된 메모리 레지스터 M으로 옮기는 것이다.

W: M[MAR] ← MBR.

여기서 W는 읽기 동작을 시키는 제어 함수이다. 이것은 MBR로부터 MAR내의 주소에 의해 지정된 메모리 M으로의 데이터 전달을 수행한다.

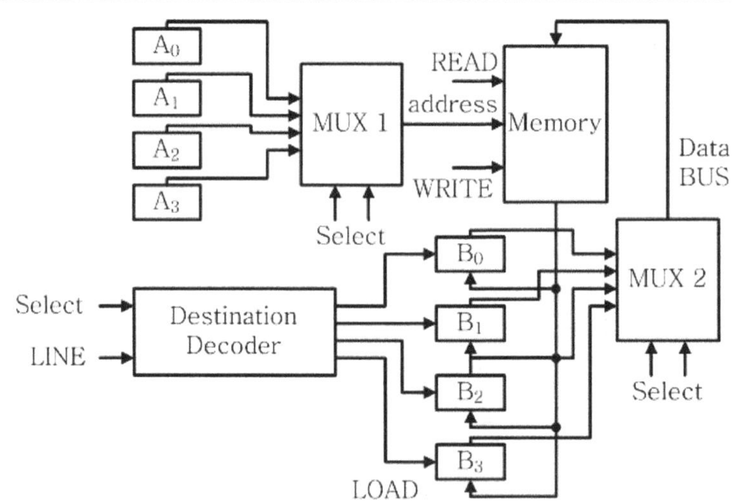

[그림 10-12] 여러 개의 레지스터들과 통신하는 메모리 장치

어떤 컴퓨터들은 메모리 장치가 주소나 데이터를 공통 버스에 연결된 많은 레지스터로부터 받기도 한다. 그림 10-12의 경우에는 메모리 장치의 주소는 주소 버스(Address bus)로부터 얻어지는데, 네 개의 레지스터 A_0, A_1, A_2, A_3가 이 버스에 연

결되어 있다.

이 중의 하나가 주소를 제공한다. 메모리 장치로부터의 출력은 네 개의 레지스터 중에서 목적지 결정 디코더(Destination decoder)에 의해 선택된 곳으로 전해진다. 이 데이터 버스는 멀티플렉서 MUX 2에 의하여 네 개의 레지스터 B_0, B_1, B_2, B_3 중에서 하나의 레지스터가 선택되어 연결된다. 이와 같은 시스템에서 메모리 워드는 M자로 명시하며 M자 다음의 대괄호 내에 레지스터 이름을 명시하였다. 이러한 표현은 대괄호내의 레지스터 내용이 M의 주소가 됨을 뜻한다. 예를 들어 레지스터 B_2의 내용을 레지스터 A_1에 저장된 주소가 지정하는 메모리로 전달하는 문장은 다음과 같다.

$$W : M[A_1] \leftarrow B_2$$

문자 M 뒤의 대괄호 속의 A_1은 메모리 M을 선택하는 데에 사용되는 주소 레지스터이다.

$$R : B_0 \leftarrow M[A_3].$$

위의 문장은 A_3가 지정하는 주소의 메모리 워드 내용을 레지스터 B_0로 전달하는 동작을 수행한다. 또한, 이 문장으로부터 주소용 MUX 1에 대한 선택 입력과 목적지 결정 디코더에 대한 선택 변수들이 동시에 필요함을 알 수 있다.

10-2 마이크로 오퍼레이션

디지털 시스템은 구성하는 요소의 기능에 따라 여러 개의 모듈(Module)로 되어 있다. 그리고 각각의 모듈을 완성한 후에 이것들을 연결하여 구성한다.

디지털 시스템에서 모듈과 모듈 사이의 연결은 게이트나 플립플롭으로는 부적당하기 때문에 레지스터간의 전송 논리를 이용하여 연결한다. 즉, 레지스터를 기본적인 소자로 하는 레지스터 전송 논리(Register transfer logic)를 이용한다.

레지스터에 있는 내용을 다른 레지스터로 전송하거나 새로운 내용으로 변화시키는 것과 같은 작업을 마이크로 오퍼레이션(Micro operation)이라 한다.

마이크로 오퍼레이션을 수행하기 위해서는 일정한 타이밍(Timing)과 조건이 필요한데 이것을 제어 함수(Control function)라 한다.

레지스터 전송 논리(Register transfer logic)를 나타내는 표시법을 레지스터 전송 언어(Register transfer language)라 하며 이것은 마이크로 오퍼레이션과 제어 함수로 구성한다.

레지스터 전달 언어의 문장들은 제어 함수와 마이크로 동작들의 나열로 이루어지며 제어 기능을 나열된 마이크로 동작의 수행에 필요한 제어 조건이나 타이밍 순서를 결정한다.

이러한 마이크로 동작은 크게 네 가지로 분류된다.

1. 레지스터 전달 마이크로 동작(Register transfer micro operation)은 2진 정보를 하나의 레지스터에서 다른 레지스터로 옮길 때 정보를 변화시키지 않는다.
2. 산술 마이크로 동작(Arithmetic micro operation)은 레지스터에 저장된 수들에 대하여 산술 연산을 수행한다.
3. 논리 마이크로 동작(Logical micro operation)은 정보들의 비트 쌍에 대하여 AND, OR 등의 논리 연산을 수행한다.
4. 시프트 마이크로 동작(Shift micro operation)은 시프트 레지스터에 대한 동작을 수행한다.

10-2-1 산술 마이크로 오퍼레이션

기본적인 산술 마이크로 연산에는 가산, 감산, 보수 등이 있다. 그밖에 산술 오퍼레이션 들은 기본적인 마이크로 오퍼레이션의 변경 또는 순차로 얻을 수 있다. 다음 오퍼레이션은 덧셈 마이크로 오퍼레이션이다.

$$F \leftarrow A + B$$

이러한 오퍼레이션은 두 개 A, B의 레지스터 내용을 병렬 이진 가산기를 통해 계산한 후 결과를 F 레지스터에 전송하는 형태가 된다.

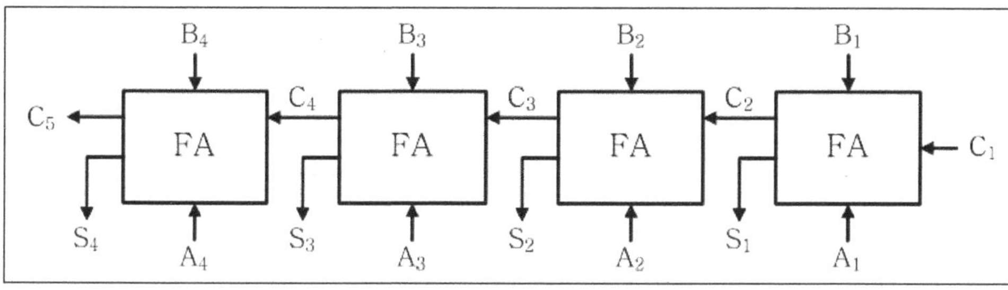

[그림 10-13] 4비트 병렬 가산기

그림 10-13의 병렬 가산기는 그림 10-14와 같이 블록도로 표현할 수 있다.

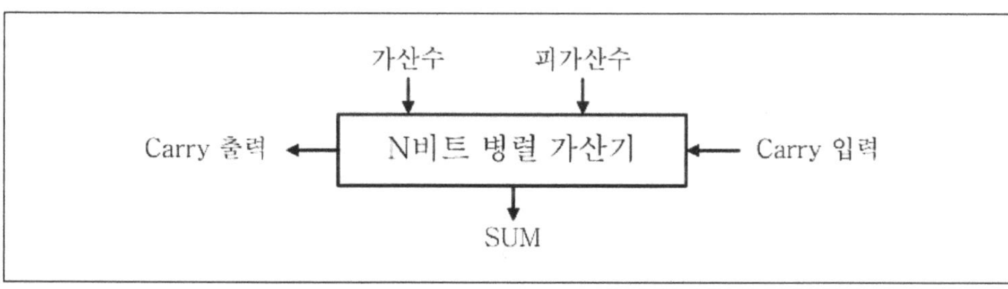

[그림 10-14] 병렬 가산기 블록도

그림 10-14에서 A 레지스터 내용에서 B 레지스터 내용을 감산하는 오퍼레이션을 다음과 같다. 여기서 2의 보수의 감산법을 이용한다.

$$A \leftarrow A + B' + 1$$

B 레지스터 내용을 2의 보수로 취한 다음 A 레지스터에 가산시켜 주는 형태이다.

즉, B'+1은 B 레지스터의 2의 보수를 구하는 과정이다.

다음 그림 10-15는 2의 보수를 구하기 위해서 T 플립플롭을 이용한 회로이다.

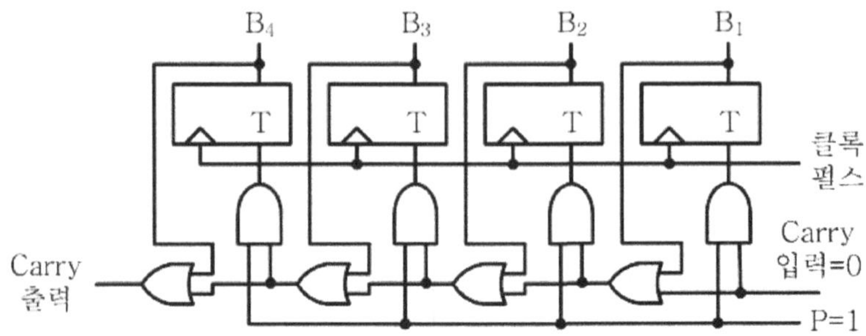

[그림 10-15] 2의 보수를 위한 회로

다음 표 10-3은 기본적인 산술 오퍼레이션을 보여 주고 있다.

[표 10-3] 산술 마이크로 오퍼레이션

오퍼레이션	설 명
A←A+B	가 산
A←A-B	감 산
A←A+1	increment
A←A-1	decrement
A←A'	1 의 보수
A←A'+1	2 의 보수
A←A+B'	1의 보수 감산
A←A+B'+1	2의 보수 감산

10-2-2 논리 마이크로 오퍼레이션

논리 마이크로 오퍼레이션은 레지스터에 저장된 비트 열(Bit string)에 대한 2진 연산을 의미한다. 여기서 각 비트들은 서로 개별적으로 간주하며, 각 비트는 2진 변수로 취급된다.

XOR(배타적 논리합) 마이크로 오퍼레이션의 예를 들어보기로 하자.

$$F \leftarrow A \oplus B$$

레지스터가 4비트이고 A 레지스터는 1010, B 레지스터는 1100이라면 F 레지스터에 전송된 정보는 0110이 된다.

1 0 1 0	A의 내용
⊕) 1 1 0 0	B의 내용
0 1 1 0	F←A⊕B의 내용

논리 마이크로 오퍼레이션은 다음 표 10-4에서 보여 주고 있다.

[표 10-4] 논리, 시프트 마이크로 오퍼레이션

오퍼레이션	설 명
A←A'	Complement
F←A∨B	OR
F←A∧B	AND
F←A⊕B	exclusive OR
A←shl A	Shift left
A←shr A	Shift right

여기서 OR 마이크로 연산에서 ∨ 기호는 덧셈 기호(+)와 구별하기 위한 것이다. 또 AND 마이크로 오퍼레이션 기호 역시 도트(·) 대신 ∧를 사용한다. 예로서 다음 제어의 경우를 보기로 한다.

$$T_1+T_2 : A \leftarrow A+B,\ C \leftarrow D \vee F$$

여기서 제어 함수 타이밍 함수 T_1과 T_2 사이의 (+)기호는 OR 오퍼레이션이고, A 레지스터와 B 레지스터 사이의 (+)는 덧셈 오퍼레이션이며, D 레지스터와 F 레지스터 사이에 (∨)는 OR 마이크로 오퍼레이션이다.

10-2-3 시프트 마이크로 오퍼레이션

시프트 마이크로 오퍼레이션은 직렬 전송(Serial Transfer) 개념으로 레지스터 간에 2진 정보를 전송하는 것이다.

레지스터 내용들을 왼쪽으로 또는 오른쪽으로 자리를 이동(Shift)시키는 형태이다.

다음은 레지스터 내용을 왼쪽으로 1비트 이동(Shift left), 오른쪽으로 1비트 이동(Shift right)하는 마이크로 오퍼레이션 예이다.

$$A \leftarrow shl\ A, \qquad B \leftarrow shr\ B$$

다음은 순환 시프트(Circular shift)마이크로 오퍼레이션을 보여주고 있다.

$$A \leftarrow shl\ A, \qquad A_1 \leftarrow A_n$$

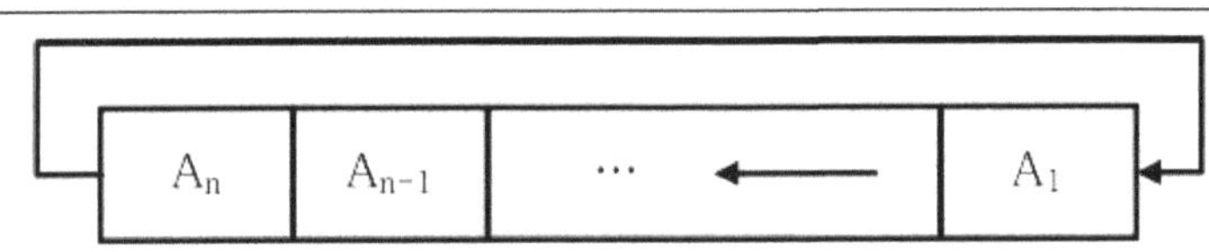

[그림 10-16] 시프트

순환 시프트는 각 비트가 왼쪽으로 한 자리씩 시프트함과 동시에 MSB에 해당하는 비트 A_n은 A_1으로 내용이 이동하게 된다.

다음은 플립플롭에 대한 시프트의 경우이다.

$$B \leftarrow shr\ B, \qquad B_n \leftarrow E$$

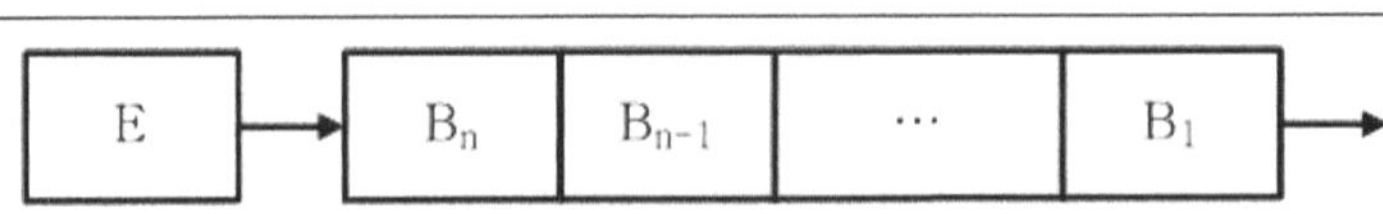

[그림 10-17] 오른쪽 시프트(Shift right)

오른쪽으로 한자리씩 시프트함과 동시에 맨 왼쪽에 있는 E 플립플롭의 내용이 Bn으로 이동하게 된다.

10-2-4 산술 논리 장치

산술 논리 장치(ALU : Arithmetic Logic Unit)는 산술 오퍼레이션과 논리 오퍼레이션을 수행해주는 조합 논리 회로이다.

그림 10-18은 4비트 산술 논리 장치(ALU)의 블록도이다. 입력 데이터를 위한 A, B 단자와 산술 오퍼레이션과 논리 오퍼레이션을 구분하기 위한 S_2(mode-select) 단자, 오퍼레이션을 결정해 주는 S_1, S_0(Function-select) 단자와 캐리 단자가 있다.

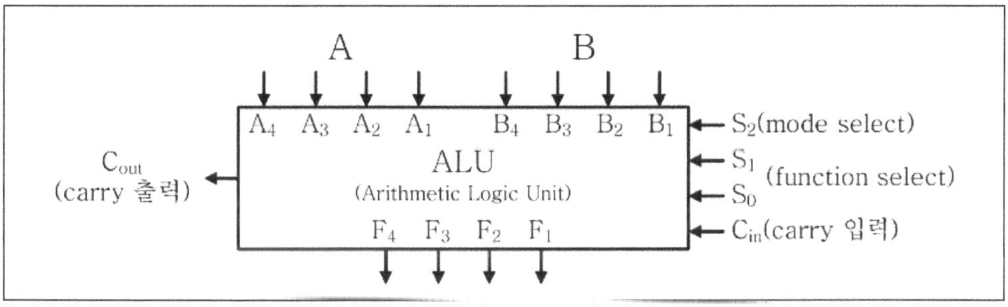

[그림 10-18] 4비트 ALU 블록도

산술 논리 장치(ALU)의 설계는 산술 오퍼레이션을 수행하는 부분과 논리 오퍼레이션을 수행하는 부분을 별도로 설계하거나 산술 오퍼레이션과 논리 오퍼레이션을 겸하여 수행할 수 있도록 설계한다.

10-2-5 산술 연산 회로 설계

산술 오퍼레이션을 수행하는 부분은 전가산기(FA)를 여러 개 직렬로 연결한 병렬 가산기(Parallel adder)이다. 병렬 가산기의 외부 입력을 적절히 제어함으로써 여러 가지 산술 연산을 수행할 수 있다. 그림 10-19는 여러 가지 산술 연산의 예를 회로로 보여주고 있다.

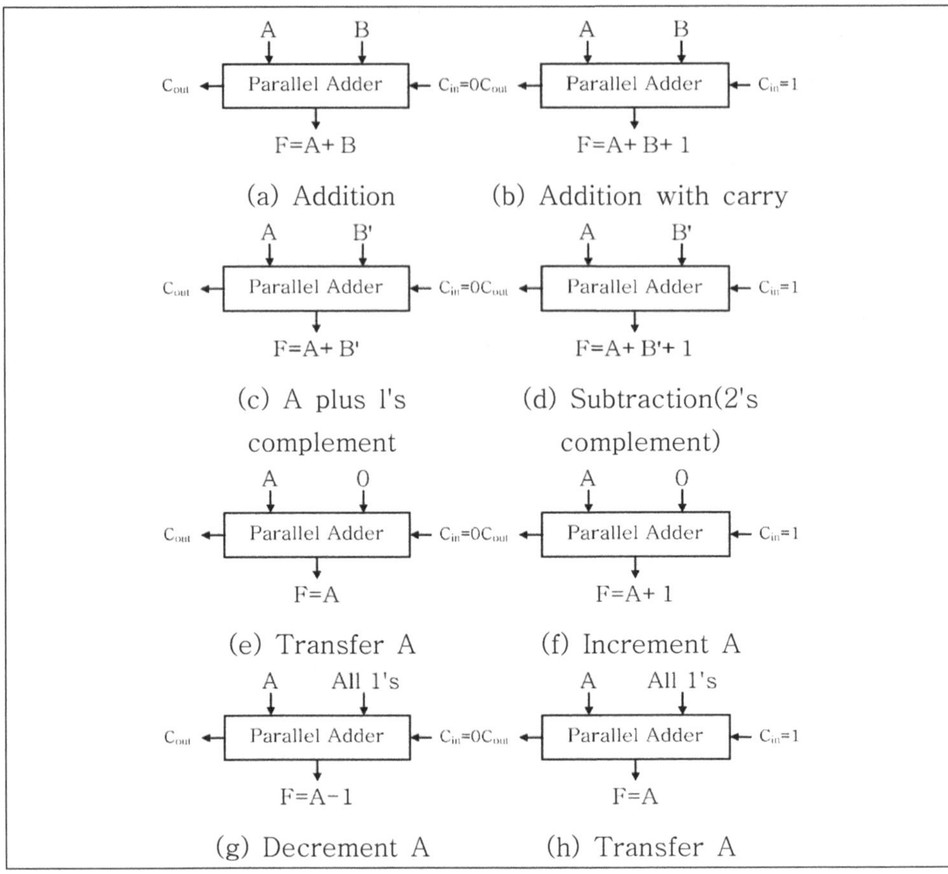

[그림 10-19] 병렬 가산기의 산술 연산 예

그림 10-19 (a)는 F=A+B 가산 형태이다. 그림 10-19 (g)의 경우에 그 입력의 크기가 4비트라고 가정하자. 그리고 A에 (1111)을 가산하면 F=A-1이 되어 감소(Decrement) 형태가 된다. 예를 들어 A=0101이면 F=A-1이 되어 감소형태가 된다. 예를 들어 A=0101이라 할 때, A+B = 0101 + 1111 = 10100이 된다. 이 때 맨 왼쪽의 캐리 부분 (마크표시)을 제거하면 A-1=0100이 됨을 알 수 있어 감소 오퍼레이션이 된다.

그림 10-19에서와 같이 여러 가지 연산을 수행하기 위해 입력 단자 B를 제어할 필요가 있다.

그림 10-20은 입력 단자 B_i가 B_i,B'_i, 0, 1이 되도록 제어해 주는 회로이다.

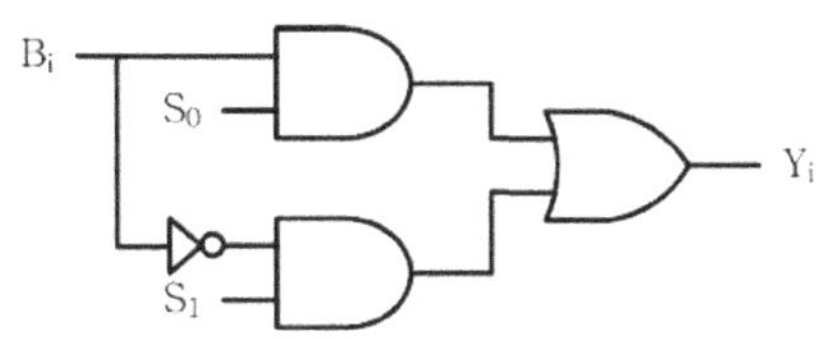

(a)

S_1	S_0	Y_i
0	0	0
0	1	B_i
1	0	B_i'
1	1	1

(b)

[그림 10-20] true/complement, one/zero 회로

두 개의 선택 변수 S_1과 S_0가 B 단자의 입력을 제어한다.

그림 10-20의 회로를 이용하여 그림의 8가지 연산을 수행하는 4 비트 산술 연산 회로를 구성한 것이 그림 10-21이다.

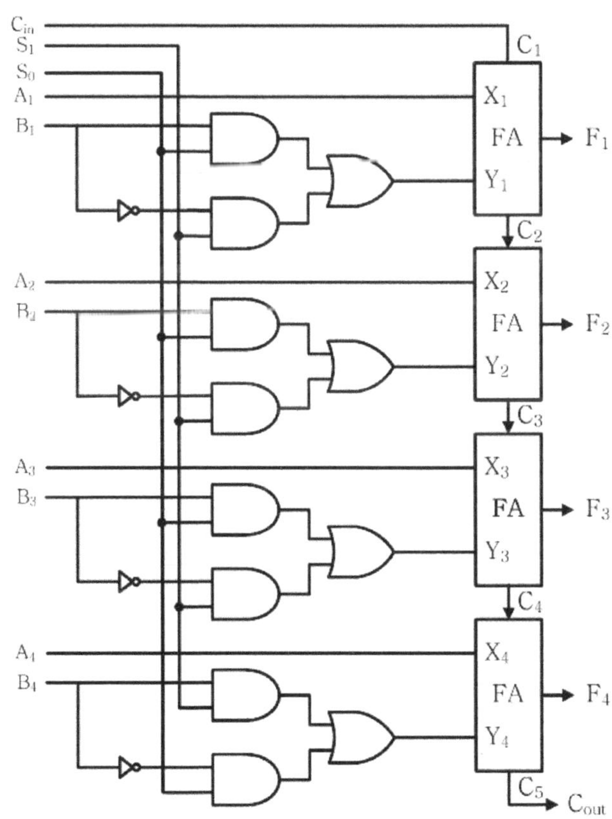

[그림 10-21] 산술 연산 회로

표 10-5는 그림 10-21의 산술 연산 회로에서 수행하는 형태들이다.

[표 10-5] 그림 10-21 회로의 기능표

기능 선택			Y	출 력
S_1	S_0	Cin		
0	0	0	0	F = A
0	0	1	0	F = A+1
0	1	0	B	F = A+B
0	1	1	B	F = A+B+1
1	0	0	B'	F = A+B'
1	0	1	B'	F = A+B'+1
1	1	0	all 1's	F = A-1
1	1	1	all 1's	F = A

10-2-6 논리 연산 회로 설계

기본적인 논리 오퍼레이션 AND, OR, NOT, XOR이 있으며 멀티플렉서(MUX)에 있는 두 개의 선택 단자에 의해 이 4가지 논리 오퍼레이션을 실현할 수 있다.

그림 10-22의 논리 회로는 논리 오퍼레이션을 표현한 것이다. 여기서 4가지 논리 오퍼레이션을 선택 단자 S_1S_0에 의해 결정한다.

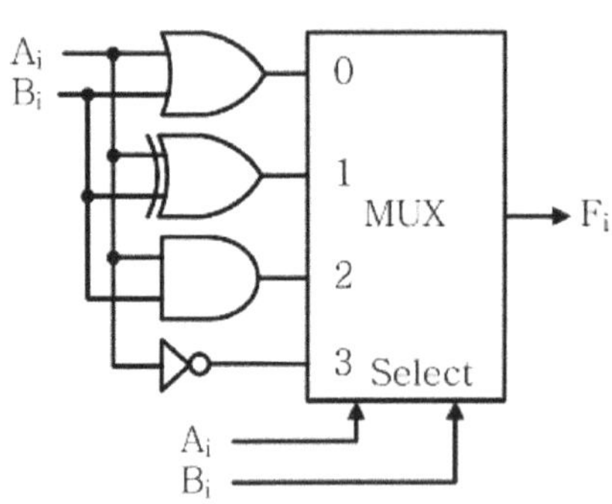

(a) 회로도

S_1	S_0	출 력	동 작
0	0	$F_i = A_i + B_i$	OR
0	1	$F_i = A_i \oplus B_i$	XOR
1	0	$F_i = A_i B_i$	AND
1	1	$F_i = A_i'$	NOT

(b) 기능표

[그림 10-22] 논리 연산 회로

10-2-7 산술 논리 장치 설계

그림 10-23은 한 단계만으로 된 산술 연산 회로와 논리 연산 회로를 결합한 산술 논리 장치 회로이다.

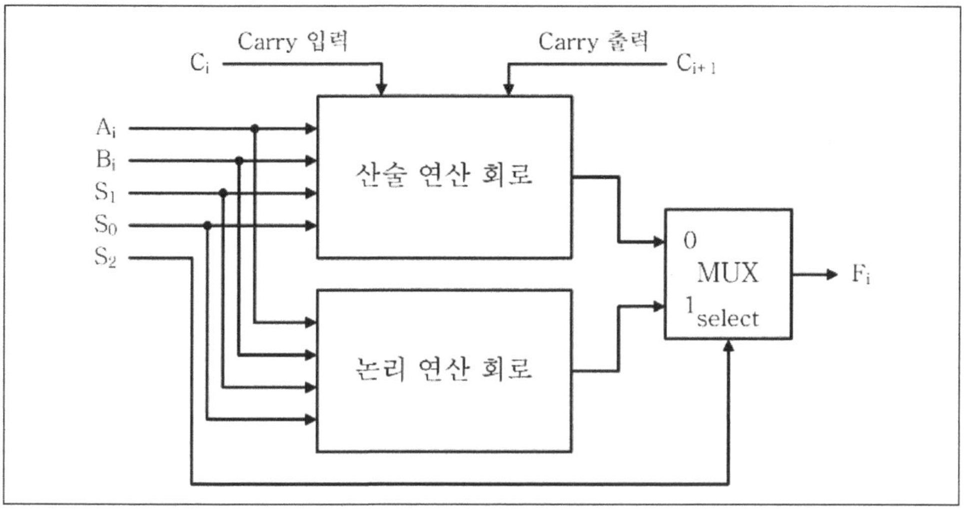

[그림 10-23] ALU 회로

여기서 선택 단자 S_2가 산술 회로와 논리 회로의 출력을 할 수 있도록 해주는 멀티플렉서(MUX)를 갖는다. 즉, $S_2=0$이면 산술 회로의 출력을 선택하고, $S_2=1$이면 논리 회로의 출력이 선택된다. 이런 방식으로 결합하는 것이 ALU를 설계하는 최선의 방법은 아니다. 일반적으로 산술연산회로(Arithmetic circuit)가 논리연산(Logic operation)도 수행할 수 있도록 carry 조건을 변형하는 방법을 쓴다. 그러기 위해서 논리연산을 더 살펴보기로 한다.

산술 연산 회로는 합(Sum)과 올림수(Carry) 출력을 갖는 전가산기로 구성되어 있다.

여기서 입력 X_i, Y_i와 캐리 입력 C_i가 들어올 때 전가산기의 합은 다음과 같이 표현된다.

$$F_i = X_i \oplus Y_i \oplus C_i$$

여기서 캐리 입력 C_i를 0으로 하면 $F_i = X_i \oplus Y_i$가 되어 산술 연산회로에서 논리 연산을 하는 형태가 된다. 모든 가산기의 각 단의 캐리 입력을 모두 0으로 하고, 두 레지스터 내용을 가산하면 출력은 두 레지스터 내용을 XOR한 결과를 갖는다. 이와 같이 산술 연산 회로를 이용하여 수행할 수 있는 논리 연산을 표 10-6에서 보여주고 있다.

[표 10-6] 산술 연산 회로를 이용한 논리 연산

S_2	S_1	S_0	X_i	Y_i	C_i	$F_i=X_i \oplus Y_i$	연 산	논리 연산
1	0	0	A_i	0	0	$F_i=A_i$	transfer A	OR
1	0	1	A_i	B_i	0	$F_i=A_i \oplus B_i$	XOR	XOR
1	1	0	A_i	B_i'	0	$F_i=A_i \odot B_i$	equivalence	AND
1	1	1	A_i	1	0	$F_i=A_i'$	NOT	NOT

선택 신호 S_1S_0=00일 때 $F_i=A_i$이므로 OR 연산이 가능하다. S_1S_0=10일 때 합 출력 F_i는 다음과 같다.

$$F_i = A_i \oplus B_i' = A_i\ B_i + A_i'\ B_i' = A_i \odot B_i$$

이것은 동치(equivalence) 관계이다. 마지막으로 S_1S_0=11이면 NOT 즉, 보수 연산이 된다.

$$F_i = A_i \oplus 1 = A_i'$$

최종적으로 8가지 산술 연산과 4가지의 논리 연산을 수행하는 ALU를 설계한다. 여기서는 두 단계만 표현하였으며 그 이상으로 확장할 수 있다.

전가산기의 입력 함수는 다음과 같다.

$$X_i = A_i + S_2S_1S_0B_i + S_2S_1S_0B_i'$$
$$Y_i = S_0B_i + S_1B_i'$$
$$Z_i = S_2C_i$$

위 함수에서 S_2=0이면 다음과 같이 간소화된다.

$$X_i = A_i$$
$$Y_i = S_0B_i + S_1B_i'$$
$$Z_i = C_i$$

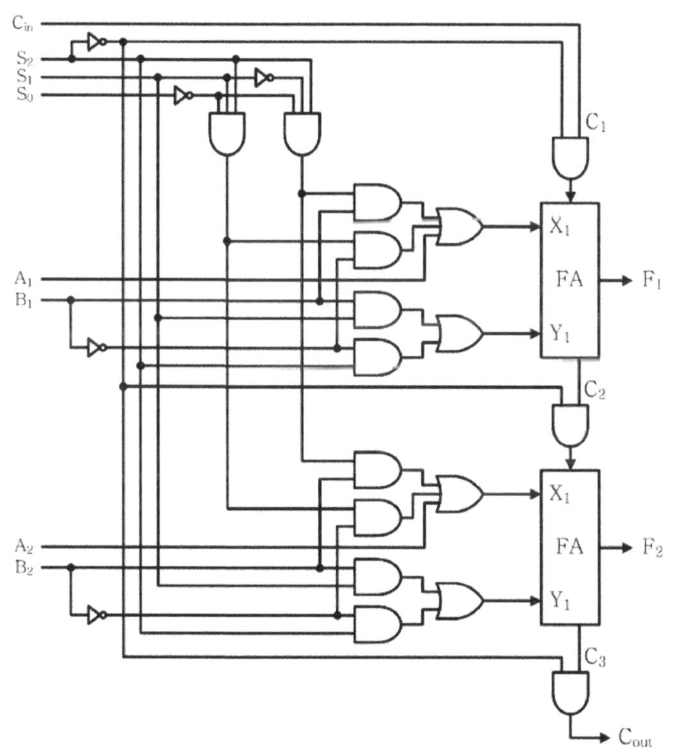

[그림 10-24] ALU 회로도

이 함수들은 그림 10-20과 그림 10-21의 산술 연산 회로가 된다. 또 S_2=1이면 산술 연산이 논리 연산이 됨을 알 수 있다. 즉, $S_2S_1S_0$=101 또는 111일 때 다음 함수식을 갖는다.

$$X_i = A_i$$
$$Y_i = S_0B_i + S_1B_i'$$
$$Z_i = C_i = 0$$

표 10-7에서 $X_i \oplus Y_i$가 되는 XOR과 보수 연산이 된다. $S_2S_1S_0$=100일 때는 $A_i \vee B_i$의 OR 연산과 $S_2S_1S_0$=110일 때는 $A_i \wedge B_i$의 AND 연산을 한다.

[표 10-7] 그림 10-24 ALU의 기능표

S_2	S_1	S_0	Cin	출력	기능
0	0	0	0	F = A	A를 전송
0	0	0	1	F = A + 1	A를 증가
0	0	1	0	F = A + B	덧셈
0	0	1	1	F = A+B+1	carry가 있을 때의 덧셈
0	1	0	0	F = A-B-1	빌림수가 있을 때의 뺄셈
0	1	0	1	F = A-B	뺄셈
0	1	1	0	F = A-1	A를 감소
0	1	1	1	F = A	A를 전송
1	0	0	×	F = $A \vee B$	OR
1	0	1	×	F = $A \oplus B$	EOR
1	1	0	×	F = $A \wedge B$	AND
1	1	1	×	F = A'	A의 보수

표 10-7은 그림 10-24의 회로에 의한 ALU의 12가지 연산을 보여주고 있다.

10-2-8 누산기 설계

프로세서 내에서 특별한 기능을 수행하는 레지스터가 있는데 그것을 누산기(Accumulator : AC)라 한다. 누산기는 좌측, 우측 시프트가 가능하고 ALU와 병렬 로드(Load)가 가능한 양방향성 레지스터이다.

누산기의 출력은 ALU의 입력으로 피드백되므로 누산기와 주변 조합 논리 회로는 하나의 순서 논리회로 형태가 된다. 순서 논리회로를 형성하는 누산기의 블록도는 다음 그림 10-25와 같다.

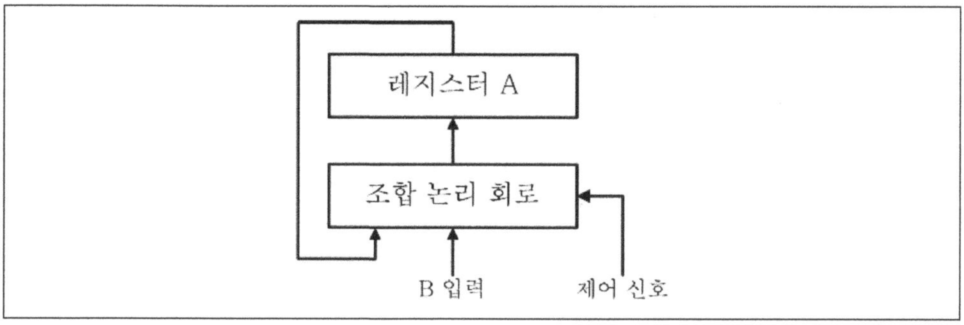

[그림 10-25] 누산기의 블록도

누산기와 조합 논리 회로에 대한 순서 논리회로에서 ALU는 조합 논리회로로서 대치되었다. 여기서 누산기는 A 레지스터 및 관련된 조합 회로를 총칭한다. 누산기의 외부 입력은 B로부터의 데이터 입력과 마이크로 오퍼레이션을 위한 제어 신호가 있다. 여기서 표 10-8은 9가지의 연산을 수행하는 누산기를 설계한 것이다.

[표 10-8] 누산기 마이크로 오퍼레이션

제어 신호	입 력	설 명
P_1	$A \leftarrow A+B$	덧셈
P_2	$A \leftarrow 0$	clear
P_3	$A \leftarrow A'$	보수
P_4	$A \leftarrow A \wedge B$	AND
P_5	$A \leftarrow A \vee B$	OR
P_6	$A \leftarrow A \oplus B$	exclusive-OR
P_7	$A \leftarrow$ shr A	오른쪽 자리 이동
P_8	$A \leftarrow$ shl A	왼쪽 자리 이동
	$A \leftarrow A+1$	증가
P_9	if (A=0) then (Z=1)	0인가를 조사

9가지 연산을 수행하기 위하여 9개의 제어 신호(P_1에서 P_9까지)가 동작해야 한다.

표 10-8에 나열된 모든 마이크로 오퍼레이션들에 대한 소스 레지스터는 A 레지스터이다. 이것은 기본적으로 순서 논리회로의 현재 상태를 나타낸다. 또 B 레지스터는 오퍼랜드가 2개 필요한 마이므로 오퍼레이션을 위한 두 번째 소스 레지스터이며 B는 순서 논리회로에 입력 신호를 보내준다. 목적(Destination) 레지스터로는 A 레지스터가 되며 순서 논리회로의 다음 상태를 결정한다.

표 10-8의 마지막 줄에 있는 조건 제어문에서 제어 신호 P_9=1이면 A 레지스터의 내용이 1 증가하고 그 결과 A 레지스터가 0이면 출력 변수 Z=1이 되는 연산을 수행한다.

10-2-9 누산기 설계 과정

누산기는 n개의 플립플롭(F/F)으로 된 레지스터이다. 오른쪽 셀부터 순서대로 A_1, A_2, · · · , A_n과 같이 번호를 붙여 나간다.

누산기의 각 셀은 J-K 플립플롭으로 구성한다고 가정한다. 또 한 번에 단 하나의 연산만을 수행하는 누산기를 설계한다.

(1) 가산 연산(P_1) 설계

제어 신호 P_1=1이면 두 A, B 레지스터의 내용이 가산되어 A 레지스터에 전송된다. 이러한 연산은 전가산기를 이용하며, 전가산기 i번째 단계(i-1)에서의 플립플롭의 현재 상태는 A_i, 데이터 입력은 B_i, 전 단계 (i-1번째)에서의 캐리 입력은 C_i이다. 이 가산기의 합(Sum)은 A_i에 전송되고, 캐리 출력 C_{i+1}은 다음 단계의 캐리 입력이 된다.

J-K 플립플롭에 대한 여기표와 카르노 맵은 그림 10-26과 같다.

현재 상태	입	력	다음 상태	flip-flop 입력		출 력
A_i	B_i	C_i	A_i	JA_i	KA_i	C_{i+1}
0	0	0	0	0	×	0
0	0	1	1	1	×	0
0	1	0	1	1	×	0
0	1	1	0	0	×	1
1	0	0	1	×	0	0
1	0	1	0	×	1	1
1	1	0	0	×	1	1
1	1	1	1	×	0	1

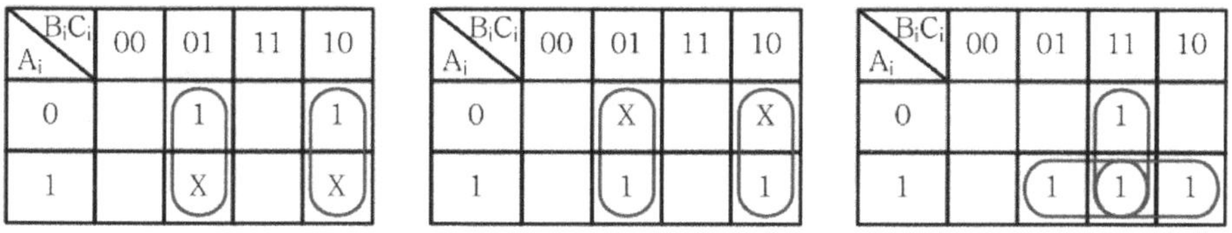

$JA_i = B_iC_i' + B_i'C_i$ $KA_i = B_iC_i' + B_i'C_i$ $C_{i+1} = A_iB_i + A_iC_i + B_iC_i$

[그림 10-20] 가산 연산의 여기표 및 카르노 맵

전가산기의 J-K 플립플롭의 입력 JA_i와 KA_i는 카르노 맵으로 간소화 할 수 있으며 이것은 제어 신호 P_i가 AND되어야 한다. 2개의 플립플롭의 입력에 대한 함수식은 다음과 같다.

$$JA_i = B_iC_i'P_1 + B_i'C_iP_1$$
$$KA_i = B_iC_i'P_1 + B_i'C_iP_1$$
$$C_{i+1} = A_iB_i + A_iC_i + B_iC_i$$

(2) 클리어 연산(P_2) 설계

제어 신호 P_2=1이면 A 레지스터들의 모든 비트를 클리어(clear)시킨다.

J-K 플립플롭을 클리어시키기 위하여 P_2를 K 입력에 연결하면 된다. J입력에 신호가 없으면 0으로 간주한다. 클리어 연산을 위한 입력 함수는 다음과 같다.

$JA_i = 0$
$KA_i = P_2$

(3) 보수 연산(P_3) 설계

제어 신호 P_3=1이면 A 레지스터 내용을 보수(Complement)로 만든다. 즉, J, K 입력에 P_3=1을 연결하면 J-K 플립플롭은 반전되어 보수를 만들어 준다.

보수 연산을 위한 입력 함수는 다음과 같다.

$JA_i = P_3$
$KA_i = P_3$

(4) AND 연산(P_4) 설계

제어 신호 P_4=1이 되면 A 레지스터와 B 레지스터 내용이 AND되어 A 레지스터에 전송된다. i번째 단계에서는 A_i와 B_i가 모두 1일 때 플립플롭의 다음 상태 A_{i+1}이 1이 된다.

그림 10-27 (a)는 AND 연산을 하기 위하여 플립플롭의 입력 신호를 카르노 맵에 의해 구한 것이다. 플립플롭의 입력 J, K는 다음과 같은 함수를 갖는다.

$KA_i = 0$
$KA_i = B_i'P_4$

(5) OR 연산(P_5) 설계

제어 신호 P_5가 1이 되면 OR 연산을 하기 위한 것이며, 그림 10-27 (b)는 OR 연산을 하기 위하여 플립플롭 입력 신호를 카르노 맵에서 구한 것이다. J, K 입력 함수는 다음과 같다.

$$JA_i = B_iP_5$$
$$KA_i = 0$$

현재상태	입력	다음상태	flip-flop의 입력	
A_i	B_i	A_i	JA_i	KA_i
0	0	0	0	×
0	1	0	0	×
1	0	0	×	1
1	1	1	×	0

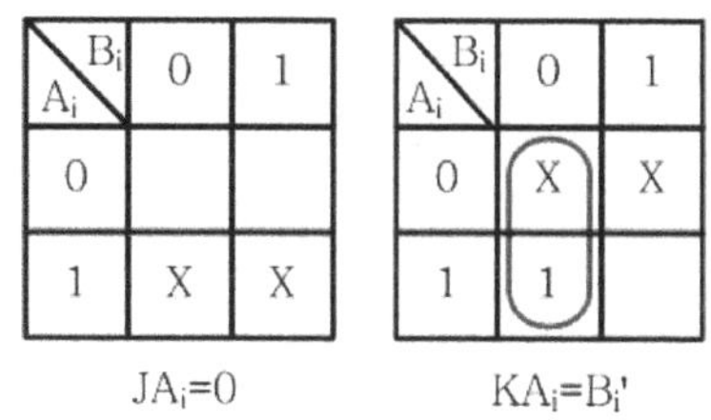

(a) AND

현재상태	입력	다음상태	flip-flop의 입력	
A_i	B_i	A_i	JA_i	KA_i
0	0	0	0	×
0	1	1	1	×
1	0	1	×	0
1	1	1	×	0

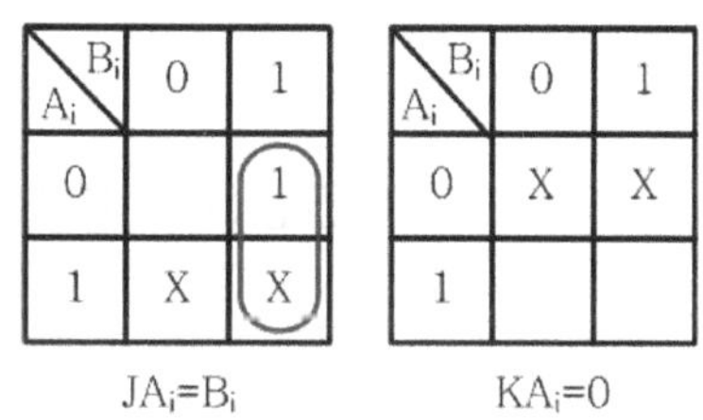

(b) OR

현재상태	입력	다음상태	flip-flop의 입력	
A_i	B_i	A_i	JA_i	KA_i
0	0	0	0	×
0	1	1	1	×
1	0	1	×	0
1	1	0	×	1

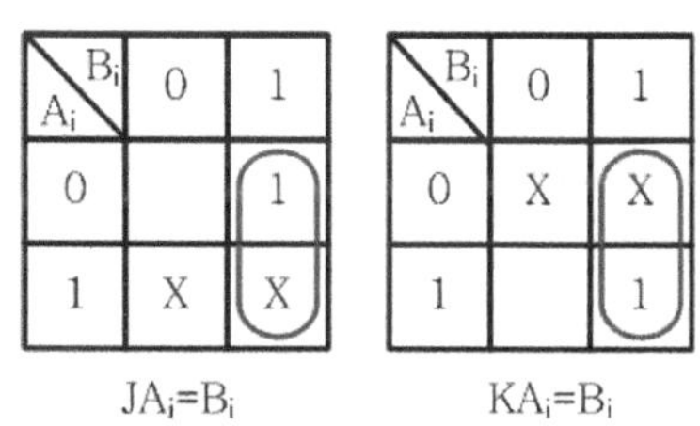

(c) EX-OR

[그림 10-27] 논리 연산의 여기표 및 카르노 맵

(6) XOR 연산(P_6) 설계

제어 신호 P_6=1이 되면 A와 B 레지스터 내용이 XOR되어 A 레지스터에 전송된다. 그림 10-27 (c)는 XOR 연산을 하기 위하여 플립플롭 입력 신호를 카르노 맵에서 구한 것이다. J, K 입력 함수는 다음과 같다.

$$JA_i = B_iP_6$$

$$KA_i = B_iP_6$$

(7) Shift right 연산(P_7) 설계

A 레지스터의 내용을 오른쪽으로 1 비트 씩 이동(shift right)하기 위해서 제어 신호 P_7이 1이 되어야 한다. 여기서 플립플롭 A_{i+1}이 A_i에 전송되어야 하므로 플립플롭의 입력 함수는 다음과 같다.

$$A_i = A_{i+1}P_7$$

$$KA_i = A_{i+1}'P_7$$

(8) Shift left 연산(P_8) 설계

A 레지스터의 내용을 왼쪽으로 1 비트 씩 이동(shift left)시키기 위해 제어 신호 P_8이 1이 되어야 한다. 여기서 플립플롭 A_{i-1}이 A_i에 전송되어야 하므로 입력 함수는 다음과 같다.

$$JA_i = A_{i-1}P_8$$

$$KA_i = A_{i-1}'P_8$$

(9) Increment 연산(P_9) 설계

제어신호 P_9가 1이면 A 레지스터 내용이 1만큼 증가되어 동기식 카운터의 동작을 한다. 그림 10-28은 3비트 2진 동기식 카운터의 회로이다. 각 단계에서 발생하는 캐리 출력 E_{i+1}이 다음 단계에 연결된다. 첫 단계에서만 제어 신호 P_9가 1이 되면 반전된다. 이 때 캐리에 대한 입력 함수식은 다음과 같다.

$$JA_i = E_i$$

$$KA_i = E_i$$

$$E_{i+1} = E_iA_i \qquad (i=1,\ 2,\ \cdots,\ n)$$

$$E_1 = P_9$$

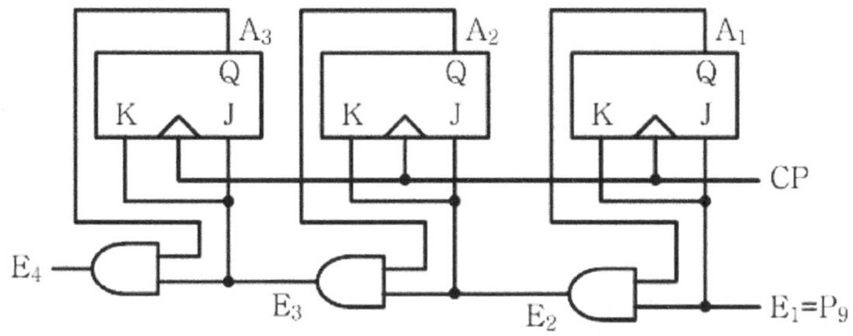

[그림 10-28] 3비트 동기식 2진 카운터

(10) Zero에 대한 조사(Z)

변수 Z는 누산기의 출력으로서 A 레지스터 내용이 0(zero)인가를 검사하는 데 이용한다.

그림 10-29는 3비트 레지스터 내용이 0인가를 검사하는 회로이다. 각 단계는 A_i의 보수 출력과 입력 변수 Z_i를 AND시켜 Z_{i+1}을 발생시킨다. 이런 식으로 각 단계를 차례로 AND시키면 제일 마지막 AND 게이트 출력으로 모든 플립플롭들이 클리어 되었음을 알 수 있다. 단계의 부울 함수는 다음과 같다.

$$Z_{i+1} = Z_iA_i' \qquad (i=1,\ 2,\ \cdots,\ n)$$

$$Z_1 = 1$$

$$Z_{n+1} = Z$$

마지막 단계의 출력 신호 Z_{n+1}이 1이면 변수 Z는 1이 되므로 레지스터 내용이 0임을 알 수 있다.

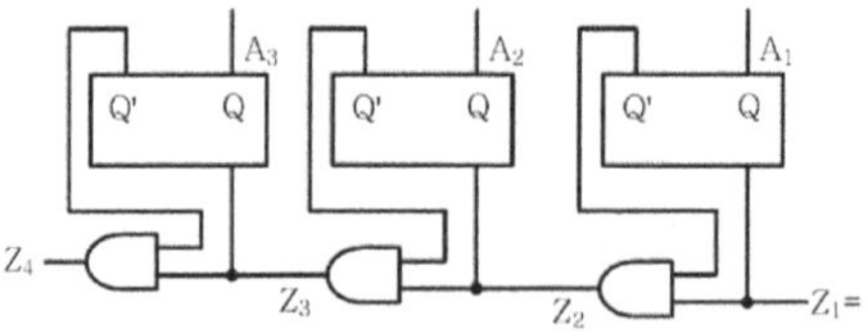

[그림 10-29] 레지스터 내용이 0인가를 검사하는 회로

10-2-10 누산기 회로

앞에서 설명했던 9가지 연산을 수행할 수 있는 회로를 설계하기 위하여 A_i 플립플롭의 입력 J, K는 다음과 같다.

$$JA_i = B_iC_i'P_1 + B_i'C_iP_1 + P_3 + B_iP_5 + B_iP_6 + A_{i+1}P_7 + A_{i-1}P_8 + E_i$$
$$KA_i = B_iC_i'P_1 + B_i'C_iP_1 + P_2 + P_3 + B_i'P_4 + B_iP_6 + A_{i+1}'P_7 + A_{i-1}'P_8 + E_i$$

다음 그림 10-30은 J, K 입력에 대한 누산기를 한 단계만 표현한 것이다.

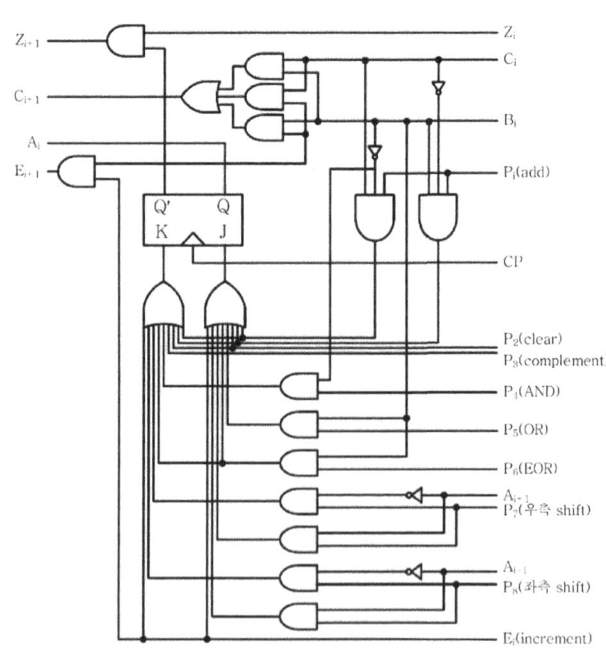

[그림 10-30] 한 단계의 누산기

누산기의 각 단계에서 다음 단계로 보내는 캐리 출력은 다음과 같다.

$$C_{i-1} = A_iB_i + A_iC_i + B_iC_i$$
$$E_{i+1} = E_iA_i$$
$$Z_{i+1} = Z_i\ A_i'$$

그림 10-30에서 제어 신호 $P_1 \sim P_8$은 앞서 설명한 여러 가지 연산 중에 하나를 수행하기 위하여 1이 되어야 한다. 단, 제어 신호 P_9는 누산기가 증가(Increment)되기 위하여 1이 되어야 하므로 P_9는 첫 번째 단계에만 연결된다.

누산기에는 6개의 입력과 4개의 출력이 있다. 먼저 입력을 살펴보면, B_i는 누산기의 입력이 되는 B 단자의 데이터이고 C_i는 맨 아랫단의 앞단으로부터 온 입력 캐리이다.

A_{i-1}과 A_{i+1}은 각각 오른쪽, 왼쪽 단에서 들어오는 입력이고 E_i는 증가를 위한 캐리 입력 신호이다. Z_i는 레지스터 내용이 0인가를 검사하기 위한 신호이다.

또 출력을 보면 A_i는 플립플롭의 출력이고 C_{i+1}은 다음 단을 위한 캐리 출력이다. Z_{i+1}은 다음 단에서 0 검사를 위해 쓰인다.

n비트로 된 누산기는 그림 10-30 회로를 n개의 단으로 종속(Cascade) 연결하여 만든다.

P_9를 제외한 모든 제어 신호는 누산기의 각 단에 연결되어야 한다. 그리고 각 단의 다른 입・출력들도 완전한 누산기를 구성하기 위해 종속으로 연결된다.

그림 10-31은 4비트의 완전한 누산기를 구성하기 위해 각 단의 상호의 연결을 보여주는 블록도이다.

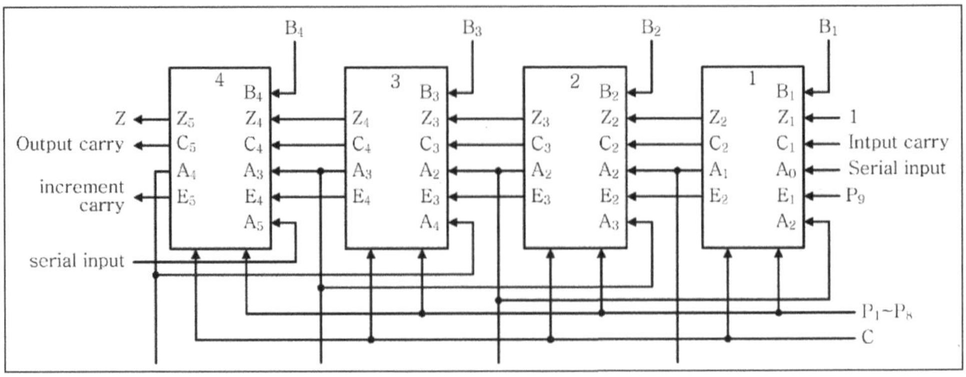

[그림 10-31] 4단으로 구성된 4비트 누산기

여기서 블록 맨 위의 숫자는 누산기의 비트 위치이다. 각 블록은 8개의 제어 신호 (P_1~P_8)와 클록 펄스 CP를 받는다.

누산기가 0인가를 검사하기 위해서 Z 단자가 종속 연결되어 있고, 첫 번째 블록은 2진수 값이 1이 연결된다.

증가를 수행하기 위해 제어 신호 P9는 첫째단 E_1에만 연결되고, 다음 단은 앞단에서 증가 캐리 E_{i+1}을 연결하여 누산기를 구성한다.

연습문제

1. 아래 문장을 집행하는 회로의 블록도를 그리시오.

xT_3 : A←B, B←A

2. 상수치를 레지스터에 전송하려면 레지스터의 입력에 각각 논리적-1 또는 논리적-2의 2진 신호를 넣으면 된다. 다음 전송문을 구성해 보시오.

T : A ← 11010110

3. 8-비트 레지스터 A는 1개의 입력 x를 가지고 있다. 레지스터의 작동이 아래와 같이 표현되었을 때 그 기능은 무엇인가? 비트 번호는 오른쪽에서 왼쪽으로 붙어져 있다.

P : $A_8 \leftarrow x$, $A_t \leftarrow A_{t+1}$ i = 1, 2, 3, ……, 7

4. 다음과 같은 함수표를 갖는 4쌍(quadruple)의 2×1 멀티플렉서를 이용하여 아래의 문장을 수행하는 회로를 구성하시오.

함수표

E	S	출력 Y
1	X	모두 0
0	0	A 선택
0	1	B 선택

수행할 문장

T_1 : R2 ← R1

T_2 : R2 ← R2 '

T_3 : R2 ← R0

5. A_4가 가장 높을 자릿수 비트인 4-비트 레지스터 A를 생각해 보자. 아래 문장은 어떤 작동인가? 병렬 로드 식 카운터를 써서 시스템을 구성해 보시오.

$$A_4'C : A \leftarrow A+1$$
$$A_4 : A \leftarrow 0$$

6. 아래 문장에 대한 하드웨어 구성을 보이시오(제어 기능에 대한 것도 포함).

$$xy'T_0 + T_1 + x'yT_2 : A \leftarrow A+B$$

7. 한 선택변수 S와 두 데이터 입력 A와 B가 있는 산술 연산 회로를 설계하시오. S=0일 때 이 회로는 덧셈 연산 F=A+B를, S=1일 때는 증가 연산 F=A+1을 수행한다.

8. 두 선택 변수 s_1과 s_0을 가지고 아래 산술 연산을 수행하게 하는 산술 연산 회로를 설계하시오. 일반적인 한단의 블록도를 그리시오.

s_1 s_0	$C_{in}=0$	$C_{in}=1$
0 0	F=A+B	F=A+B+1
0 1	F=A	F=A+1
1 0	F=B'	F=B'+1
1 1	F=A+B'	F=A+B'+1

9. JK 플립플롭을 사용하여 다음의 뺄셈 마이크로 작동(p_{10})을 수행하는 AC의 한단을 설계하시오. 입출력 받아 내림 수(빌림수)가 각각 K_t와 K_{t+1}인 전가산기 회로를 이용하시오.

$$p_{10} : A \leftarrow A - B$$

10. JK 플립플롭을 사용하여 다음의 논리 마이크로 작동(p_{10})을 수행하는 레지스터의 일반적인 한단을 설계하시오.

p_{11} : A ← (A ∨ B)′ NOR
p_{12} : A ← (A ∧ B)′ NAND
p_{13} : A ← A ⊙ B XNOR

11. 감소 마이크로 작동을 수행하는 일반적인 한단을 설계하시오.

p_{14} : A ← A - 1

연습문제 해답

제1장 디지털 시스템 개요

1. 디지털 : (1), (4)
   아날로그 : (2), (3), (5)

2. 아날로그 : 연속성, 디지털 : 불연속성

3. 설계하기 쉽다. 정보 저장이 쉽다. 정확성과 정밀도가 높다. 동작은 프로그램화 될 수 있다.
   디지털회로는 잡음에 대한 영향이 적다. 많은 디지털 회로구성이 IC 칩으로 제조될 수 있다.

4. 실세계는 아날로그이다.

5. 입력장치, 기억장치, 연산장치, 제어장치, 출력장치

제2장 수의 체계

1. 0과 1 두 개의 기호를 사용하여 수의 크기를 표현하는 체계

2. (1) 22 (2) 141 (3) 2313
   (4) 983 (5) 191 (6) 9.5625

(7) 1241.6875

3. (1) 1110 (2) 1011011001 (3) 100100001001
(4) 1000100.11 (5) 11011.0011 (6) 11100001.011

4. (1) 34 (2) 254 (3) 559
(4) 9.141 (5) 36.162

5. (1) 12 (2) 144 (3) 14367
(4) 115.3 (5) 24.41 (6) 54.44

6. (1) 011 (2) 111010 (3) 1001011
(4) 111.101 (5) 1110.011 (6) 11111.11

7. (1) 6 (2) 70 (3) 54
(4) 7.1 (5) 13.3 (6) 66.66

8. (1) 159 (2) 1662 (3) 43981
(4) 15.25 (5) 4369.0625 (6) 3770.75

9. (1) 10 (2) 50 (3) A00
(4) CC.2 (5) FF.E (6) 2710.01

10. (1) 1011 (2) 1110 (3) 11100
(4) 101001100100 (5) 11111.11 (6) 1000111001.01

11. (1) 9.F (2) 81.D (3) 35.64
(4) 10.8 (5) A7.EC (6) 40.0E

12. (1) 11101 (2) 101.111 (3) 10010000

13. (1) 01101 (2) 10111 (3) 10000

14. (1) −29 (2) −64 (3) +63

15. 보수란? : N이 r진수로 표현된 n자리의 수라고 할 때, N에는 'r의 보수'와 'r−1의 보수' 2종류가 있다.

r의 보수 = $r^n - N$, r−1의 보수 = $(r^n - 1) - N$

보수로 바꾸는 이유는? : 뺄셈 계산을 덧셈으로 처리하기 위해서이다.

16. (1) 1의 보수 =0101010, 2의 보수 = 0101011
(2) 1의 보수 =1000111, 2의 보수 = 1001000
(3) 1의 보수 =1111110, 2의 보수 = 1111111
(4) 1의 보수 =01111, 2의 보수 = 10000
(5) 1의 보수 =11111, 2의 보수 = 00000

17. (1) 9의 보수 =84620, 10의 보수 = 84621
(2) 9의 보수 =90099, 10의 보수 = 90100
(3) 9의 보수 =09909, 10의 보수 = 09910
(4) 9의 보수 =89999, 10의 보수 = 90000
(5) 9의 보수 =99999, 10의 보수 = 00000

18. (1) 1110 (2) 01010 (3) −101100

19. (2) 2진수 (2) 8진수 (3) 16 (4) 8진수, 16진수

제3장 정보의 표현

1. (1) 01000111　　(2) 100101100010　　(3) 000110000111

2. 2진수 : 10비트,　　BCD : 12비트

3. (1)9752　　(2) 184

4. 2진수 : 10110010,　　BCD : 000101111000

5. (1) 1100　　(2) 01101010　　(3) 1001100000011

6. (1) 0　　(2) 31　　(3) 52

7. (1) 1111　　(2) 11001　　(3) 11010

8. (1) 0111　　(2) 10101　　(3) 010111

9. 1011000(X) ; 0111101(=) ; 0110010(2) ; 0110101(5) ;
   0101111(/) ; 1011001(Y)

10. STOP

11. 패리티 비트는 가장 왼쪽 비트
    11011000(X)=D8 ; 10111101(=)=BD ; 10110010(2)=B2 ;
    00110101(5)=35 ; 10101111(/)=AF ; 01011001(Y)=59

12. 패리티 비트는 가장 왼쪽 비트

(1) 110110110　　(2) 000101000　　(3) 111110111

13. 패리티 비트는 가장 왼쪽 비트

(1) 101110100　　(2) 000111000　　(3) 0000101100101

(4) 11001·001000000001

14. (1) 디지트(digit)　　(2) Gray

(3) Parity bit, 한개 오류　　(4) ASCII

제4장 부울 대수

1. {0, 1}의 원소집합과 '•', '+'의 두 연산자를 가지고 있는 수 체계이다.

2.

x	y	z	F
0	0	0	0
0	0	1	1
0	1	0	0
0	1	1	0
1	0	0	1
1	0	1	1
1	1	0	1
1	1	1	1

3. (1) $x+y'+z$　　(2) $w'+x+y'+z'$　　(3) $x'y+xy'$

4. (1) x　　(2) x　　(3) y　　(4) 0

5. (1) $F=1$, $F'=0$

(2) $F=A'B+B'D+ACD$, $F'=(A+B')(B+D')(A'+C'+D')$

(3) F=0, F'=1

(4) F=AB'+C'D', F'-(A'+B) (C+D)

6. (1) 모든 곱항이 n개의 변수를 포함하도록 전개하면 된다.

(2) 부울 함수의 간소화 작업에 사용되는 대부분의 방법들이 최소항과 최대항을 사용하기 때문이다.

(3) 정형이란 민텀과 맥스텀으로만 부울 수구를 표현하는 방법이다.
표준형이란 곱의 합이나 합의 곱 형태로 표현된 부울식을 말한다. 모든 항이 최소항이나 최대항일 필요는 없다.

7. (1) $F = \Sigma(1,3,5,7,9,11,13,15)$, $F = \Pi(0,2,4,6,8,10,12,14)$

(2) $F = \Sigma(0,1,2,8,10,12,13,14,15)$, $F = \Pi(3,4,5,6,7,9,11)$

(3) $F = \Sigma(3,5,6,7)$, $F = \Pi(0,1,2,4)$

8. (1) $F(x,y,z) = \Pi\ (1,3,7)$

(2) $F(A,B,C,D) = \Pi\ (0,2,6,11,13,14)$

(3) $F(x,y,z) = \Sigma\ (0,3,6,7)$

(4) $F(A,B,C,D) = \Sigma\ (0,1,2,3,4,7,12)$

9. a=0, b=1, c=0, d=1, e=0, f=0, g=0, h=0

10. a=1, b=1, c=0, d=1, e=1, f=1, g=0, h=1

11. a=0, b=1, c=1, d=0, e=1, f=0, g=1

12. a=0, b=1, c=1, d=0, e=0, f=0, g=1

13. a=0, b=1, c=1, d=1, e=0, f=0, g=0, h=1

14. a=1, b=0, c=0, d=1, e=0, f=1, g=1, h=0

15. (1) F=xy+x'y'+y'z

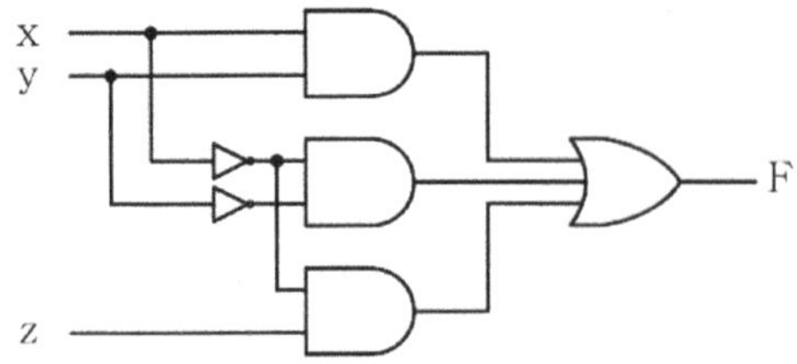

(2) F=(x'+y')'+(x+y)'+(y+z')'

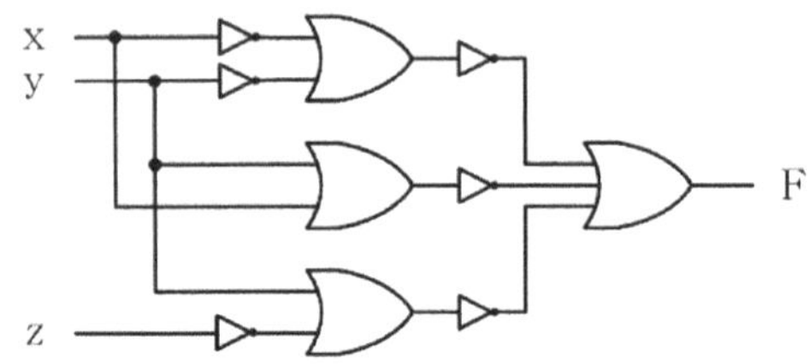

(3) F=((xy)' (x'y')' (y'z)')'

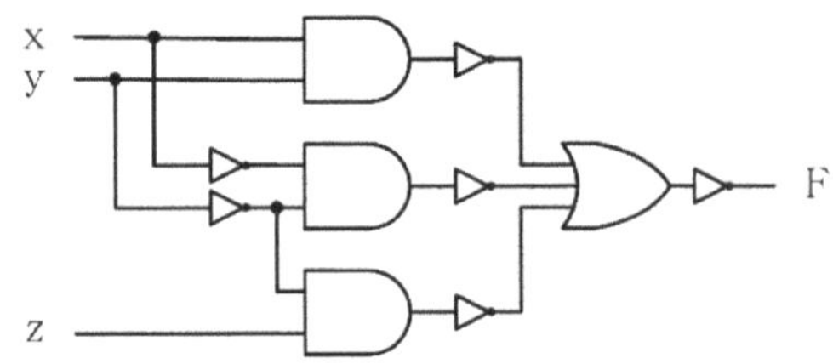

제5장 부울함수의 간소화

1. (1) 주어진 부울 함수를 그 기능은 변화시키지 않고 사용되는 변수와 항의 개수 (실제 회로에서는 게이트의 개수가 된다)를 줄이는 것을 말한다.
   (2) 민텀으로 표시된 부울함수를 사각형의 맵으로 간소화 시키는 방법이다.

2. (1) F=XY'+X'Y (2) F=A'B+C

3. 맵에다 일단 'X'로 표시한 후에 만약 '1'을 묶는데 사용하고자 한다면 1로 보고 묶어도 되고, 필요 없다면 그냥 놔둬도(0으로 처리해도) 상관없다.

4. (1) $F=Y$ (2) $F=ABD+ABC+BCD$ (3) $F=A'BD'+BCD$
(4) $F=XW+W'X'Y$ (5) $F=XY+X'Y'$ (6) $F=A'B+C'$
(7) $F=A'+BC$ (8) $F=XZ+XY+YZ$ (9) $F=B'C+D$
(10) $F=A'B+BD+B'D'$

5. (1) $F=B'D'+A'C$, $F=A'(B+C)(C+D')$
(2) $F=W'Z+X'Z'$, $F=(X'+Z)(W'+Z')$
(3) $F=AC+CE'+A'C'D'$, $F=(C+E)(A'+C)(A+C'+D')$
(4) $F=AB+B'E$, $F=(A'+B')(B+E')$

6. (1) $F=Y$
(2) $F=(A+B)(B+C')(A+C+D)$
(3) $F=(X'+Z')(W+Z')$

7. (1) $F=Z'+XY$, $F=(X+Z')(Y+Z')$
(2) $F=B'D'+A'BD+A'CD$, $F=(A'+B')(B+D')(B'+C+D)$
(3) $F=B'E'+A'BE+AB'C$, $F=(A'+B')(B'+E)(B+C+E')(A+B+E')$

8. (1)

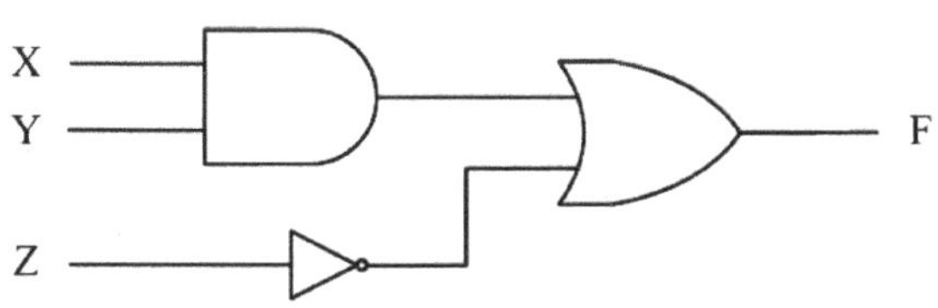

(2)

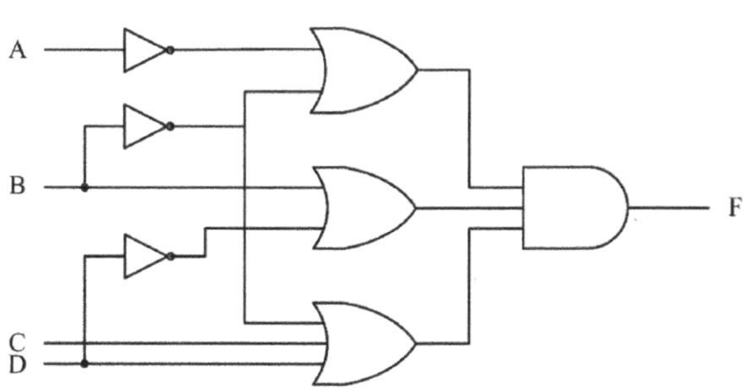

(3)

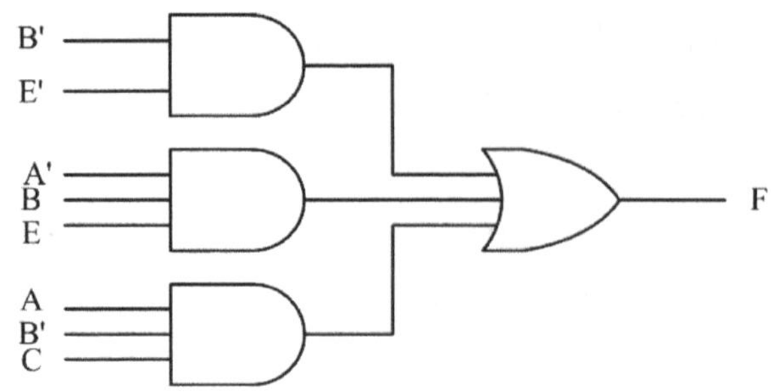

9. F=A+BC'+C'D' = [A' (BC')' (C'D')']'

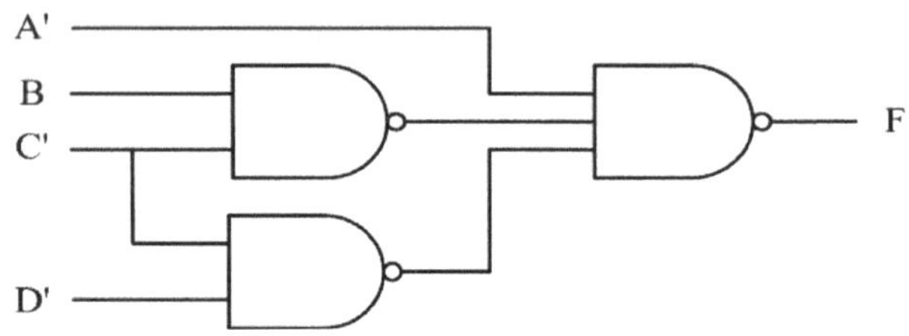

10. F=[(A'+C')' (B'+C')' (B'+D')]'

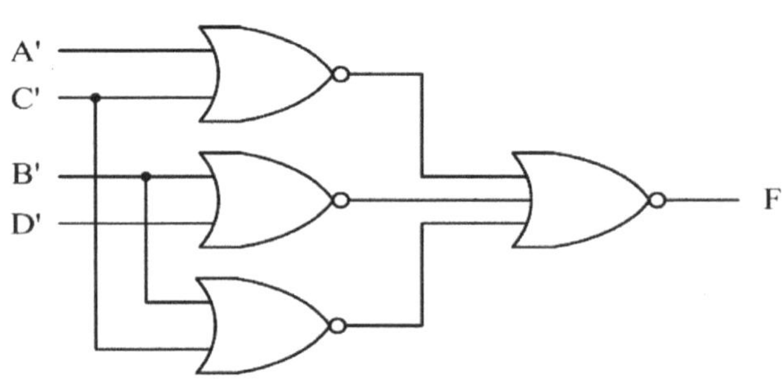

11. (1) F=XZ+X'Y = [(XZ)' (X'Y)']'

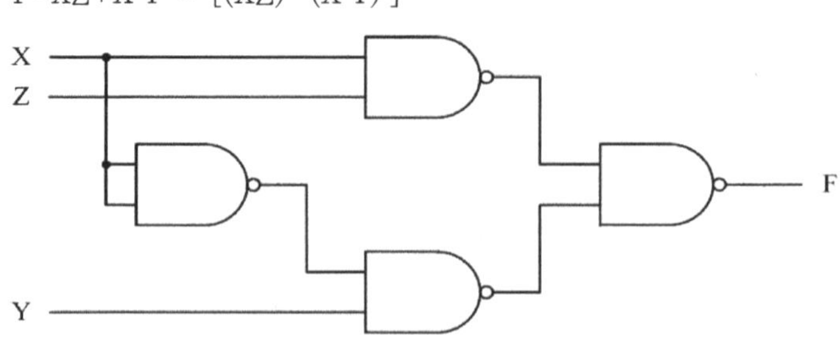

(2) F=[(X'+Z)'+(X+Y)']'

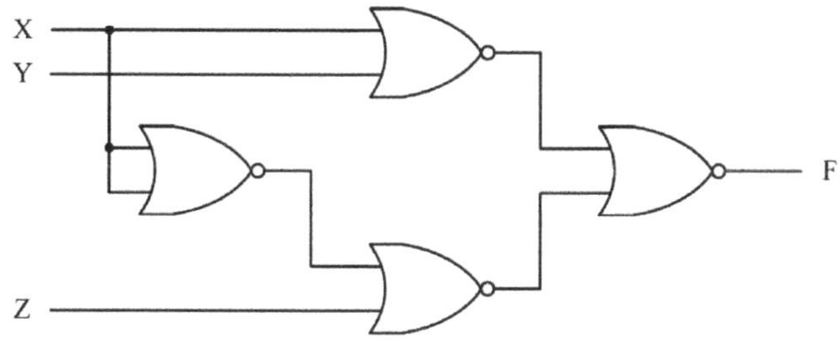

제6장 조합 논리 회로

1. (1) F(A,B,C,D)=Σ(0,1,2,4,7,8,11,13,14,15)

   (2) F=A'B'C'+A'B'D'+A'C'D'+ABD+ABC+BCD+ACD+B'C'D'

   (3)

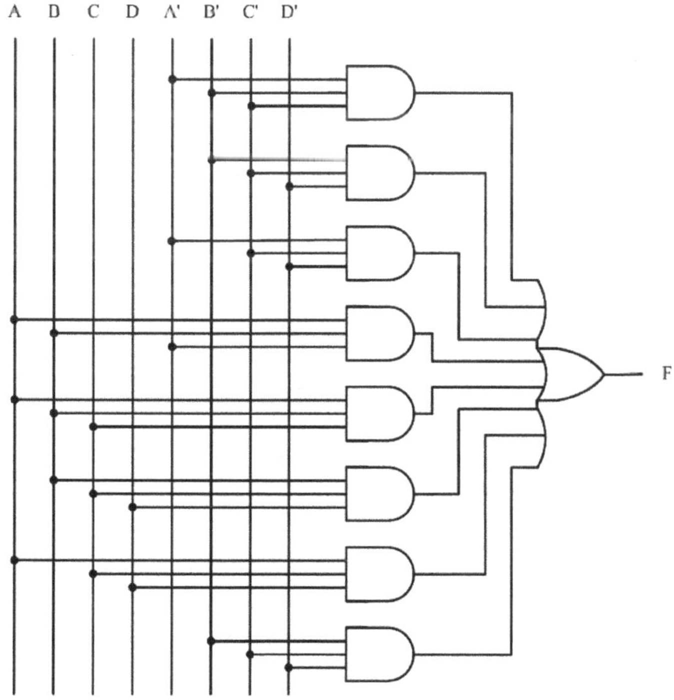

2 (1) 4개

(2) $c_3 = a_1a_0b_1b_0$, $c_2 = a_1b_1b_0'+a_1a_0'b_1$, $c_1 = a_1b_1'b_0+a_1a_0'b_0+a_1'a_0b_1+a_0b_1b_0'$,

$c_0 = a_0b_0$

3. (1) a=1, b=0, c=0, d=0, e=0, f=1

(2) a=0, b=0, c=1, d=0, e=1, f=0

4. (1) a=0, b=0, c=1, d=1, e=0, f=0, g=1, h=1

(2) a=1, b=0, c=0, d=0, e=1, f=1, g=0, h=1

5.

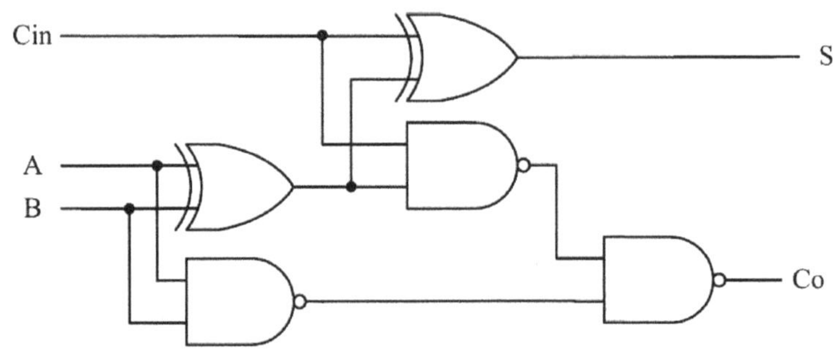

6.

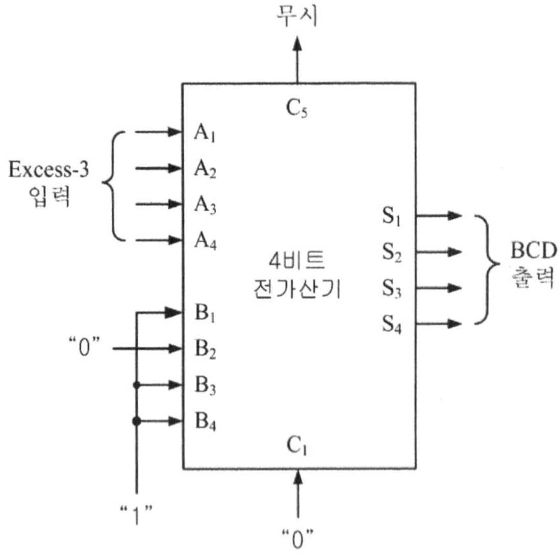

7.

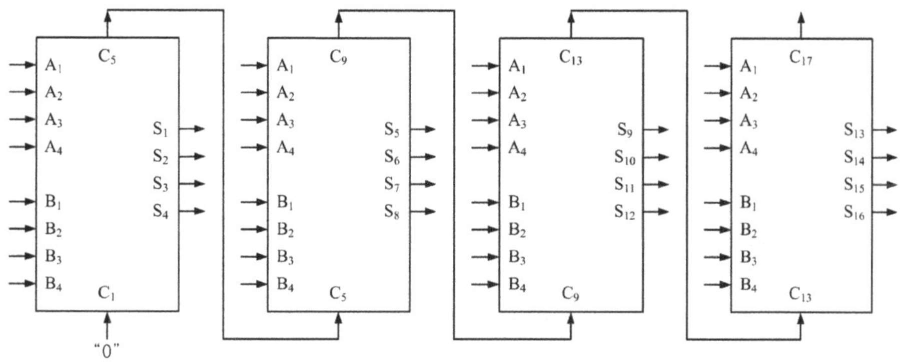

A1
A2
A3
A4
B1
B2
B3
B4
C5
C1
S1
S2
S3
S4
"0"
C9
S5
S6
S7
S8
C13
S9
S10
S11
S12
C17
S13
S14
S15
S16

8. 312개

9.

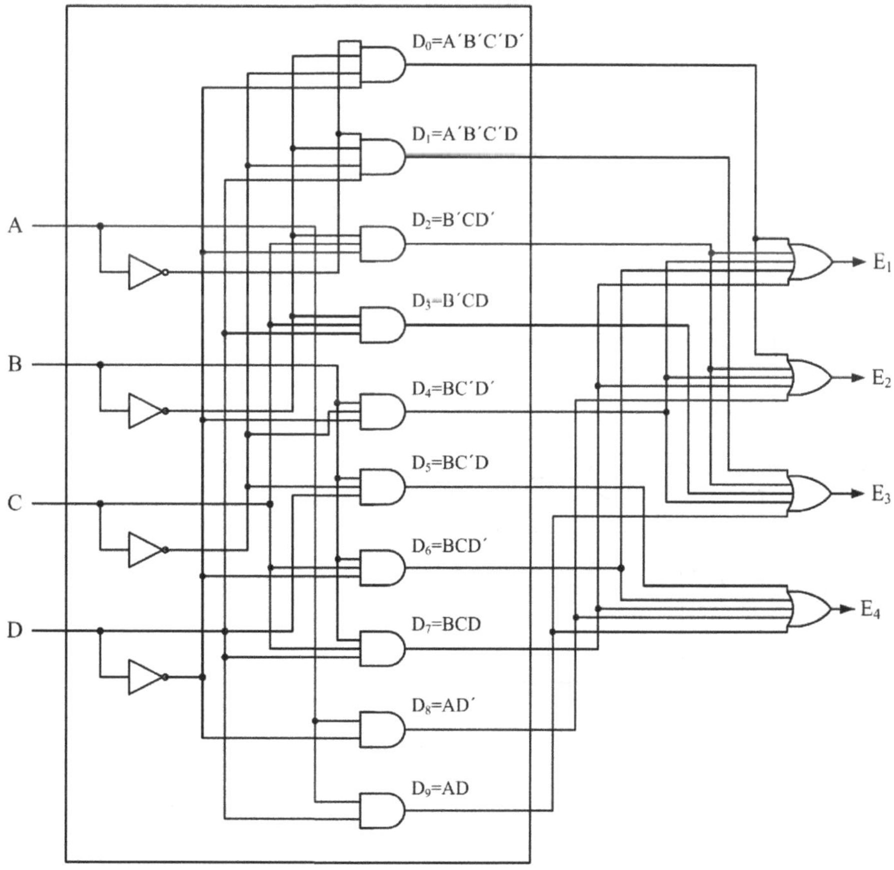

D0=A′B′C′D′
D1=A′B′C′D
D2=B′CD′
D3=B′CD
D4=BC′D′
D5=BC′D
D6=BCD′
D7=BCD
D8=AD′
D9=AD
A
B
C
D
E1
E2
E3
E4

10.

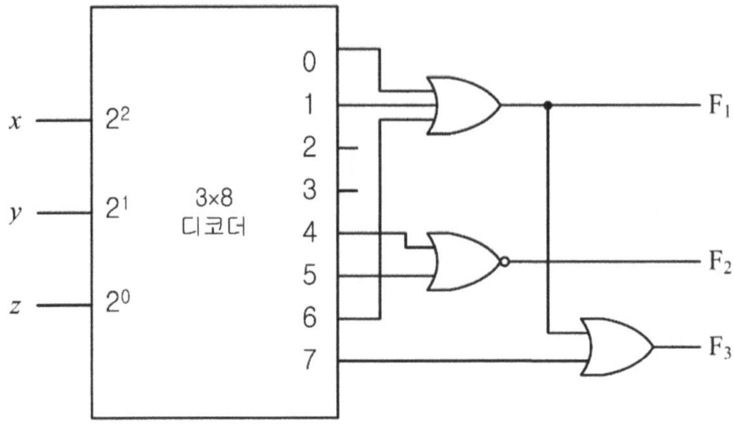
x
y
z
2²
2¹
2⁰
3×8
디코더
0
1
2
3
4
5
6
7
F1
F2
F3

11.

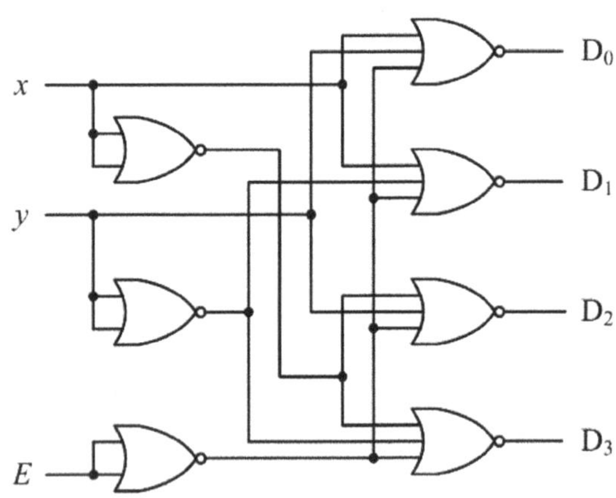
x
y
E
D0
D1
D2
D3

12.

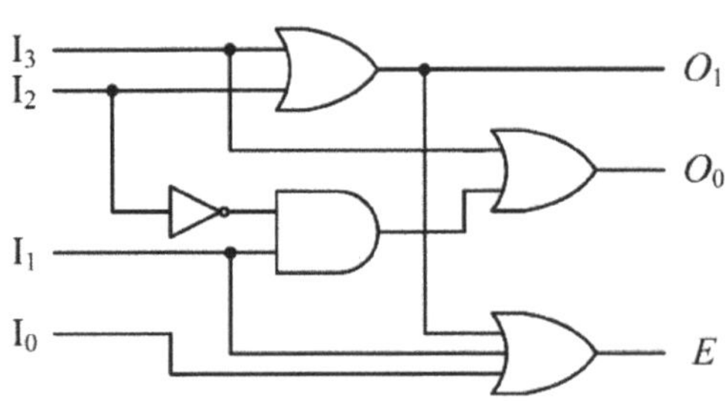
I3
I2
I1
I0
O1
O0
E

13.

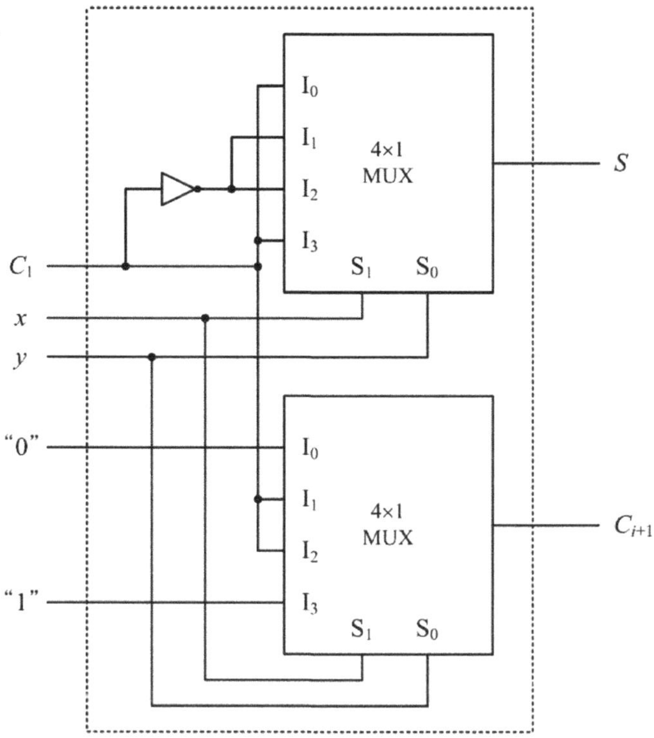

14. (1) 1024×5 (2) 256×8 (3) 1024×2

15. 최소화된 곱항 : $S_0=C$, $S_1=0$, $S_2=BC'$, $S_3=A'BC+AB'C$, $S_4=AB'$, $S_5=AB$

PLA 프로그램 표 :

곱항		입력			출력						
		A	B	C	S_0	S_1	S_2	S_3	S_4	S_5	
C	1	–	–	1	–	–	–	–	–	1	
BC'	2	–	1	0	–	–	–	1	–	–	
A'BC	3	0	1	1	–	–	1	–	–	–	
AB'C	4	1	0	1	–	–	1	–	–	–	
AB'	5	1	0	–	–	1	–	–	–	–	
AB	6	1	1	–	1	–	–	–	–	–	
					T	T	T	T	T	T	C/T

제7장 플립플롭

1.

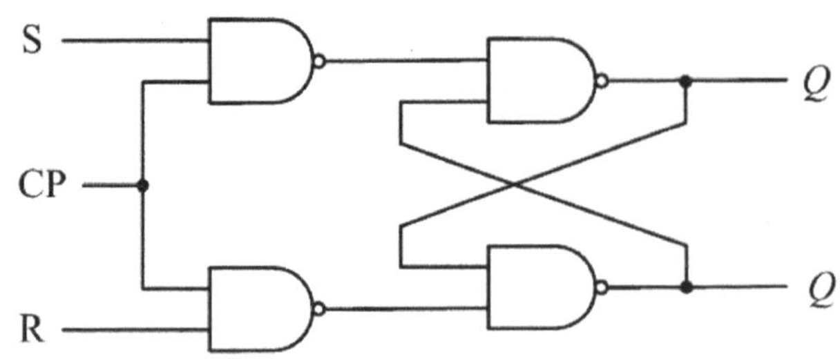

2. a=1, b=1, c=0, d=0, e=0, f=0, g=1, h=1, i=1(금지 상태), j=0

3. a=1, b=1, c=1, d=0, e=0, f=1(금지 상태), g=1, h=1

4.

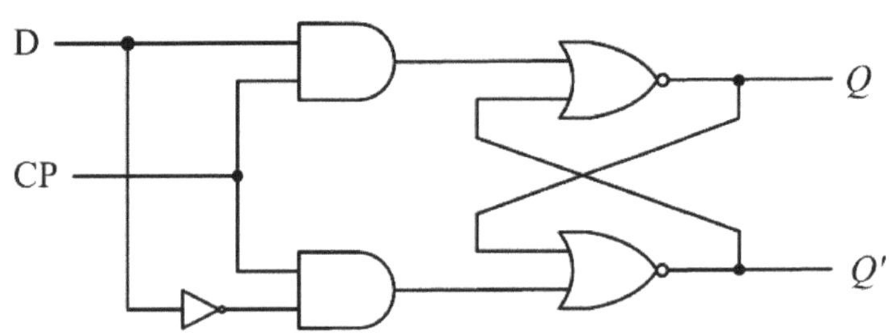

5. a=0, b=1, c=0, d=1, e=0, f=1, g=0, h=1(금지 상태)

6.

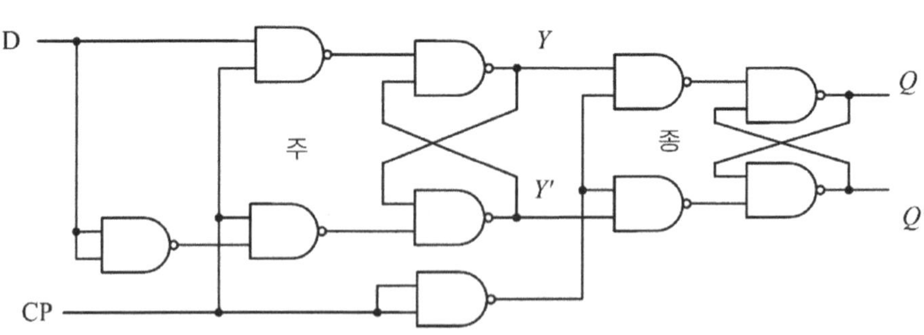

7. a=1, b=1, c=1, d=1, e=0, f=1, g=0, h=1

8. (1)

Q	J	K'	Q(t+1)
0	0	0	0
0	0	1	0
0	1	0	1
0	1	1	1
1	0	0	0
1	0	1	1
1	1	0	0
1	1	1	1

(2) Q(t+1)=JQ'+K'Q

(3) J=K'=D라 하면 Q(t+1)=JQ'+K'Q=DQ'+DQ=D(Q'+Q)=D

제8장 순서 논리 회로

1. 상태표

현재 상대	다음 상태				출력							
	00	01	10	11	00		01		10		11	
D	D	D	D	D	S	C	S	C	S	C	S	C
0	0	0	0	1	0	0	1	0	1	0	0	1
1	0	1	1	1	1	0	0	1	0	1	1	1

상태도

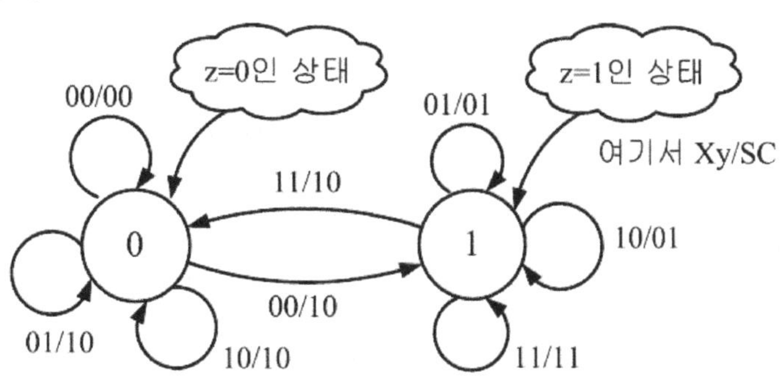

2.

(1) x=1

	A	B	C	D
초기상태 →	0	0	0	1
	1	0	0	0
	0	1	0	0
	0	0	1	0
	1	0	0	1
	1	1	0	0
	0	1	1	0
	1	0	1	1
	0	1	0	1
	1	0	1	0
	1	1	0	1
	1	1	1	0
	1	1	1	1
	0	1	1	1
	0	0	1	1
	0	0	0	1

(2) x=0

	A	B	C	D
초기상태 →	0	0	0	0
	1	0	0	0
	1	1	0	0
	1	1	1	0
	0	1	1	1
	1	0	1	1
	1	1	0	1
	0	1	1	0
	0	0	1	1
	1	0	0	1
	0	1	0	0
	1	0	1	1
	0	1	0	1
	0	0	1	0
	0	0	0	1
	0	0	0	0

3. (1) 상태방정식

$A(t+1)=xA'B+y'A'B'+x'A+yA+$뮤

$B(t+1)=xA'B'+x'A'B+yA'B$

$z=xyA+x'y'B$

(2) 상태표

현재상태		다음상태				출력			
A	B	xy=00	xy=01	xy=10	xy=11	xy=00	xy=01	xy=10	xy=11
0	0	1 0	0 0	1 1	0 1	0	0	0	0
0	1	0 1	0 1	1 0	1 1	1	0	0	0
1	0	1 0	1 0	0 0	1 0	0	0	0	1
1	1	1 0	1 0	1 0	1 0	1	0	0	1

(3) 상태도

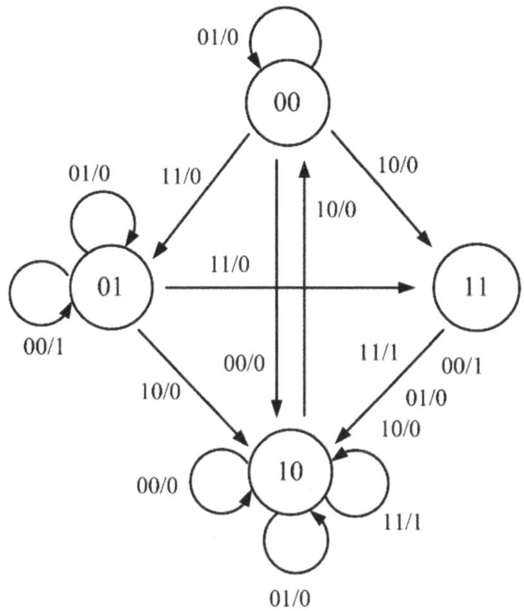
00
01
11
10
01/0
11/0
10/0
10/0
01/0
11/0
00/1
00/0
11/1
00/1
01/0
10/0
10/0
00/0
11/1
01/0

(4) 논리도

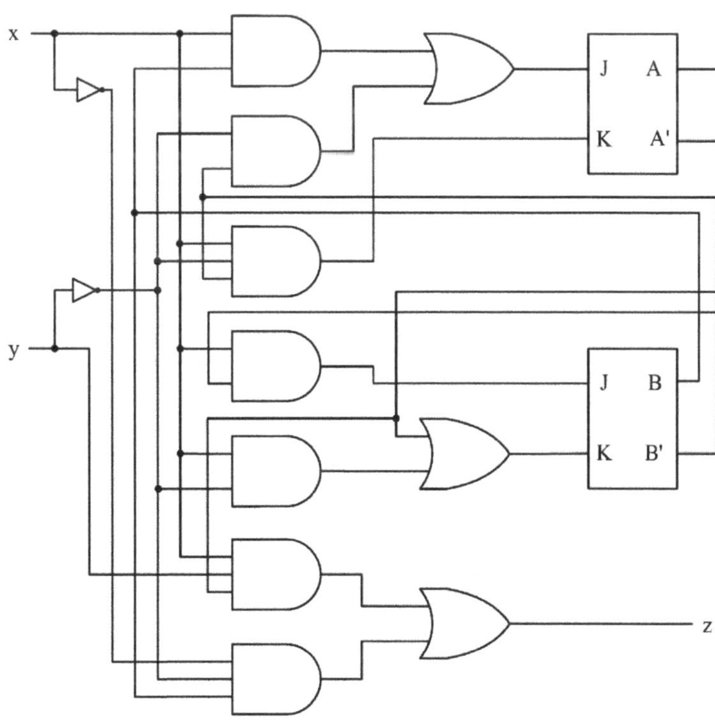
x
y
J
A
K
A'
J
B
K
B'
z

4.

현재상태	다음 상태		출 력	
	X=0	X=1	X=0	X=1
a	f	b	0	0
b	d	a	0	0
d	g	a	1	0
f	f	b	1	1
g	g	d	0	1

5. 상태표

현재상태	다음 상태		출 력	
	X=0	X=1	X=0	X=1
A B C	A B C	A B C		
0 0 1	0 0 1	1 0 0	0	1
1 0 0	0 1 0	0 1 1	0	0
0 1 0	0 1 0	0 0 0	0	1
0 1 1	0 0 1	0 1 0	0	1
0 0 0	0 1 1	1 0 0	0	1

논리도

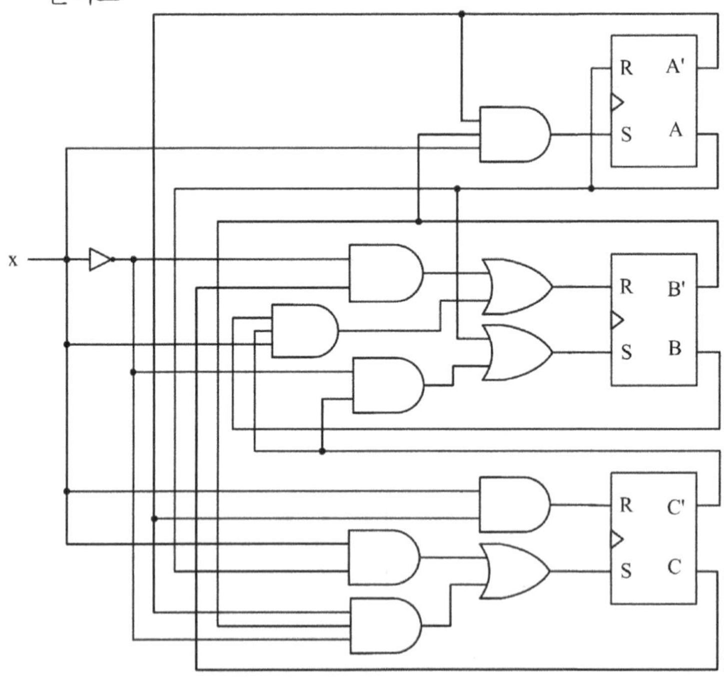

6.

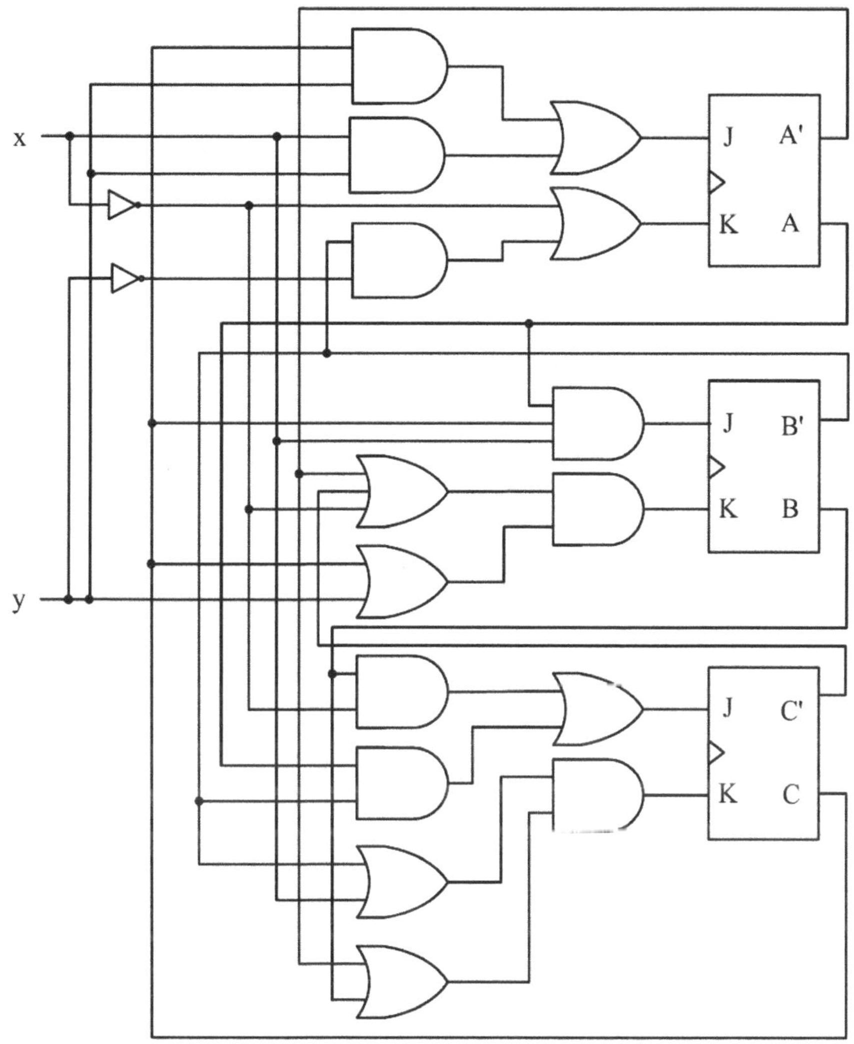

7.

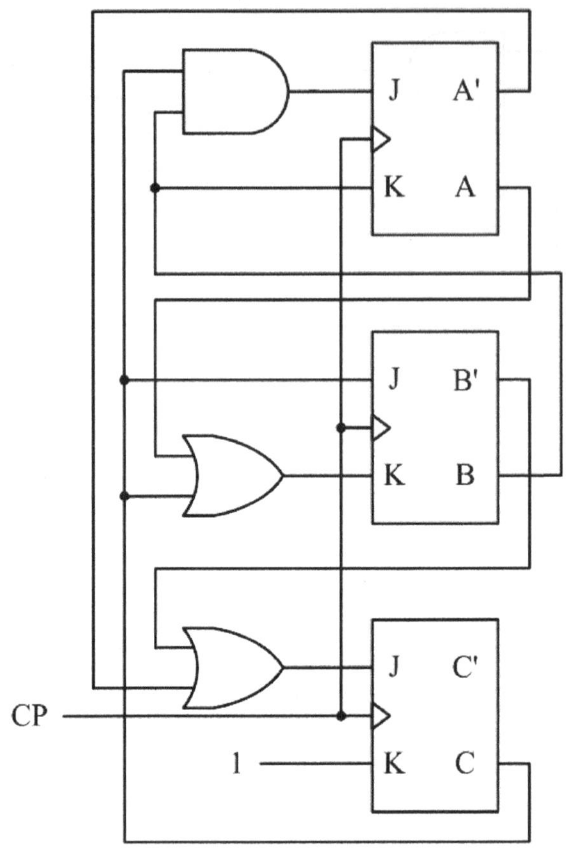

8.

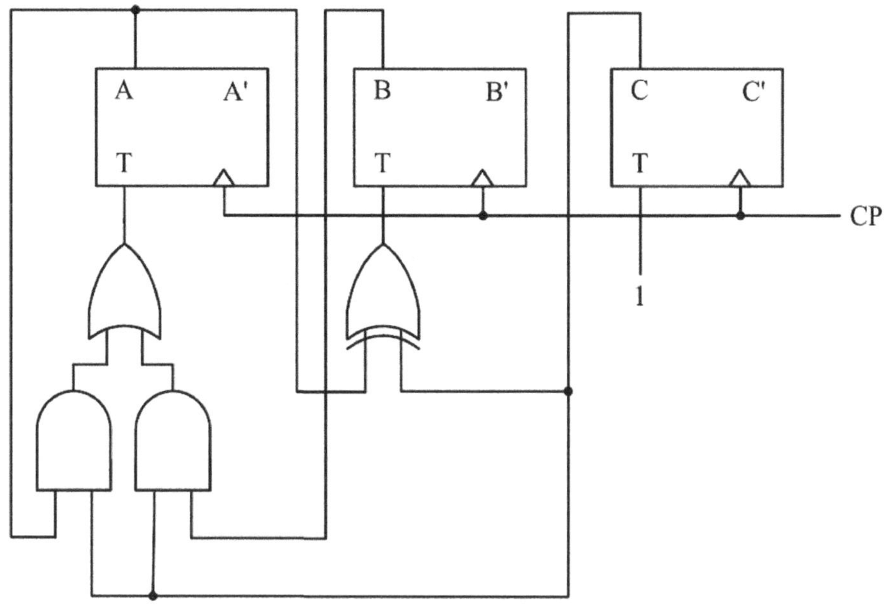

9.

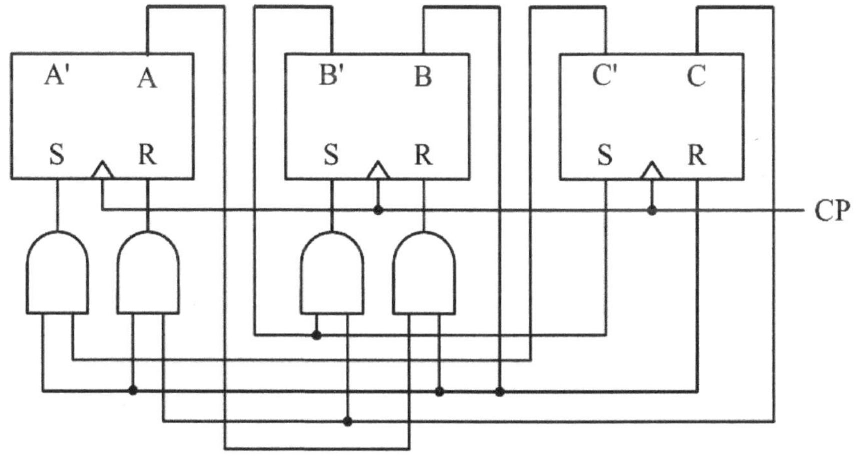

10.

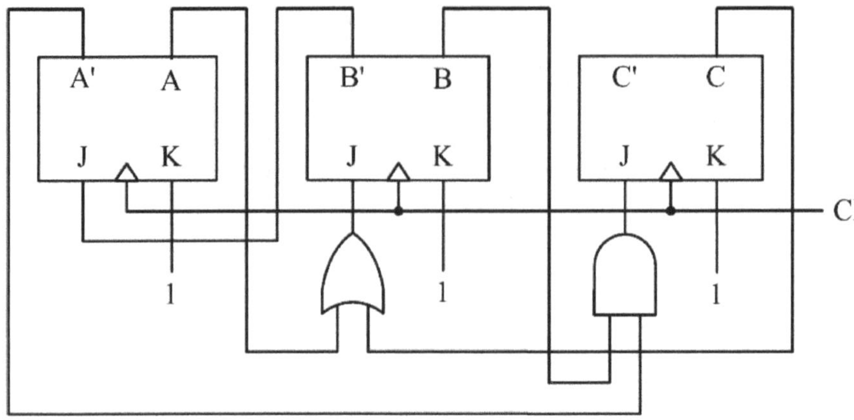

11.

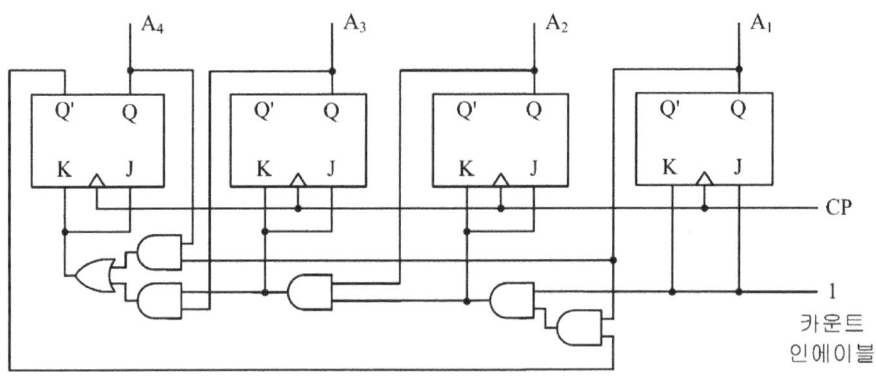

제9장 레지스터와 카운터

1.

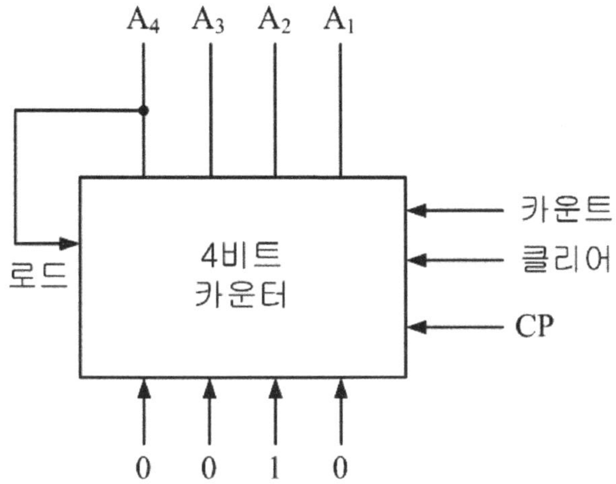

2.

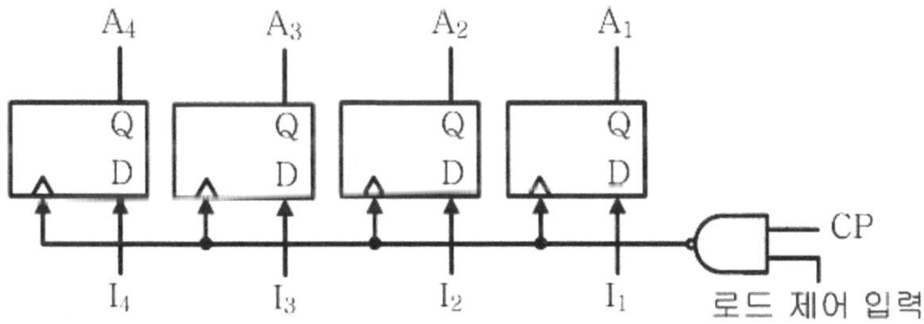

3. (1) 1110 (2) 0111 (3) 1011 (4) 1101 (5) 0110 (6) 1011

4.

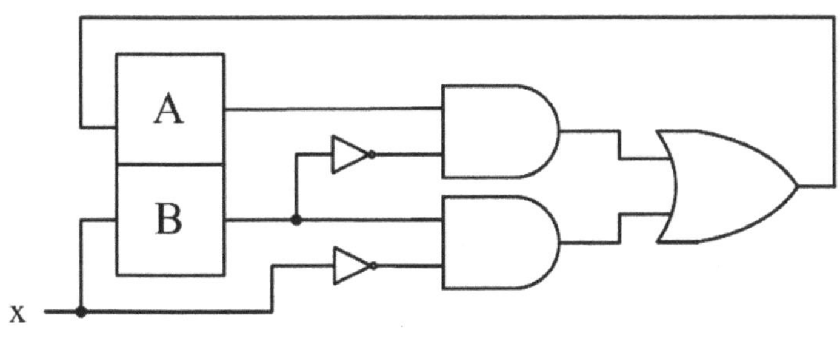

5.

구분 \ 전송방식	직렬 전송	병렬 전송
작동 방식	레지스터에 직렬 입력장치와 직렬 출력장치를 설치하고, 이를 이용해 한 번에 한 비트 씩 정보를 전송한다.	모든 비트의 정보를 한번의 클록 펄스 동안에 모두 전송한다.
전송 속도	느리다	빠르다
하드웨어 구 성	자리 이동 레지스터에서 순차적으로 전송되어 나오는 비트들을 처리할 때, 하나의 회로를 반복 사용할 수 있으므로 하드웨어 규모를 줄일 수 있다.	각 비트가 동시에 전송되어야 하므로 하드웨어 규모가 커진다.
제어 신호	워드 시간동안 유지되어야 한다.	한번의 클록 펄스 간격 동안에 제어 신호가 인에이블 된다.
사용되는 레지스터	자리 이동 레지스터	병렬 로드 기능이 있는 레지스터

6. (a)0000 (b)1000 (c)0100 (d)1010 (e)0000
(f)1000 (g)1100 (h)1110 (i)0111 (j)0011

7. (a)000 (b)010 (c)001 (d)100 (e)010
(f)000 (g)101 (h)110 (i)011 (j)111

8.

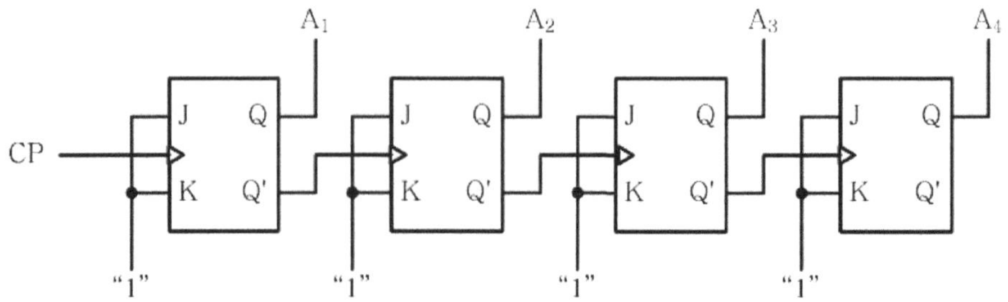

9. 10개

10.

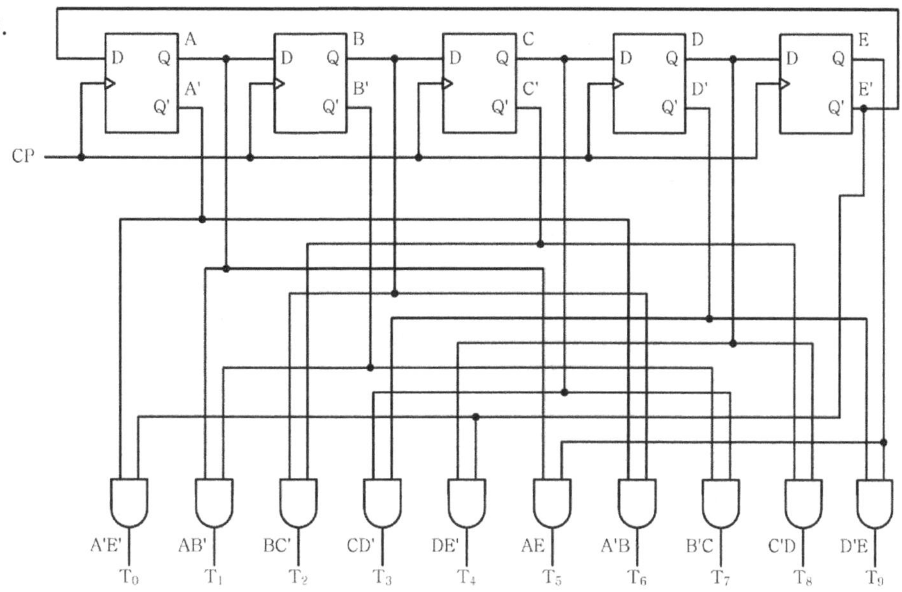

제10장 레지스터 전달과 연산논리

1.

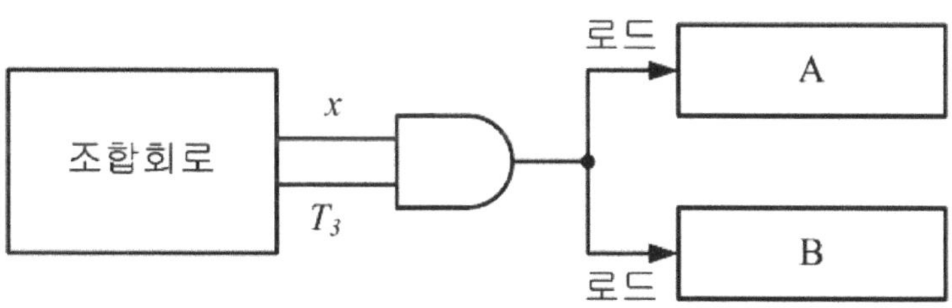

2.

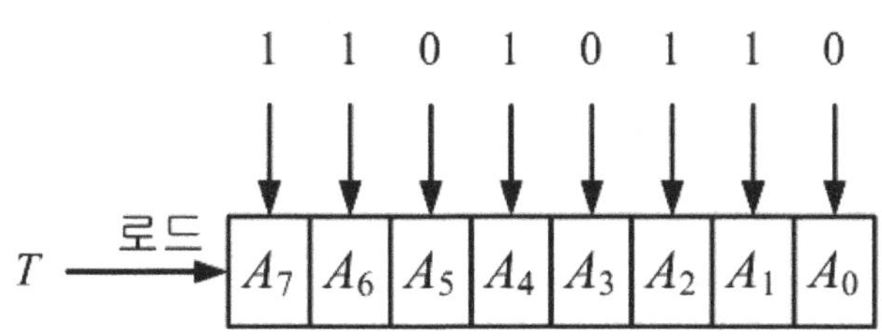

3. P : A ← shr A, A_8 ← x

4.

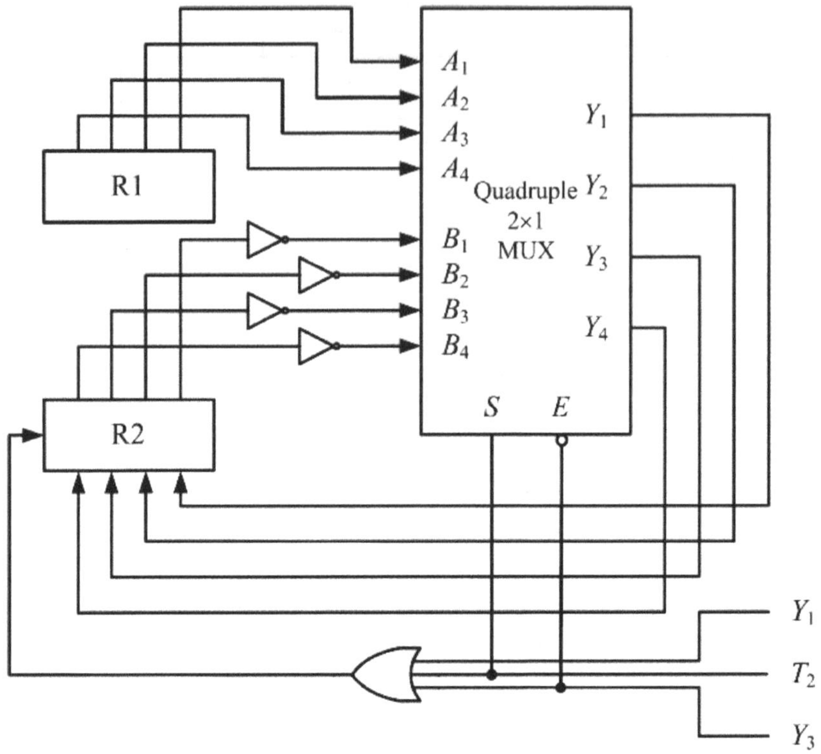

5.

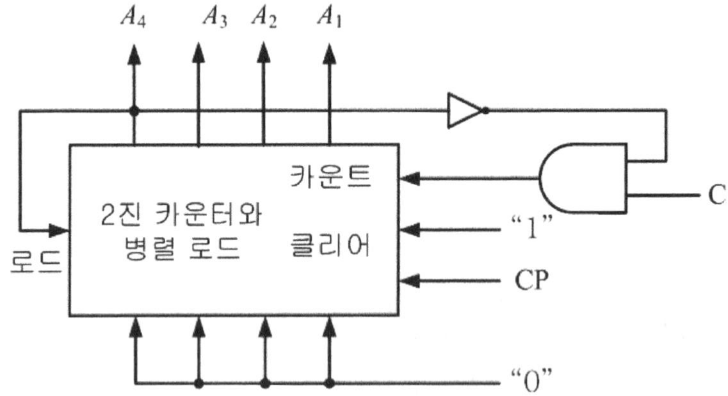

6.

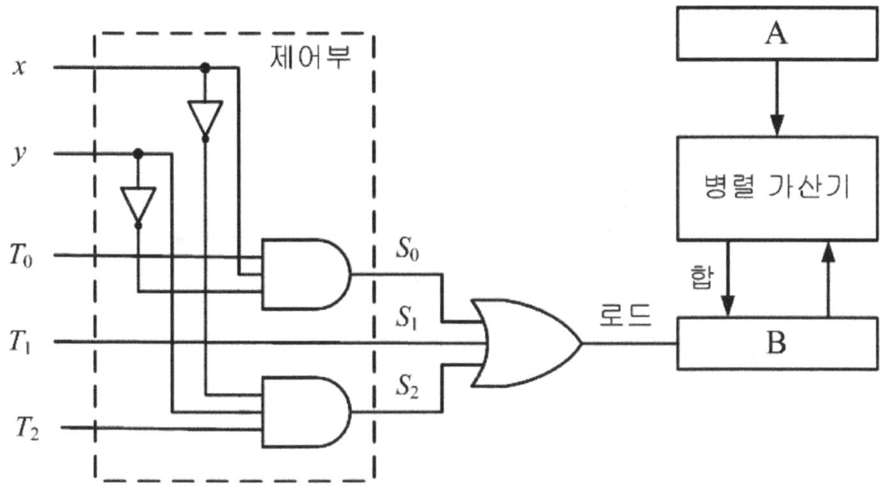
x
y
T_0
T_1
T_2
제어부
S_0
S_1
S_2
로드
A
병렬 가산기
합
B

7.

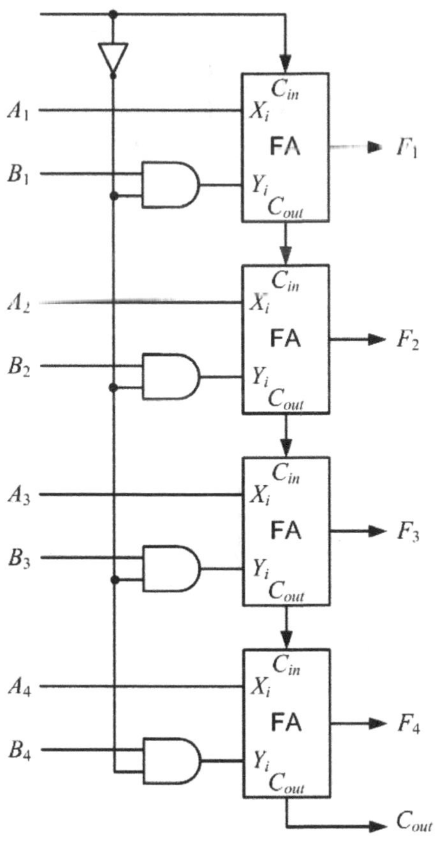
A_1
B_1
C_{in}
X_i
FA
Y_i
C_{out}
F_1
A_2
B_2
F_2
A_3
B_3
F_3
A_4
B_4
F_4
C_{out}

8.

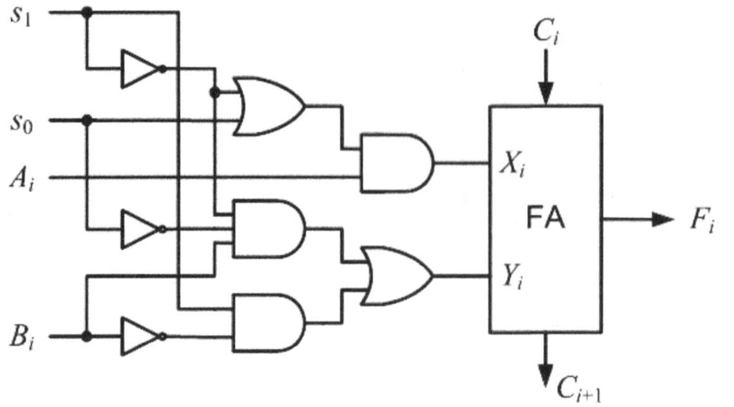

s_1
s_0
A_i
B_i
C_i
X_i
FA
Y_i
F_i
C_{i+1}

9.

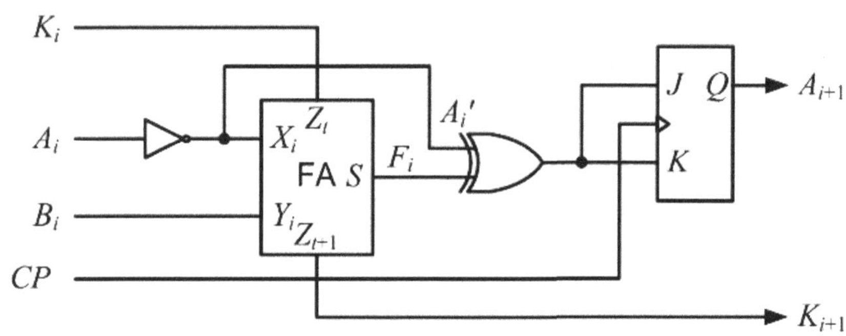

K_i
A_i
B_i
CP
Z_t
X_i
FA S
Y_i
Z_{t+1}
F_i
A_i'
J Q
K
A_{i+1}
K_{i+1}

10.

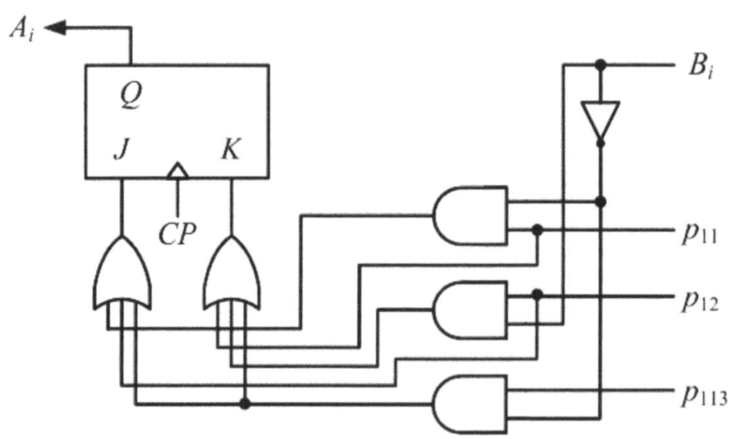

A_i
Q
J
K
CP
B_i
p_{11}
p_{12}
p_{113}

11.

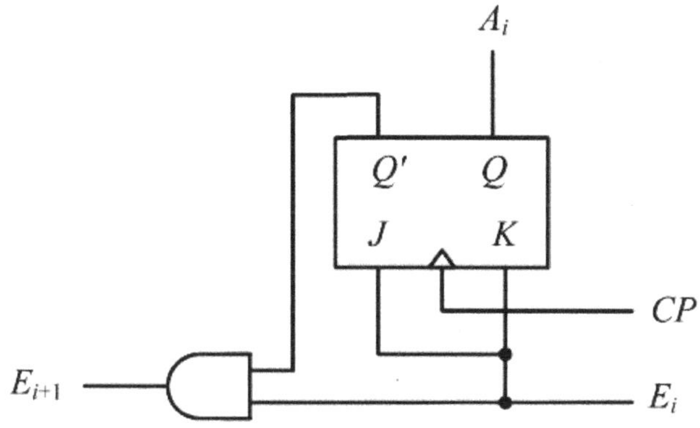

찾아보기

K

L

M

N

O

P

Q

R

S

T

W

X

ㄱ

ㄴ

ㄷ

ㅈ

ㅊ

ㅋ

ㅌ

ㅍ

ㅎ

최신 디지털공학

초판 1쇄 발행 2009년 08월 25일
초판 5쇄 발행 2016년 03월 05일
저 자 안계선
발 행 인 이범만
발 행 처 **21세기사** (제406-00015호)
경기도 파주시 산남동 283-10 (413-130)
Tel. 031-942-7861 Fax. 031-942-7864
E-mail : 21cbook@naver.com
Home-page : www.21cbook.co.kr

정가 19,000원